高等院校生物技术和生物工程专业"十三五"规划教材

现代工科
微生物学实验教程

主　编　谢　晖

副主编　梁继民　陈雪利　詹勇华

　　　　应琼琼　徐欣怡

编　者（按姓氏笔画为序）

　　　　朱守平　李　军　沈晓敏

　　　　陈　丹　陈多芳　赵　恒

　　　　秦　伟　曾　琦　曾　銮

西安交通大学出版社
XI'AN JIAOTONG UNIVERSITY PRESS

国家一级出版社
全国百佳图书出版单位

图书在版编目(CIP)数据

现代工科微生物学实验教程/谢晖主编.—西安:西安交通大学
出版社,2019.8(2022.4 重印)
ISBN 978-7-5693-1161-7

Ⅰ.①现…　Ⅱ.①谢…　Ⅲ.①微生物学-实验-高等学校-教材
Ⅳ.①Q93-33

中国版本图书馆 CIP 数据核字(2019)第 090129 号

书　　名	现代工科微生物学实验教程
主　　编	谢　晖
责任编辑	杨　花

出版发行	西安交通大学出版社
	(西安市兴庆南路 1 号　邮政编码 710048)
网　　址	http://www.xjtupress.com
电　　话	(029)82668357　82667874(发行中心)
	(029)82668315(总编办)
传　　真	(029)82668280
印　　刷	西安日报社印务中心

开　　本	787mm×1092mm　1/16　印张 20.625　字数 419千字
版次印次	2019 年 8 月第 1 版　　2022 年 4 月第 2 次印刷
书　　号	ISBN 978-7-5693-1161-7
定　　价	62.00元

前　言

在我国工科高校高等教育面临的新形势下，生命科学基础课在工科院校的实践教学活动中，具有作用重要、受益面广和影响深远等特点，更是理工学科产生交叉创新的源泉。作者将多年来从事微生物学教学和有关实验工作中的一些心得和资料积累加以精选，旨在通过较少的篇幅提供较全面和丰富的实践应用技术，内容尽可能涵盖微生物学实验应用的主要工科领域，以适应工科院校微生物类专业实验课程。

根据现阶段生命科学和微生物学的进展，本教程内容不但加入大量实际工作岗位所需的实用性微生物实验技术，以及大量微生物工程应用内容，更注重微生物学中解决实际问题的计算与推导过程，并加入大量高等数学、生物统计学、数据库应用、生物信息学及虚拟仿真实验项目等现代工科微生物学实验内容。本教程尽量贴近学科前沿，以便更好地调动工科学生学习微生物学实验技术的兴趣，真正做到学科交叉、学以致用。

全书站在工科应用实践角度，以阐明微生物的五大重要规律（即结构功能、代谢产能、生长繁殖、遗传变异和系统进化）为主线，主要内容共分五章，四十三个实验，部分实验中还嵌套有拓展性、选择性、自主性综合实验。本书分别从基本实验技能、微生物检测鉴定、微生物工程应用及微生物生物信息学四个方面，介绍了各类微生物领域和学科交叉领域的实用实验技术，突出工科应用特色、学科交叉特色、学科的重点及难点，并努力联系工程实际应用。

本书宜作为工科高校及综合性大学微生物学实验课程的教材，建议将本课程安排在生物化学实验、细胞生物学实验、分子生物学实验课程后，不限制学时；同时也希望各校在选用时视具体情况加以取舍。对若干描述性及可能发生重复的实验内容，应放手让学生自主开展各类综合实验、自行整理实验报告，努力向教育信息化新形势下教学 2.0、3.0 的新目标不断靠拢。

本书主体内容由主编撰写完成，尽量做到前后思路统一、内容不重复、格式一致，但因时间仓促，加之作者水平有限、经验不足，书中难免存在不足之处，敬请读者予以批评指正。感谢所有参编老师及西安电子科技大学 2017 年度、2018 年度校级精品课程教材项目及生命科学技术学院学科经费项目的支持，以及陕西省自然科学基金（2019JQ‐201）的支持。

谢　晖

2019 年 3 月 8 日

目　录

第一章 微生物实验基础

一、微生物生物安全防护

微生物生产研究相关工作人员长期接触有潜在传染性的血液、粪便、体液等标本，这些标本往往是各种细菌、病毒等病原微生物的传播载体。无论是实验人员感染，还是造成实验室和周围环境的污染，都将导致严重的后果。因此微生物实验室工作人员在实验过程中必须高度重视实验室生物安全防护，强化生物安全意识，熟悉生物安全防护有关知识，严格无菌操作。

1. 微生物的分类等级

根据世界卫生组织（WHO）出版的《实验室生物安全手册》，将微生物分为四个不同危险度等级：危险度 1 级指不能引起人或动物致病的微生物，此类微生物无或仅具有极低的个体和群体危险；危险度 2 级的病原体具有中度个体危险、低度群体危险，能引起人或动物致病，但对实验室工作人员、社区、家畜或环境不易导致严重危害，对所引起的感染具有有效的预防和治疗措施，并且疾病传播的危险有限；危险度 3 级的病原体具有高度个体危险、低度群体危险，通常能引起人或动物的严重疾病，但一般不会发生感染的播散，并对所引起的感染具有有效的预防和治疗措施；危险度 4 级的病原体具有高度的个体危险和群体危险，通常能引起人或动物的严重疾病，并且很容易发生个体之间的直接或间接传播，对所引起的感染一般没有有效的预防和治疗措施。

基于以上划分标准，结合微生物的致病性、传播方式、目前所具有的预防和治疗措施等因素，我国卫生部于 2006 年制订了《人间传染的病原微生物名录》，对各种病原微生物的危害程度及其相关实验活动需要达到的生物安全实验室级别做了详细分类，各实验室进行有关实验均须参照此标准。

2. 生物安全实验室分级与要求

由于各种病原微生物的危险度等级不同，因此实验室必须达到相应的生物防护等级才能开展有关实验。根据 WHO《实验室生物安全手册》和我国卫生部 2002 年颁布的《微生物和生物医学实验室生物安全通用准则》，实验室从生物安全防护的角度共分为四级：一级生物安全防护实验室（BSL-1）为实验室结构设施、安全操作规程、安全设备适用于危险度 1 级的微生物，依据标准操作程序可进行开放性操作，如用于教学的普通微生物实验室即属此类。二级生物安全防护实验室（BSL-2）适用于对人或环境具有中等潜在危害的微生物，即危险度 2 级的病原体，该级别实验室应具备生物安全柜和密封的离心管，以免发生泄漏和产生气溶胶。三级生物安全防护实验室（BSL-3）适用于有明显危害、可以通过空气传播的病原微生物（如结核杆菌、伯氏立克次体等），通常已有预防传染的疫苗，该级别实验室除了有严格的一级和二级安全设施要求外，还须具备合适的空气净化系统。四级生物安全防护实验室（BSL-4）适用于对人体具有高度的危险性、通过气溶胶途径传播或传播途径不明、目前尚无有效的疫苗或治疗方法的致病微生物及其毒素。BSL-4 实验室必须与其他实验室隔离，并具备特殊的空气和废物处理系统，实验操作须在Ⅲ级生物安全柜内或全身穿戴特制的正压防护服。

根据以上定义，医院内的临床实验室因接触可能含有致病微生物的标本，通常应达到二级生物安全防护实验室要求。根据《实验室生物安全认可准则》，二级生物安全实验室结构设施须符合以下几点。

（1）实验室须具有防止节肢动物和啮齿动物进入的设计，有可开启的窗户，有纱窗，实验室门有可视窗带锁并能自动关闭。

（2）每个实验室均应设置洗手池，宜设置在靠近出口处。

（3）实验室工作区域外有足够的存储空间及摆放个人衣物的设施。

（4）实验室内墙壁、地面应平整、防滑、易于清洁，不适宜用地毯。

（5）实验台面应能防水、耐腐蚀、耐热。

（6）实验室内应保证工作照明，避免反光和强光。

（7）在实验室内应穿戴隔离衣、帽、手套，必要时戴防护眼镜。实验室应备有生物安全柜。

（8）有适当的消毒设施，如高压蒸汽灭菌器，并设置洗眼装置、应急喷淋装置、急救药箱、灭火器等。

（9）有可靠的电力供应和应急照明。

（10）在实验室出口处设有在黑暗中可明确辨认方向、通道的标识。

（11）在实验室入口处和装有传染性物质的设备表面贴有生物危险标志。

3. 实验室生物安全管理制度

对于临床实验室而言，实验室生物安全管理制度建设是生物安全防护的核心，实验室生物安全管理制度应包括：实验室准入制度、生物安全培训制度、生物安全责任制度和责任追究制度、生物防护与安全制度、安全检查制度、个人防护制度、实验室管理制度、清洁消毒制度、安全计划审核制度、废弃物处理制度、事故报告制度、生物安全防护应急预案、标准操作程序等。

建立健全各项生物安全制度外，还应成立生物安全管理领导小组，加强生物安全制度实施情况的监督管理，实验室入口处须粘贴生物安全标志，注明危险因素、生物安全级别、负责人姓名和电话、进入实验室的特殊要求及离开程序，禁止非工作人员进入实验室，如需参观实验室等特殊行为须经实验室负责人的批准后方可进入。

4. 实验室常见生物危险

实验室生物污染的途径包括：空气传播（临床标本中的污染源在空气中传播、微生物气溶胶的吸入）、直接传播（工作中偶然刺伤、割伤，碎玻璃划伤直接感染）、皮肤黏膜接触（临床标本中的传染源通过破损皮肤黏膜接触造成的感染）、其他不明原因的实验室相关感染。

实验室伤害以及与工作有关的感染主要是由于人为失误、不良实验技术以及仪器使用不当造成的。因此，实验室人员必须提高生物安全意识，认真学习生物安全相关的各种法规和文件，定期进行生物安全防护知识培训，熟悉生物防护有关知识，加强基本技能的培养，严格执行操作规程。实验室管理者应对实验室的风险级别进行分析，尤其对风险级别较高的、接触高危标本概率较大的区域如微生物和分子生物学实验室予以高度重视，保护实验室工作人员和环境的安全。

5. 生物废弃材料的管理

实验室内所有用过的样本、培养物及其他生物性材料等废弃物，严禁未经处理就随意丢弃，应置于贴有生物危害标志的专用废弃物处理容器内，注意容器的充满量不能超过其设计容量，利器（如针头、小刀、玻璃等）应置于耐扎锐器盒内，在去污染或最终处置前应存放在指定的安全地方，经过高压灭菌或其他无害化处理后再安全运出实验室；有害气体、气溶胶、污水、废液等均须经无害化处理后排放；动物尸体、组织的处置和焚化应符合国家相关要求。处理危险废弃物的人员须经过专业培训，并使用适当的防护设备。

二、微生物学实验室安全

1. 微生物学实验室规则

由于微生物学实验是以病原微生物为研究对象，在实验过程中任何疏忽大意都有可能引起实验人员的自身感染或实验室和周围环境的污染。因此，实验中应严格遵守实验规则，建立无菌观念，严格无菌操作，防止实验过程中出现意外情况，并确保实验结果的准确。

（1）实验前须预习实验内容，了解实验目的、方法和注意事项，做到心中有数，避免发生错误，提高实验效率。

（2）进入实验室必须穿工作服，必要时还须戴口罩、帽子和手套，并做好实验前的各项准备工作。

（3）非必需物品禁止带入实验室，带入实验室的物品应远离操作区，放在指定的区域。

（4）实验室内不准大声喧哗、嬉戏，应保持实验室的安静、整洁和有序。不准在实验室内吸烟、饮水和进食，尽量避免用手触摸头、面部，防止感染，尽量减少室内活动，以免引起风动。

（5）实验中注意节约试剂，爱护仪器，避免有菌材料的污染，如有传染性材料污染桌面、地面、手、衣服或发生其他意外情况，应立即报告老师及时做适当处理。

（6）用过的污染物品应放到指定的地点，经专人消毒灭菌之后再进行清洗，切勿乱丢或冲入水池中。禁止将本实验室的物品带出实验室外。需送恒温箱培养的物品，应标记清楚后送到指定地点。

（7）实验完毕后应将桌面整理清洁，试剂、仪器放回原处，并用浸有消毒液的抹布将操作台擦拭干净，打扫卫生，关好水、电、门窗。

（8）离室前脱下工作服，反折放在指定的地方；双手在2％来苏尔中浸泡5分钟左右，再用肥皂、清水洗净，方可离开实验室。

2. 实验室意外的紧急处理方法

（1）发生皮肤破损或刺伤：首先用肥皂和水冲洗伤口，尽量挤出损伤处的血液，并用70％乙醇或其他皮肤消毒剂进行消毒，立即进行医疗处理。

（2）化学药品腐蚀伤：若为强酸，用大量清水冲洗后再以5％碳酸氢钠溶液中和；若为强碱，用大量清水冲洗后再以5％醋酸或5％硼酸溶液中和；若受伤处是眼部，经上述方法处理后，再滴入橄榄油或液体石蜡1～2滴。

（3）烧伤：局部涂凡士林、5％鞣酸或2％苦味酸。

（4）菌液误入口中：立即将菌液吐入消毒容器中，再用1：1000高锰酸钾或3％过氧化氢漱口，根据菌种服用适当抗生素预防感染。

（5）菌液污染环境：将适量2％～3％来苏尔或0.1％新洁尔灭浸泡污染面半小时后除去，如手上有菌污染，也可浸泡于上述消毒液中3～5分钟，之后用肥皂和清水洗净。

扫码进入虚拟仿真模块

第二章　微生物学基本实验技术

微生物千姿百态，有些是腐败性或致病性的，能够造成食品、布匹、皮革等发霉腐烂，或导致机体患病。有些微生物是有益的，它们可用来生产食物，如奶酪、面包、泡菜、啤酒和葡萄酒；还可用来生产药物，最早是弗莱明从青霉菌抑制其他细菌的生长中发现了青霉素，这对医药界来讲是一个划时代的发现。后来大量的抗生素从放线菌等的代谢产物中筛选出来，抗生素的使用在第二次世界大战中挽救了无数人的生命。一些微生物被广泛应用于工业发酵，生产乙醇、食品及各种酶制剂等；一部分微生物能够降解塑料、处理废水废气等，并且可再生资源的潜力极大，称为环保微生物；还有一些能在极端环境中生存的微生物，例如在高温、低温、高盐、高碱以及高辐射等普通生命体不能生存的环境中，依然存在着一部分微生物。看上去，我们发现的微生物已经很多，但实际上由于培养方式等技术手段的限制，人类现今发现的微生物还只占自然界中存在的微生物的很少一部分。因此想要真正意义上运用微生物的一系列特性造福人类，必须要掌握其相关基础实验技能，帮助我们更好地了解微生物。

实验一　微生物实验前准备及经典培养基的制备

【目的和要求】

（1）熟悉常用玻璃器皿的清洗、灭菌前的包装准备。

（2）熟悉培养基的种类、主要成分及用途。

（3）掌握基础培养基的制备程序、方法和注意事项。

【试剂与器材】

（1）试剂：牛肉膏、蛋白胨、氯化钠、琼脂粉、1 mol/L NaOH、1 mol/L HCl 等。

（2）器材：试管、吸管、平皿、锥形瓶、量筒、吸管、精密 pH 试纸、天平、滤纸等。

【实验内容】

一、常用玻璃器材的洗涤和准备

微生物学实验所用的玻璃器皿，大多要进行消毒、灭菌才能用来培养微生物，因此对其质量、洗涤和包装方法均有一定的要求。玻璃器皿的质量一般要求硬质玻璃，才能承受高温和短暂灼烧而不致破坏；玻璃器皿的游离碱含量要少，否则会影响培养基的酸碱度；对玻璃器皿的形状和包装方法的要求，以能防止污染杂菌为准；洗涤玻璃器皿的方法不当也会影响实验的结果。目前微生物学实验室中，有些玻璃器皿（如培养皿、吸管等）已被一次性塑料制品所代替，但玻璃器皿仍是重要的实验室用具。

1. 玻璃器材的洗涤

玻璃器材若不清洁，常可影响实验结果，如影响培养基的 pH 值，甚至由于某些化学物质的存在可抑制微生物的生长；试管不清洁也可影响血清学反应的结果，如在 pH<3 时可发生酸凝集。因此，微生物实验所用的各种玻璃器材必须清洗干净后才能使用。

（1）新的玻璃器材：先用肥皂水煮沸半小时，再用自来水冲洗多次，晾干水后浸于 2% HCl 内数小时，将游离的杂质除去，最后用自来水反复冲洗除尽残余 HCl 后，晾干备用。

（2）用过的玻璃器材。

1）凡含有培养基或病原微生物的玻璃器材，均应先用煮沸或高压蒸汽灭菌法灭菌，然后趁热倒出培养基，用 5% 肥皂水刷洗，再用自来水冲净后倒置架上，晾干备用。

2）试管：做血清反应的试管若不含病原微生物，可先用 5% 热肥皂水刷洗，再用自来水冲洗；若不够清洁，可先用清洁液（配制法见附录二）浸泡数小时，然后用自来水冲洗 7 次以上，晾干备用。

3）吸管：吸过病原微生物的吸管，应插入盛有消毒液（3%～5% 来苏尔）的玻璃筒中（筒底应垫纱布或棉花，以免碰破吸管尖），使消毒液盖过吸管，浸泡 24 小时后，用 5% 肥皂水洗涤，再用自来水冲洗（若无病原微生物污染，则可用自来水浸泡或直接用自来水冲洗），晾干水后，用清洁液浸泡数小时，最后用自来水冲洗 7 次以上，晾干备用。

4）载玻片及盖玻片：用后分别浸入 3%～5% 的来苏尔中，浸泡 24 小时后，用 5% 肥皂水煮沸 10 分钟，再用自来水冲洗，晾干后于清洁液中浸泡数小时，最后用自来水洗净，晾干备用。

5）注射器：用后若无病原微生物污染，立即用自来水将注射器及针头等抽洗干净；若有病原微生物污染，则立即进行煮沸消毒（若含有芽孢菌，则应用高压蒸汽灭菌）。在消毒或灭菌之前，均应先将清水抽入针头及注射器内反复抽洗几次，并连同洗出水一起消毒或灭菌，以免加热时有蛋白质凝固而阻塞针头或注射器。若用上述方法不能洗净，可再置清洁液中浸泡数小时（针头不能用清洁液浸泡），取出用自来水冲洗 7 次以上，干燥后备用。

2. 常用无菌器材的准备

（1）包装：用纸包好，或盛入金属盒内。

1）试管和锥形瓶：空的或盛有培养基的均可用棉塞塞好，并用不透水的厚纸包于棉塞外。若是盛有液体培养基的试管，应直立并扎成捆，以免灭菌时倾倒。

2）吸管：于吸口端先垫入少许棉花（不可太松或太紧），然后每支分别用纸包好，或以数支放入金属筒内。

3）注射器：最好将内芯取出，与外套一起用纸或纱布包好；针头最好装入小试管内（管底垫有少量棉花），管口塞上棉塞。

（2）灭菌：上述玻璃器材可用高压蒸汽灭菌法，也可用干烤法进行灭菌。如用干烤法应注意控制温度和时间在 160～170 ℃ 2 小时，以免烧焦棉塞及外包的纸张等。

注意：任何已灭菌的器材，在使用前不能随意打开，一经打开则不再认为是无菌的。

二、基础培养基的制备程序和方法

培养基是用人工方法将细菌生长所需要的营养物质按一定比例配制而成的营养基质。按照物理性状分为液体、半固体和固体培养基三类，其区别主要是凝固剂的有无和多少；按用途分为基础、营养、选择、鉴别、增菌、特殊培养基等。

培养基的成分因种类不同而异，其中基础培养基含有一般细菌生长所需要的基本营养成分，如蛋白胨、肉浸液（或牛肉膏）、氯化钠和水，这些营养物质能为细菌提供生命所需的碳源、氮源、无机盐、水分，并能调节菌体内外的渗透压，为细菌提供能量。其他培养基大多是在基础培养基中加入某些特殊成分（如营养物质、抑菌剂、检测基质、指示剂等）配制而成。

1. 培养基配制的基本程序

培养基配制的基本程序包括调配、溶化、矫正 pH、过滤澄清、分装、灭菌、鉴定等几个主要步骤。

（1）调配：先在锥形瓶或烧杯中加入少量蒸馏水（事先量好），按照培养基的配方准确称取各种成分加入瓶中混合，再将剩余的水冲洗瓶壁。

（2）溶化：将调配好的混合物置电炉上隔水加热，使其完全溶解，注意随时搅拌，防止溶液外溢，溶解完毕，应补足失去的水分。

（3）矫正 pH：用 pH 比色计、比色法或精密 pH 试纸矫正溶液的 pH，一般矫正至 7.2～7.6。其中 pH 试纸矫正法操作简便、快速，但误差较大；用 pH 比色计和比色法测定 pH 较为准确。

比色法：取 3 支与标准管口径相同的试管，按表 2-1-1 加样。

表 2-1-1　pH 比色法

试管号	培养基	蒸馏水	0.2 g/L 酚红
1（测试管）	5 mL	—	0.25 mL
2（蒸馏水管）	—	5 mL	—
3（培养基管）	5 mL	—	—

第 4 管为标准 pH 比色管（配方见附录二）。

将 4 支试管按图 2-1-1 所示插入比色架中进行比色。

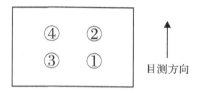

图 2 - 1 - 1 比色法

若测定管偏酸或偏碱，可分别加入 0.1 mol/L NaOH、0.1 mol/L HCl 矫正，直到测定管的颜色与标准管相同为止。注意：在加酸或加碱矫正时要缓慢，并准确记录加入的量，按下式计算培养基中需加入的量。

计算：设 5 mL 培养基矫正 pH 至 7.4 需加入 0.15 mL NaOH，现配制 1000 mL 培养基，需加入 NaOH 的量为：

5：1000＝0.15：X，则 X＝（0.15×1000）/5＝30 mL

为防止培养基因矫正 pH 而加入过多的水，可将 0.1 mol/L NaOH 换算成 1 mol/L NaOH，则需 3 mL。在培养基中加入 NaOH 后需再测一次 pH，如仍未达到所需 pH，再按上述方法进行矫正。

（4）过滤澄清：若培养基有混浊或沉淀，则需过滤。液体或半固体培养基用滤纸过滤，固体培养基在加热溶化后用绒布或双层纱布加脱脂棉过滤。

（5）分装：根据需要将培养基分装于不同的容器中，并进行包扎。

1）基础培养基：一般分装于锥形瓶，灭菌后备用，便于随时分装倾注平板或制备营养培养基。灭菌后的基础培养基在倾注平板前应冷却至 50 ℃ 左右，以无菌操作分装于无菌平皿内（直径 9 cm 的平皿分装量 13～15 mL），待培养基冷却后将平皿翻转，即为琼脂平板。

2）琼脂斜面：分装于试管，分装量为试管高度的 1/4～1/3，灭菌后趁热放置成斜面，斜面长度占试管长度的 2/3 左右，斜面下方保持 1 cm 高。

3）半固体培养基：分装于试管，量为试管高度的 1/4～1/3，灭菌后趁热将试管直立凝固。

4）琼脂高层培养基：分装于试管，量为试管高度的 2/3，灭菌后趁热将试管直立凝固。

（6）灭菌：根据培养基的成分、性质采用不同的灭菌方法。

1）高压蒸汽灭菌法：用于基础培养基等耐高温培养基的灭菌。

2）间歇灭菌法：用于含糖、明胶、血清、牛乳、鸡蛋等不耐高温物质配制的培养基灭菌。

3）水浴低温灭菌法：将血清、腹水、组织液等配制的培养基在水浴中加热 56～57 ℃ 维持 1 小时，以保持液体状态，连续 5～7 天，此法较少用。

4）血清凝固器灭菌：用于富含蛋白质的培养基（如含血清、鸡蛋清的培养基）灭菌，方法：将分装好的培养基（一般做成斜面）放在血清凝固器中，第一天 75 ℃ 30 分钟，第二天 80 ℃ 30 分钟，第三天 85 ℃ 30 分钟，在三次灭菌的间隙将培养基置 35 ℃温箱孵育过夜。

5）过滤除菌：用于血清、细胞培养液的灭菌。

（7）鉴定：包括以下两项内容。

1）无菌试验：将灭菌后的培养基置 35 ℃温箱孵育 24 小时，无菌生长为合格。

2）效果检验：将已知菌种接种于培养基上，观察细菌的生长情况、生化反应等是否符合。

（8）保存：制备好的培养基须注明制备日期、名称，置 4 ℃冰箱或冷暗处保存，但不宜放置过久。

2. 常用培养基的配制和用途

见附录一。

3. 培养基配制的注意事项

（1）在进行调配时应在瓶中先加入少量水，再加入各种固体成分，以免固体成分黏附在瓶壁上。装培养基的容器不能用铁、铜等材质的容器，若铁进入培养基中，含量超过 0.14 mg/L 时可抑制细菌毒素的产生；含铜量超过 0.3 mg/L 时可抑制细菌的生长。某些特殊成分（如染料、胆盐、指示剂等）应在矫正 pH 后加入。

（2）如需要制备十分澄清的培养基，可用卵蛋白加热澄清法：取一个鸡蛋的卵蛋白加水 20 mL，搅拌至出现泡沫，倒入 1000 mL 液体或溶化的固体培养基，混匀，流通蒸汽加热 30～60 分钟，使培养基中的不溶性物质附着于凝固蛋白，取出后用纱布加脱脂棉（固体培养基）或滤纸（液体或半固体培养基）过滤。

（3）灭菌后的培养基在进行分装时应注意无菌操作，倾注平板时培养基的温度不能过高，否则冷凝水多，影响细菌的分离并易造成污染；也不能温度过低，否则琼脂过早凝固，使平板表面高低不平。

（4）在加热溶化时注意溶液不能溢出瓶外，否则会影响培养基的营养成分，若水分蒸发，应补足失去的水分。

【结果记录、报告和思考】

实验二　无菌操作技术

【目的和要求】

（1）熟练掌握从固体培养物和液体培养物中转接微生物的无菌操作技术。

（2）体会无菌操作的重要性。

（3）掌握倒平板的基本操作方法。

【试剂与器材】

超净工作台、接种工具、斜面培养基、酒精灯、酒精棉球等。接种工具有接种环、接种钩、接种针、接种圈、接种锄、玻璃涂棒、其他接种工具。

【实验内容】

一、实验原理

在微生物学实验或科研生产中，经常要把一定种类的微生物菌种接种或移植到新鲜培养基中。由于接种的微生物都是纯种的，所以接种工作都必须在无菌环境下（在无菌室或超净工作台）进行，并严格遵守无菌操作技术。利用接种工具（如接种环、接种铲等）进行菌种的移植。因此无菌操作是接种培养微生物的关键。

常用的接种方法有斜面接种法、平板接种法、液体接种法、试管深层固体培养基的穿刺接种法。

1. 斜面接种法

把各种培养条件下的菌种，接入斜面上（包括从试管斜面、培养基平板、液体纯培养物等中把菌种移接于斜面培养基上）。这是微生物学中最常用、最基本的技术之一。接种前，需在待接种试管上贴好标签，注明菌名及接种日期。接种最好在无菌室或无菌箱内进行，若无此条件，可在较清洁密闭的室内进行。

2. 液体接种法

液体接种是一种用移液管、滴管或接种环等工具将菌液移接到培养基中的方法。吸管不同于其他接种工具，不能灼烧，可预先对其进行烘烤法灭菌。

3. 穿刺接种法

穿刺接种常用于保藏菌种或细菌运动性的检查。一般适用于细菌、酵母菌的接种培养。用接种针沾取少许菌种，移入装有固体或半固体培养基的试管中，自培养基中心垂直刺入到底，然后按原来的穿刺线将针慢慢拔出。

二、操作流程

1. 无菌操作要点

（1）要求建立"无菌观念"。

（2）接种时要有一个洁净的环境，整个操作过程必须在火焰旁进行。

（3）接种环、棉塞一定要拿在手上，不能随便乱丢。

2. 用接种环转接菌种

接种细菌应用接种针（环）来沾取细菌标本，进行接种。接种环与接种针为用白金丝或合金丝所制，亦可用电炉丝代替，因它能耐高热且散热快，便于接种前后通过火焰灭菌（整个接种环烧红即达到灭菌目的）。

在使用接种环时一般用右手持笔式较为方便，左手可持培养基进行配合，其接种程序可分为：灭菌接种环—稍冷—沾取细菌样品—进行接种（包括启盖或塞、接种划线、加盖或塞）—进行接种环灭菌等五个程序。不同培养基，接种方法也不同。

接种方法如下：

（1）接种前用酒精棉球擦净桌面。

（2）将试管贴上标签，注明菌名、接种日期、接种人姓名等，然后用酒精棉球擦手消毒。

（3）待手干后，点燃酒精灯，在火焰旁将每一支试管内的棉塞稍微转一下，使其松动，以便在接种时易拔出，并将试管放在试管架上，放在接种台的左前方。

（4）将菌种和斜面培养基的两支试管，用大拇指和其他四指握在左手中，使中指位于两试管之间，试管口平行斜向上；也可将试管横放在左手掌中央，用四个手指托住试管，大拇指压在试管上，斜面向上。

（5）右手拿接种环，在火焰上将环的部分烧红灭菌，环以上凡在接种可能进入试管内的部分，均应通过火焰灼烧。以下操作，需要使试管口靠近火焰。

（6）用右手小指、无名指和手掌拔掉棉塞。

（7）以火焰灼烧试管口，灼烧时应不断转动试管口，使试管口沾染的少量菌得以烧死。

（8）将烧过的接种环伸入菌种试管内，先将环接触没有长菌的培养基部分，使其冷却，以免烧死被接种的菌体，然后轻轻接触菌体，取出少许，慢慢将接种环抽出试管，注意尽量不要使环的部分碰到管壁，取出后不可使环通过火焰。

（9）迅速将接种环在火焰旁伸进另一试管，在斜面培养基上从底部划线到顶部，但不要把培养基划破，也不要使菌种沾染管壁。

（10）取出接种环，灼烧试管口，并在火焰旁将棉塞塞上，不要用试管去迎棉塞，以免试管在运动时灌入不洁的空气。

（11）将接种环在火焰上再灼烧灭菌，放回原处后，再用右手将棉塞塞紧，将新接种的斜面试管放在试管架上。

（12）接种后的斜面培养基放在恒温箱内培养。

3. 液体培养基中的菌种接入液体培养基中

接种工具中移液器、无菌移液管和无菌滴管、移液管和滴管不能在火焰上烧，应预先灭菌。用无菌移液管自菌种管中吸取一定量的菌液接到另一管液体培养基中，将试管塞好棉塞即可。

4. 倒平板操作

当培养基冷确至 45 ℃左右时，右手拿装有培养基的锥形瓶，左手拿培养皿，以中指、无名指和小指托住皿底，拇指和食指夹住皿盖，靠近火焰，将皿盖掀开一条稍大于瓶口的缝隙，倒入培养基后左手立即盖上培养皿的皿盖，将培养皿平放在桌上，顺时针和逆时针来回转动培养皿，使培养基和菌液充分混匀，冷凝后即成平板，倒置，于 30 ℃培养 24～48 小时，然后观察结果。

【结果记录、报告和思考】

1. 操作

（1）每组倒 2 皿高氏一号培养基、2 皿孟加拉红培养基和 6 皿牛肉膏蛋白胨培养基（4 个玻璃培养皿，2 个一次性塑料培养皿）。

（2）通过无菌接种技术每组各接 1 支大肠杆菌试管和 1 支金黄色葡萄球菌试管。

（3）每组各倒 3 种不同类型的培养基 3 个平板以备下次实验使用。

2. 思考

为什么接种完毕后，接种环还必须灼烧后再放回原处，吸管也必须放进废物桶中？

实验三　实验室环境和人体表面的微生物检查

【目的和要求】

（1）证实实验室环境与人体表面存在微生物。

（2）体会无菌操作的重要性。

（3）观察不同类群微生物的菌落形态特征。

【试剂与器材】

（1）培养基：牛肉膏蛋白胨琼脂平板。

（2）器材：酒精灯、记号笔、培养皿、恒温培养箱、打火机等。

【实验内容】

一、实验原理

如何使我们周围"看不见"的微生物变得可以"看得见"？

微生物通过"放大"成子细胞群体（菌落），使我们看得到它们的存在，即通过培养的方法使肉眼看不见的单个菌体在固体培养基上，经过生长繁殖形成几百万个菌聚集在一起的肉眼可见的菌落，来检查实验室环境和人体表面的微生物，从而使我们牢固树立"无菌概念"。

平板培养基含有细菌生长所需要的营养成分，当取自不同来源的样品接种于培养基上，在适宜温度下培养，1～2天内每一菌体即可以通过很多次细胞分裂而进行繁殖，形成一个可见的细胞群体的集落，称为菌落。

每一种细菌所形成的菌落都有自己的特点，例如菌落的大小、表面干燥或湿润、隆起或扁平、粗糙或光滑、边缘整齐或不整齐、菌落透明或半透明、颜色以及质地疏松或紧密等。因此可以通过平板培养基来检查环境中细菌的数量和类型。

二、实验步骤

1. 标记

培养皿标记时在其边缘写上自己的实验项目、名字和日期，如果同一培养皿有多个小区时，要在各个小区内分别标记待处理的样品名，为了不影响观察，可用符号或者数字表示。

注意：不能在皿盖上做标记，因为在微生物学试验中，经常需要同时观察很多平板，很容易错盖皿盖。

分别在两套塑料一次性平板底部用记号笔划分出 4 个小区，在 4 个小区内分别标上以下标记。

平皿 1：A、B、C、D

平皿 2：E、F、G、H

另外 2 个玻璃培养皿平板分别在标签上标记空气 1、空气 2。

2. 人体表面微生物的检查

（1）手指表面：在火焰旁，半开皿盖，用洗前的手指在平板 A 区轻轻按一下，迅速盖上皿盖。然后洗手 2 次，自然干燥后，在平板 B 区轻轻按一下，迅速盖上皿盖。

（2）头发：将自己的 1～2 根头发轻轻放在平板 C 区，迅速盖上皿盖。

（3）鼻腔：取出灭菌的湿棉签在自己鼻腔内滚动数次后，立即在平板 D 区轻轻摩擦 2～3 次，盖上皿盖。

3. 实验室环境的检查

（1）将标有"空气 1"的平板在实验室打开皿盖，使培养基表面完全暴露在空气中，20 分钟后盖上皿盖。

（2）将另一标有"空气 2"的平板同样操作，置于一个你认为空气中微生物数量较多的环境内，20 分钟后盖上皿盖。

注意：在记录本上记下"空气 X"分别代表的含义。

（3）按同样方法取灭菌湿棉签，在实验台等 4 个你认为微生物较多的地方擦拭，再分别在第 2 个塑料平板的 E、F、G、H 相应区域滚动接种（注意做好取样地点记录）。

4. 培养

将所有的琼脂平板翻转，使皿底朝上，置 37 ℃培养 1 天。

5. 菌落特征描述

（1）大小：大、中、小、针尖状。可先将整个平板上的菌落粗略观察一下，再决定大、中、小的标准。

（2）颜色：黄色、金黄色、灰色、乳白色、红色、粉红色等。

（3）干湿情况：干燥、湿润、黏稠。

（4）形态：圆形、不规则等。

（5）高度：扁平、隆起、凹下。

（6）透明程度：透明、半透明、不透明。

（7）边缘：整齐、不整齐。

【结果记录、报告和思考】

1. 记录与结果

结果记录于表 2 - 3 - 1。

表 2 - 3 - 1　结果记录表

菌落	A	B	C	D	E	F	G	H	空气 1	空气 2
数量*										
大小										

菌落	A	B	C	D	E	F	G	H	空气1	空气2
颜色										
干湿情况										
形态										
高度										
透明程度										
边缘										
简要说明										

　＊：菌落数量可用＋和－符号表示，从多到少依次为：＋＋＋＋，＋＋＋，＋＋＋，＋＋，＋，－。

2. 思考

（1）列举 2～3 类微生物，说明它们在本实验条件下（牛肉膏蛋白胨琼脂平板，37 ℃）不能生长。

（2）比较各种来源的样品，哪一种菌落数和菌落类型最多？为什么？

实验四　微生物的消毒灭菌

【目的和要求】

（1）了解细菌在自然界以及人体的分布，帮助建立无菌观念。

（2）掌握紫外线的杀菌机制、特点和应用。

（3）掌握高压灭菌器的构造、工作原理、使用方法、注意事项和应用。

（4）了解其他消毒灭菌的方法。

【试剂与器材】

（1）培养基：普通平板（或血平板）、肉汤培养基。

（2）试剂：2.5％碘酊、75％酒精。

（3）菌种：大肠杆菌、枯草杆菌、葡萄球菌。

（4）其他器材：接种环、培养箱、无菌三角烧瓶、无菌吸管、无菌平皿、酒精灯、无菌棉签、水浴箱、超净工作台、无菌纸片、无菌玻璃片、镊子等。

【实验内容】

一、实验原理

实验室常用的灭菌方法有干热灭菌法、紫外线照射法、微孔滤膜过滤除菌法和高压蒸汽灭菌法等。

1. 干热灭菌法

干热灭菌是用电热干燥箱加热，利用高温使微生物细胞内的酶、蛋白质凝固变性而达到灭菌的目的。

2. 紫外线照射法

紫外线杀菌机制主要是因为它诱导了胸腺嘧啶二聚体的形成和 DNA 链的交联，从而抑制了 DNA 的复制。

3. 微孔滤膜过滤除菌法

微孔过滤除菌是通过机械作用滤去液体或气体中细菌、真菌孢子等的方法。

4. 高压蒸汽灭菌法

高压蒸汽灭菌通过使蛋白质变性而灭菌，灭菌时将待灭菌的物品放在一个密闭的加压灭菌锅内，通过加热，使灭菌锅隔套间的水沸腾而产生蒸汽。待水蒸气急剧地将锅内的冷空气从排气阀中驱尽，然后关闭排气阀，继续加热，此时由于蒸汽不能溢出，而增加了灭菌器内的压力，从而使沸点增高，得到高于 100 ℃的温度，导致菌体蛋白质凝固变性而达到灭菌的目的。

干热灭菌与高压蒸汽灭菌的灭菌效果与所灭物品的蛋白质含水量有很大的关系（表 2-4-1）。就效果而言，湿热灭菌效果要比干热灭菌效果好（表 2-4-2）。在使用高压蒸汽灭菌锅灭菌时，灭菌锅内冷空气是否排除完全极为重要（表 2-4-3），因为空气的膨胀压大于水蒸气的膨胀压，所以，当水蒸气中含有空气时，在同一压力下，含空气蒸汽的温度低于饱和蒸汽的温度。

表 2-4-1　蛋白质含水量与凝固所需温度的关系

卵白蛋白含水量/%	30分钟内凝固所需温度/℃
50	56
25	74～80
18	80～90
6	145

表 2-4-2　干热、湿热穿透力及灭菌效果比较

温度/℃	时间/h	透过布层的温度/℃			灭菌
		10 层	20 层	100 层	
干热 130～140	4	86	72	70.5	不完全
湿热 105.3	3	101	101	101	完全

表 2-4-3　灭菌锅内留有不同分量空气时压力与温度的关系

压力数			全部空气排出时的温度	2/3空气排出时的温度	1/2空气排出时的温度	1/3空气完全排除时的温度	空气完全排除时的温度
MPa	kg/cm²	1b/in²					
0.03	0.35	5	108.8	100	94	90	72
0.07	0.70	10	115.6	109	105	100	90
0.10	1.05	15	121.3	115	112	109	100
0.14	1.40	20	126.2	121	118	115	109
0.17	1.75	25	130.0	126	124	121	115
0.21	2.10	30	134.6	130	128	126	121

☆ 原理延伸

紫外线灭菌法

紫外线灭菌是用紫外线灯照射进行的，波长为 200～300 nm 的紫外线都有杀菌能力，其中以 260 nm 的杀菌力最强。在波长一定的条件下，紫外线的杀菌效率与强度和时间的乘积成正比。紫外线杀菌机制主要是紫外线诱导了胸腺嘧啶二聚体的形成，从而抑制了 DNA 的复制。另一方面，由于辐射能使空气中的氧电离，再使 O_2 氧化生成臭氧（O_3）或使水（H_2O）氧化生成过氧化氢（H_2O_2），O_3 和 H_2O_2 均有杀菌作用。紫外线穿透力不大，所以只适用于无菌室、接种箱、手术室内的空气

及物体表面的灭菌。紫外线灯距照射物以不超过 1.2 m 为宜。此外，为了加强紫外线灭菌效果，在打开紫外线灯之前，可在无菌室内（或接种箱内）喷洒 3％～5％的石炭酸溶液，一方面使空气中附着有微生物的尘埃降落，另一方面也可以杀死一部分细菌。无菌室内的桌面、凳子可用 2％～3％的来苏尔擦洗，然后再开紫外线灯照射，即可增强灭菌效果，达到灭菌目的。

化学试剂灭菌法

大多数化学药剂在低浓度下起抑菌作用，高浓度下起杀菌作用。常用 5％石炭酸、70％乙醇和乙二醇等。化学灭菌剂必须有挥发性，以便清除灭菌后材料上残余的药物。化学灭菌常用的试剂有表面消毒剂、抗代谢药物（磺胺类等）、抗生素、生物药物素。抗生素是一类由微生物或其他生物在生命活动过程中合成的次生代谢产物或人工衍生物，它们在很低浓度时就能抑制或感染其他生物（包括病原菌、病毒等）的生命活动，因而可用作优良的化学治疗剂。

气体灭菌法是利用环氧乙烷或甲醛杀灭微生物的一种方法，主要用于玻璃制品、磁制品、金属制品、橡胶制品、塑料制品、纤维制品等，以及设施、设备或粉末状的医药品等物品的灭菌。使用气体灭菌时，被灭菌的物品以未变质为前提条件。

药液灭菌法是用药液杀灭微生物的方法，主要用于玻璃制品、磁制品、金属制品、橡胶制品、塑料制品、纤维制品等物品的灭菌，还可用于手指、无菌箱或无菌设备等的消毒。药液灭菌用于未变质的物品。通常使用的有酒精（70％～75％乙醇）、0.1％～1％（W/V）盐化苯类溶液、甲酚、苯酚水或福尔马林水等。

二、细菌分布检测

1. 空气细菌检查

（1）方法：取普通平板（或血平板）1 个，选室内或室外的一处空间，在离地面 1 m 左右高度的桌面（或台面）上，打开平板盖，让培养基暴露于空气中，10 分钟之后，迅速盖好盖子，在底部写上标记，放 35 ℃培养 18～24 小时，观察结果。

（2）结果观察：对光观察琼脂平板上菌落的有无，计数并记录结果。

2. 水中细菌检查

（1）方法。

1）用无菌三角烧瓶以无菌的方法采集水样（自来水、河水均可）。

2）用无菌吸管吸取 1 mL 水样以无菌技术加入无菌平皿中。

3）趁热（不烫手为宜）倾注约 15 mL 的普通琼脂，立即在台面上轻轻转动平皿使其混匀。待琼脂凝固后，将其放入 35 ℃，培养 18～24 小时。

（2）结果观察报告：取出平板，对光观察其上有无菌落形成，并计数平板上的菌落，记录结果，以每毫升水中的菌落数（或 cfu/mL）报告。

（3）注意事项。

1）注意无菌操作，防止空气或人体上的细菌污染。

2）倒入的培养基温度在 45 ℃左右（热而不烫手为宜），太热、太冷都不行。

3. 人体咽喉部细菌检查

（1）方法。

1）采样：持无菌棉拭 1 根，待受试者张大嘴巴后，迅速伸入对方悬雍垂后的咽喉部，轻轻揩取咽喉壁上的分泌物。

2）接种：以无菌方法用棉签在琼脂平板的一角（1/4 处）来回划线，去掉棉拭，然后用接种环在原划线上过 2～3 下，接着往下划线分离。

3）培养：写上标记，将平板放入 35 ℃，培养 18～24 小时。

（2）结果观察：拿出平板，观察有无细菌生长，并记录结果。

二、消毒灭菌试验

1. 皮肤消毒试验

（1）取普通平板 1 个，用记号笔在平板底部将其划分三格，并分别注明"消毒前"和"消毒后"和"对照"。

（2）伸出任一手指在"消毒前"的培养基表面轻轻按一下，然后以相邻的另一手指经 2.5％碘酊、75％酒精做皮肤消毒（注意皮肤消毒方法），待干后，再在"消毒后"的培养基上轻轻一按。剩下一格为空白对照。

（3）将培养基置 37 ℃培养 18～24 小时，观察结果。

2. 煮沸消毒试验

（1）将大肠杆菌和枯草杆菌分别接种于 2 管肉汤培养基中。

（2）取上述接种大肠杆菌和枯草杆菌的肉汤各一管，放于 100 ℃水浴中，加热煮沸，维持 5 分钟，取出置冷水中冷却，做好标记。另外的 2 管不加热作对照。

（3）将各管置 37 ℃培养 24 小时后，观察结果。

3. 干热灭菌法

（1）仪器：干烤箱。

干烤箱为一填充有绝热材料的双层金属箱。由底部的电炉丝（或电热器）加热，并通过箱内的感温管和温度控制器自动控制和保持所需温度。顶部有风扇和排气孔，能及时排除里面的湿气。物品放置在箱内的金属架上，既可以灭菌也可以干烤。

（2）操作方法：将待灭菌的物品置一带盖的搪瓷盒（或金属盒）中包扎，放入烤箱，接通电源，160～170 ℃维持 2～3 小时。

（3）注意事项。

1）灭菌时温度不能超过 180 ℃，否则布料、纸张等易起火燃烧。

2）结束时，关闭电源，必须等箱内的温度下降到与外面温度相当时才可打开箱门取出物品，防止玻璃器皿爆裂和灼伤。

（4）应用：用于金属器械、玻璃器皿、石膏等不易燃烧的物品灭菌。

4. 高压蒸汽灭菌法

（1）仪器：直立式高压灭菌器（或手提式）。

高压灭菌器为一双层圆桶形的金属锅，外桶长而坚厚，耐高压；内桶短而薄，用以装载灭菌物品。两桶底部之间的空隙用来盛水，通过里面的电热管使水加热（或直接用明火对锅底加热）。锅盖厚重，利用多个旋钮紧闭压力锅，其上有安全阀、放气阀和压力表（含温度表）等构件，观察压力表可及时了解锅内的压力或温度。

工作原理：在一密闭的容器内对水加热，产生热蒸汽，蒸汽的增多使灭菌器内的压力增高，压力增高继而又使水的温度增高。通常当压力在 103.4 kPa（1.05 kg/cm²）时，容器内温度可达到 121.3 ℃，维持 15～30 分钟，可以杀灭包括芽孢在内的所有微生物。

（2）使用方法（以电热直立式高压灭菌器为例）。

1）准备：向锅内加水至水位线为止。将准备灭菌的物品包扎好，装入高压灭菌器的内桶中，物品放置不宜过多、过挤。然后盖严锅盖，以对角的顺序均匀拧紧锅盖上的旋钮之后，检查关闭锅盖上的气阀和所有开关。

2）加热：接通电源，开始加热。当锅盖压力表中的指针上升到 0.5 kg/cm² 时，打开放气阀，排净锅内冷空气，直到压力表降回到"0"时，关闭气阀，再继续加热。当压力表上升到所需压力（103.4 kPa 或 1.05 kg/cm²）时，开始计时，并设法使其维持 15～20 分钟。

3）结束：时间到后，关掉电源，停止加热，让灭菌锅内压力自然下降。待压力表降至"0"时，拧松旋钮，半开锅盖，用锅内余热烘干水汽，10 分钟后取出灭菌物品。

（3）注意事项。

1）每次灭菌前应检查灭菌器是否处于良好的工作状态，尤其是安全阀是否良好。整个过程，必须严格按照操作规程由专人操作，避免意外事故发生，确保安全。

2）无菌包不宜过大，物品不宜放得过满、过紧，各包裹间要有间隙，使蒸汽能对流易渗透到包裹中央。

3）冷空气必须排尽，否则加热时锅内的压力虽已达到 103.4 kPa，但温度并没有达到 121.3 ℃，影响灭菌效果，达不到彻底灭菌的目的。

4）加热过程中，注意其压力表指针勿超过警戒线。如果出现这种情况，要及时冷静地处理，首先应去除热源（电源），让压力缓缓回落。

5）灭菌结束时，不应立即放气，而应停止加热使其自然冷却 20～30 分钟，使锅内压力下降至零位（压力表指针回到零位）后数分钟，将放气阀打开，然后略微打开锅盖（开一条缝），人离开消毒室，待其自然冷却到一定程度再将物品取出。

6）灭菌器用过之后应及时排除锅内的水，敞开盖子让水蒸气蒸发，可防止高压灭菌器生锈。

7）定期检查灭菌效果。检测方法如下：

①化学指示法：利用化学指示剂在一定温度与作用时间条件下受热变色或性状变化的特点，以判断是否达到灭菌所需温度。苯甲酸的熔点为 121～123 ℃，灭菌后看到苯甲酸粉末变成液态，冷却后成固体，表示已达到灭菌的目的。

②留点温度计法：灭菌后看温度是否达到灭菌所需温度。

③生物学指示法：高压蒸汽灭菌中检测效果中最可靠的一种方法。通常利用耐热的非致病性嗜热脂肪芽孢杆菌作指示菌。将滴加细菌芽孢的纸条、铝片等载体，放置于灭菌器的不同位置，灭菌后，取出试纸条，接种于溴甲酚紫葡萄糖蛋白胨水培养基中，置 55～60 ℃温箱中培养 48 小时至 7 天观察结果，根据纸片中芽孢死亡与否来判断是否达到灭菌要求。若培养后颜色未变，澄清透明，说明芽孢已被杀灭，达到了灭菌要求。若变为黄色混浊，说明芽孢未被杀灭，灭菌失败。

（4）适用范围：耐高温、高压的物品，如金属器械、玻璃器皿、生理盐水、棉签等的高压灭菌。

5. 紫外线消毒试验

（1）工作原理：细菌的 DNA 可以吸收紫外线，使一条 DNA 链上的两个胸腺嘧啶共价结合形成二聚体，从而干扰 DNA 的复制与转录，导致细菌的死亡和变异。波长在 200～300 nm 的紫外线有此杀菌作用，其中以 265～266 nm 杀菌作用为最强。

（2）试验方法。

1）取 A、B、C 3 个普通平板，分别将葡萄球菌划线接种于平板上。

2）然后用镊子将无菌纸片贴在 A 平板中央，将无菌玻璃片贴于 B 平板中央，C 平板不贴物品作对照。

3）将 3 个平板同时放置紫外灯下，打开盖子，让紫外灯照射 30 分钟。

4）照射后，用无菌镊子去掉平板上的纸片和玻璃片，盖好平板，将所有平板一起放 35 ℃培养 18～24 小时，观察结果。

（3）结果：A 和 B 平板除了纸片和玻璃遮住的部分有细菌生长以外，其他地方都无菌生长；C 平板不长菌。

（4）注意事项。

1）做室内空气消毒时，通常事先关闭室内的门窗，打开紫外灯之后随即离开，让其照射 30 分钟。返回时，应先关好灯，避免长时间暴露在紫外灯下工作，紫外线对眼睛和皮肤均有损伤。

2）紫外灯杀菌的有效距离为 2～3 m。

（5）适用范围：因紫外线的穿透力差，故只适用于空气和物体表面的消毒。

【结果记录、报告和思考】

（1）为什么干热灭菌比湿热灭菌所需要的温度高，时间长？请设计干热灭菌和湿热灭菌效果比较的实验方案。

（2）高压蒸汽灭菌开始之前，为什么要将锅内冷空气排尽？灭菌完毕之后，为什么待压力降至"0"时才能打开排气阀，开盖取物？

（3）紫外线灯管是用什么玻璃制作的？为什么不用普通玻璃？

扫码进入虚拟仿真模块

实验五　微生物的常用培养技术

【目的和要求】

（1）掌握无菌技术，建立无菌观念；明确无菌操作时注意要点。

（2）掌握细菌的接种、分离培养方法和接种环的制作方法。

（3）熟悉细菌生长现象的观察方法。

【试剂与器材】

（1）菌种：葡萄球菌、链球菌、大肠埃希氏菌、枯草芽孢杆菌等。

（2）培养基：固体、半固体、液体培养基。

（3）其他器材：温箱、酒精灯、接种环、接种针、L 形玻棒、打火机、记号笔等。

【实验内容】

一、细菌的接种工具

1. 接种环和接种针

其结构包括环（针）、金属柄、绝缘柄三部分（图 2－5－1）。其中环（针）部分最佳材料为白金丝，因其受热和散热速度快，硬度适宜，不易生锈且经久耐用，但因为价格昂贵而限制了其应用。目前实验室常用的是经济实用的 300～500 W 电热镍铬丝。一般要求接种环长 5～8 cm，直径 2～5 mm，定量接种环的容量为 0.001 mL。

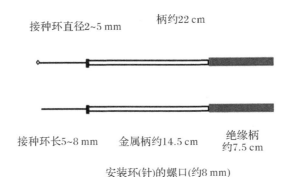

图 2－5－1　接种环和接种针

接种环（针）在使用之前须检查镍铬丝是否呈直线，若有弯曲，需用吸管或接种环的另一端将其压直；若环不圆，可将镍铬丝前端放在吸管尖部缠绕一圈，再将镍铬丝突出的部分朝内压紧。

接种环用于固体、液体培养基的接种，接种针用于半固体培养基的接种。

2. L 形玻棒

由直径 2～3 mm 的玻璃棒弯曲成 L 形制成。在使用之前用厚纸包扎后置高压蒸汽灭菌，或蘸取无水乙醇后在火焰上烧灼灭菌。主要用于液体标本涂布接种。

二、细菌的接种方法

1. 液体培养基的接种

该法主要用于细菌的增菌培养或进行细菌的生化反应。方法如下（图 2-5-2）。

（1）先将接种环在火焰上烧灼灭菌，待冷却后挑取少许细菌。

（2）左手拿试管，右手持接种环，用右手其余手指将试管塞打开，试管口通过火焰灼烧灭菌。

（3）将接种环在贴近液面的管壁上上下碾磨数次，使细菌均匀分布于培养基中。

（4）将试管口灭菌后加塞，接种环烧灼灭菌后放回原处。

（5）在试管上做好标记，经 35 ℃培养 18～24 小时后观察结果。

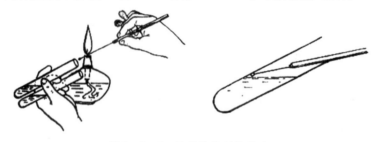

图 2-5-2　液体培养基接种法

2. 半固体培养基的接种

该法可用于保存菌种、观察细菌的动力或进行细菌的生化反应。方法如下（图 2-5-3）。

（1）先将接种针在火焰上烧灼灭菌，待冷却后挑取少许菌落。

（2）左手拿试管，右手持接种针，将试管塞打开后，试管口通过火焰灼烧灭菌，将接种针从培养基的中心向下垂直穿刺接种至试管底上方约 5 mm 处（勿穿至管底），然后由原穿刺线退出。

（3）将试管口灭菌后加塞，接种针灼烧灭菌后放回原处。

（4）在试管上做好标记，经 35 ℃培养 18～24 小时后观察结果。

3. 平板划线接种法

该法可将标本中的多种细菌分散成单个菌落，有利于细菌的分纯和进一步鉴定。方法如下。

（1）连续划线法（图 2-5-4）。

1）先将接种环在火焰上烧灼灭菌，待冷却后挑取少许菌落。

2）左手斜持平板，用手掌托着平板底部，五指固定平板边缘，在酒精灯旁以拇指、食指和中指将平板盖撑开 30°～45°角，将已挑取细菌的接种环先在平板一侧

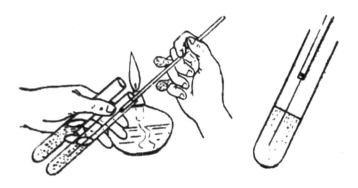

图 2 - 5 - 3　半固体培养基接种法

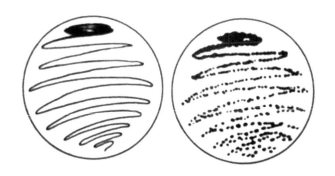

图 2 - 5 - 4　固体培养基连续划线法

边缘均匀涂布，然后运用腕力将接种环在平板上自上而下，来回划线。划线要密，但不能重叠，充分利用平板的面积，不能划破琼脂表面，并注意无菌操作，避免空气中的细菌污染。

3）划线完毕，将平板扣入平板盖，接种环烧灼灭菌后放回原处。

4）在平板底上做好标记，经 35 ℃培养 18~24 小时后观察结果。

（2）分区划线法（图 2 - 5 - 5）。

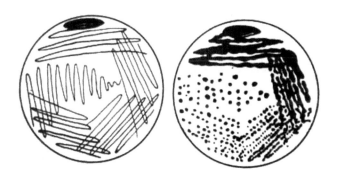

图 2 - 5 - 5　固体培养基分区划线法

1) 先将接种环在火焰上烧灼灭菌，待冷却后挑取少许菌落。

2) 同上法将平板盖打开 30°～45° 角，将已挑取细菌的接种环在平板一端（1 区）内做来回划线，再在 2、3、4 区依次划线，每区的划线须有数条线与上区交叉接触，每划完一区是否需要烧灼接种环依标本中的菌量多少而定，每区线间需保持一定距离，线条要密而不重复。

3) 划线完毕，将平板扣入平板盖，接种环烧灼灭菌后放回原处。

4) 在平板底上做好标记，经 35 ℃ 培养 18～24 小时后观察结果。

4. 斜面培养基接种法

斜面培养基主要用于细菌的纯培养，以进一步鉴定细菌或保存菌种。方法如下（图 2-5-6）。

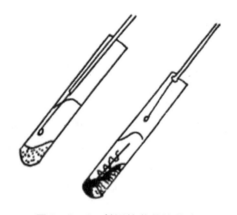

图 2-5-6 斜面培养基接种法

（1）将接种环（或接种针）在火焰上烧灼灭菌，待冷却后以无菌操作挑取少许菌落。

（2）左手拿试管，打开试管塞后，试管口通过火焰灭菌，再将取有细菌的接种环由斜面底部向上划一直线，再由下至上在斜面上做曲线划线。

（3）试管口灭菌后加塞，接种环烧灼灭菌后放回原处。

（4）在试管上做好标记，经 35 ℃ 培养 18～24 小时后观察结果。

5. 涂布接种法

本法主要用于活菌计数和药敏试验。

（1）活菌计数：取一定稀释度的菌液 0.1 mL 滴在平板上，用无菌 L 型玻璃棒将液滴涂布均匀，盖上平板盖，经 35 ℃ 培养 18～24 小时后计数菌落，则每毫升所含活菌数＝菌落数×10×稀释倍数。

（2）直接涂布法：多用于纸片法和管碟法药敏试验。先配制一定浓度的菌液，用无菌棉签蘸取菌液后，在管壁上将多余的液体挤去，在 M-H 琼脂平板上按三个方向均匀涂布 3 次，最后沿平板边缘涂一周。盖上平板盖，置室温放置 5 分钟使平板表面稍干，然后用无菌镊子将药敏纸片贴在培养基表面，或向竖在平板表面的牛津小杯内加入不同浓度的药物，经 35 ℃培养 18～24 小时后观察结果，测定抑菌圈直径，按判断标准判定结果。

6. 倾注培养法

此法常用于标本或样品中活菌计数。

（1）将标本用无菌生理盐水稀释成不同浓度：10^{-1}、10^{-2}、10^{-3}、10^{-4}、10^{-5} 等。

（2）取不同稀释度的标本各 1 mL 分别注入直径 90 mm 无菌平皿，迅速加入溶化并冷却至约 50 ℃的营养琼脂 15 mL，轻轻转动平板使之充分混匀，待凝固后翻转平板。

（3）置 35 ℃温箱培养 18～24 小时，计数菌落形成单位（cfu），按下式算出每毫升标本中的细菌数：1 mL 标本中的活菌数＝全平板 cfu×稀释倍数。

7. 细菌接种的注意事项

（1）细菌接种过程中须注意无菌操作，避免污染，因此每一步操作均须严格按要求进行。操作时不宜说话或将口鼻靠近培养基表面，以免呼吸道排出的细菌污染培养基。

（2）所有操作均须在酒精灯火焰附近进行，平皿盖、试管塞、瓶塞均应拿在手上打开（具体见前述），禁止将盖或塞事先取下放置在桌面上。

（3）取菌种前灼烧接种针（环）时要将镍铬丝烧红，烧红的接种针（环）稍事冷却再取菌种，以免烧死菌种。

（4）取菌时注意菌落不要取得太多，应蘸取而不宜刮取，否则平板划线很难分离出单个菌落。

（5）平板划线时注意掌握好划线的力度和角度，用力不能过重，接种环和培养基表面呈 30°～40°角，划线要密而不重复，充分利用培养基，并注意不能划破平板。半固体培养基接种时注意穿刺线要直，并沿原穿刺线退出。

（6）接种完毕后，需在培养基上做好标记再放置温箱孵育。废弃的有菌材料（如玻片、有菌的平板、试管、吸管等）均须灭菌后再清洗。发生有菌材料污染应及时进行消毒处理。

三、细菌的培养方法

1. 需氧培养法

该法适用于需氧菌和兼性厌氧菌。将接种后的培养基（试管放试管架上，平板底上盖下）置 35 ℃培养箱，培养 18～24 小时。大多数细菌生长速度快，在孵育 18～24 小时后即可见到生长现象，但若标本中的菌量少或生长速度慢的细菌（如结核分枝杆菌），则需培养 3～7 天甚至 4～8 周后才能观察到生长现象。

2. CO_2 培养法

（1）CO_2 孵育箱：能自动调节箱内 CO_2 的浓度和温度，使用方便。

（2）烛缸法：取一有盖磨口标本缸或玻璃干燥器，在盖及磨口处涂上凡士林。

将接种后的培养基放入缸中，并在缸内放一支点燃的蜡烛，加盖密封。随着缸内蜡烛燃烧产生的 CO_2 增加，蜡烛逐渐自行熄灭，此时缸内的 CO_2 浓度为 5%～10%，置 35 ℃培养箱孵育 18～24 小时后观察结果（图 2-5-7）。

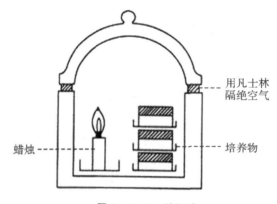

蜡烛

用凡士林隔绝空气

培养物

图 2-5-7　烛缸法

（3）化学法（重碳酸钠-盐酸法）：按每升容积重碳酸钠 0.4 g 与 1 mol/L 盐酸 0.35 mL 比例，分别将两种试剂置于容器内，将容器放置在标本缸中，密封后倾斜容器，使两种试剂接触混合产生 CO_2。该法适用于奈瑟菌和布鲁菌等苛养菌的培养。

3. 微需氧培养

先用真空泵将容器内的空气排尽，再注入 5% O_2、10% CO_2、85% N_2 的混合气体，然后置于 35 ℃培养箱孵育后观察结果。该法适用于空肠弯曲菌、幽门螺杆菌等微需氧菌的分离培养。

4. 厌氧培养法

（1）厌氧罐培养法：用理化方法使容器内形成无氧环境，用于专性厌氧菌培养。常用的方法有抽气换气法和气体发生袋法。

1）抽气换气法：将已接种的培养基放入真空干燥缸或厌氧罐中，再放入催化剂钯粒和指示剂亚甲蓝。先用真空泵将缸内抽成负压 99.99 kPa（750 mmHg），再充入无氧氮气，反复三次，最后充入 80% N_2、10% H_2 和 10% CO_2 混合气体，若缸内呈无氧状态，则指示剂亚甲蓝为无色。每次观察标本后需重新抽气换气，用过的钯粒经 160 ℃ 2 小时干烤后可重复使用。

2）气体发生袋法（Gas-pak 法）。该法需以下两种容器：厌氧罐——由透明聚碳酸酯或不锈钢制成，盖内有金属网状容器，其内装有厌氧指示剂亚甲蓝和用铝箔包裹的催化剂钯粒；气体发生袋——一种铝箔袋，其内装有硼氢化钠-氯化钴合剂、碳酸氢钠-柠檬酸合剂各 1 丸和 1 张滤纸条，使用时剪去特定部位，注入 10 mL 水，水沿滤纸渗入到两种试剂中，发生下列化学反应，产生 H_2 和 CO_2。立即将气体发生袋放入罐内，密封罐盖，使气体释放到罐中。

$$C_6H_8O_7 + 3NaHCO_3 \rightarrow Na_3(C_6H_5O_7) + 3H_2O + 3CO_2 \uparrow$$

$$NaBH_4 + 2H_2O \rightarrow NaBO_2 + 4H_2 \uparrow$$

（2）厌氧袋法：厌氧袋是用无毒透明、不透气的复合塑料薄膜制成。袋中装有催化剂钯粒和 2 支安瓿，分别装有 H_2、CO_2 发生器（化学药品，成分同上）、指示剂亚甲蓝。使用时将接种细菌的平板放入袋中，密封袋口，先将袋中装有化学药品的安瓿折断，几分钟后再折断装有亚甲蓝的安瓿，若亚甲蓝为无色则表示袋内已处于无氧状态，置 35 ℃温箱孵育。

（3）需氧菌共生法：将已知专性需氧菌（如枯草芽孢杆菌）和待检厌氧菌分别接种到 2 个大小相同的平板上，将两者合拢，缝隙用透明胶密封，置 35 ℃温箱培养，需氧菌生长过程中消耗氧气，待氧气耗尽后，厌氧菌即开始生长。

（4）平皿焦性没食子酸法：按每 100 mL 容积加入焦性没食子酸 1 g 和 2.5 mol/L NaOH 10 mL（也可用 Na_2CO_3）的比例，先将焦性没食子酸放入平皿盖背面的灭菌纱布中，再滴入 NaOH，立即将接种细菌的平板扣上，用熔化的石蜡密封平皿和平皿盖的缝隙，置 35 ℃温箱培养。

（5）庖肉培养基法：将庖肉培养基上面的石蜡熔化，用毛细管吸取标本后接种于培养基中，待石蜡凝固后置 37 ℃孵育。培养基中的肉渣可吸收氧气，石蜡凝固后起隔绝空气的作用，从而使培养基内呈无氧状态。

（6）厌氧手套箱培养法：厌氧手套箱是目前国际上公认的培养厌氧菌最佳仪器之一。它是一个密闭的大型金属箱，箱的前面有一个透明面板，板上装有两个手套，可通过手套在箱内进行操作。箱侧有一交换室，具有内外二门，内门通箱内先关着。使用时将物品放入箱内，先打开外门，放入交换室，关上外门进行抽气、换气（H_2，CO_2，N_2）使之达到厌氧状态，然后手伸入手套把交换室内门打开，将物品移入箱内，关上内门。箱内保持厌氧状态，是利用充气中的氢在钯的催化下和箱中残余氧化合成水的原理。该箱可调节温度，本身是孵箱或将孵箱附在其内。该法适于做厌氧菌的大量培养研究。

四、细菌生长现象的观察

1. 液体培养基中的生长现象

浑浊生长（如葡萄球菌）、沉淀生长（如链球菌）、菌膜生长（如枯草杆菌）。

观察要点：注意观察培养基的透明度、管底和液面上是否有细菌生长。

2. 半固体培养基中的生长现象

（1）无鞭毛的细菌：仅沿穿刺线生长，穿刺线清晰，周围培养基透明（如葡萄球菌）。

（2）有鞭毛的细菌：沿穿刺线向四周扩散生长，穿刺线边缘呈羽毛状，周围培养基变浑浊（如大肠埃希氏菌）。

观察要点：注意观察穿刺线是否清晰、周围培养基是否混浊。

3. 固体培养基中的生长现象

菌落：由一个细菌生长繁殖而形成的一个肉眼可见的细菌集团。因来源相同，同一个菌落的细菌为纯种细菌。不同细菌菌落的形态学特征不同，可以鉴别细菌。

菌苔：由多个菌落融合而成，可能含有杂菌。

菌落性状的描述：大小、形状、颜色、凸扁、表面光滑度、湿润度、光泽、透明度、边缘、黏度、溶血（血平板）、气味等。

【结果记录、报告和思考】

无菌操作技术在微生物学实验中有何意义？在接种细菌时应如何注意无菌操作？

扫码进入虚拟仿真模块

实验六 细菌的形态结构观察及常见显微技术

【目的和要求】

（1）熟悉微生物实验室规则并自觉遵守。

（2）掌握细菌基本形态和特殊结构的观察方法。

（3）掌握光学显微镜油镜的使用和维护方法，了解荧光显微镜和暗视野显微镜的构造和使用方法。

【试剂与器材】

（1）示教片：各种球菌、杆菌、弧菌、荚膜、鞭毛、芽孢的示教片。

（2）器材及其他：光学显微镜、载玻片、擦镜纸、香柏油、脱油剂等。

【实验内容】

一、细菌基本形态和特殊构造的观察

1. 细菌的基本形态（各种球菌、杆菌、弧菌等）

观察要点：注意细菌的染色性、相对大小、形状及排列方式。

2. 特殊结构的观察（荚膜、芽孢、鞭毛）

观察要点：注意这些特殊结构的大小、形状及其在菌体中的位置，均有助于细菌的鉴定。

二、光学显微镜油镜的使用

1. 光学显微镜的构造

光学显微镜是观察细菌形态最常用的一种仪器，其构造分为机械部分和光学部分，机械部分包括镜座、镜臂、载物台、镜筒、镜头转换器、调焦装置等；光学部分包括接物镜、接目镜、反光镜、聚光器、光圈等（图2-6-1）。

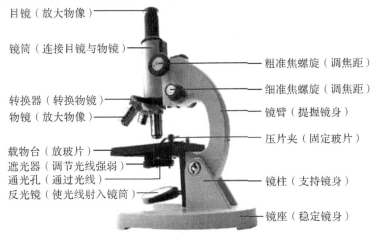

图 2-6-1 光学显微镜的构造

显微镜的接物镜有低倍镜、高倍镜、油镜三种，放大倍数依次增高，其识别方法如下。

（1）低倍镜：镜头标志为 10× 或 10/0.25，镜头最短，其上常刻有黄色环圈。

（2）高倍镜：镜头标志为 40× 或 40/0.65，镜头较长，其上常刻有蓝色环圈。

（3）油镜：镜头标志为 100× 或 100/1.30，镜头最长，其上常刻有白色环圈，或"oil"字样。

2. 油镜的使用原理

油镜的放大倍数高而透镜很小，自标本片透过的光线，因玻片和空气的折光率不同（玻璃 n=1.52，空气 n=1.0），部分光线经载玻片进入空气后发生折射，不能进入接物镜，致使射入光线较少，物象不清晰。在油镜和载玻片之间滴加和玻璃折光率相近的香柏油（n=1.515），则使进入油镜的光线增多，视野光亮度增强，物象清晰（图 2-6-2）。

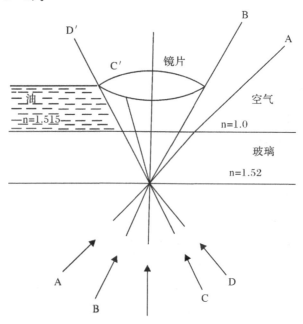

图 2-6-2 显微镜油镜的使用原理

3. 使用方法

（1）采光：使用显微镜时必须端坐，将显微镜放在胸前适当位置。将低倍镜转到中央并对准下面的聚光器，打开光圈，转动反光镜，使光线集中于聚光器（以灯光为光源时，使用凹面反光镜，以自然光为光源时用平面反光镜）。根据所观察的标本，通过升降聚光器和缩放光圈以获得最佳光度。当用低倍镜或高倍镜观察时，应适当缩小光圈，下降聚光器；当用油镜观察时，光线宜强，应把光圈完全打开，并将聚光器上升到最高位置。

（2）低倍镜调焦：将欲观察的标本置载物台上，用弹簧夹和推进器固定，将待检部位移至视野正中央，上升载物台至不能升高为止。用左眼观察接目镜，缓慢调节粗调节器，使载物台下降，待看到模糊的图像时，再调节细调节器，直至看到清晰的图像为止。

（3）油镜的使用：低倍镜找到物象并调至清晰之后，转开物镜头，在玻片的标本上滴加 1 滴香柏油，将油镜头转换至中央，缓慢调节粗调节器，使镜头浸入油中，当油镜头几乎接触玻片时停止转动（从侧面观察），边观察接目镜边轻轻转动粗调节器（此时只能上升镜头，不能下降，防止压坏玻片及损坏物镜），待看到模糊物象时改调细调节器，直至看到清晰物象。

镜检时应将标本按一定方向呈"弓"形移动，直至整个标本观察完毕，以防漏检。观察时应将两只眼睛同时睁开，左眼观察，右眼用于绘图或记录。标本观察完毕后，先将物镜头移开，再转动粗调节器使载物台下降，取下载玻片，立即用擦镜纸将镜头上的香柏油擦净。

4. 注意事项

（1）显微镜是精密光学仪器，在搬放时应右手紧握镜臂，左手稳托镜座，平端在胸前，轻拿轻放。不可单手拿，更不可倾斜拿。

（2）显微镜放到实验台上时，先放镜座的一端，再将镜座全部放稳，切不可使镜座全面同时与台面接触，这样震动过大，易损坏透镜和微调节器的装置。

（3）避免强酸、强碱、氯仿、乙醚、酒精等化学药品与显微镜接触，避免日光直射，显微镜须经常保持清洁，勿使油污和灰尘附着。

（4）接目镜和接物镜不要随便卸下，必须抽取接目镜时，须将镜筒上口用布遮盖，避免灰尘落入镜筒内。更换接物镜时，卸下后应倒置在清洁的台面上，并随即装入木箱的置放接物镜的管内。

（5）观察标本时，必须依次用低、中、高倍镜，最后用油镜。当目视接目镜时，特别在使用油镜时，切不可使用粗调节器，以免压碎玻片或损伤镜面。细调节器是显微镜最精细而脆弱的部分，不要向一个方向连续转动数周，应轻微地来回旋转。

（6）镜头必须保持清洁，油镜使用完后应立即用擦镜纸拭去香柏油。若油镜镜头上的油迹未擦干净，应先将 1∶1 醇醚混合液或二甲苯滴在擦镜纸上擦拭镜头，再用干净擦镜纸将镜头上残留的醇醚混合液或二甲苯擦净。不能用手指或粗布擦拭镜头，以保证光洁度。

（7）显微镜擦净后，取下标本片，下降聚光器，再将物镜转成"品"字形，送至显微镜室放入镜箱内。显微镜应存放在阴凉干燥处，以免滋生霉菌而腐蚀镜头。

三、暗视野显微镜

1. 构造与原理

在显微镜上安装一个特制的聚光器——暗视野聚光器。此聚光器中央为一黑板所遮，光线不能直接通向镜筒，使视野背景黑暗。这样，从聚光器周边斜射到载玻片上细菌等微粒上的光线，就因散射作用而发出亮光，反射到镜筒内。故在强光照射下，可在黑色的背景中看到发亮的菌体。正如我们在暗室内，能看到从隙缝漏入的阳光内，有无数颗尘埃微粒跳跃飞舞一样。

2. 使用方法

（1）将显微镜聚光器卸下，装上暗视野聚光器，置暗室，使用人工光源。

（2）先用低倍物镜观察，调节光环置中央后，在暗视野聚光器表面滴上香柏油（或水），再将标本夹在移动尺上。

（3）调节暗视野聚光器，使油滴（或水滴）与镜台上的载玻片底面接触。

（4）其余操作同光学显微镜。

四、荧光显微镜

1. 构造

（1）荧光显微镜光源：能发射丰富的紫外线光和紫蓝光，常用 $150\sim200$ W 高压汞灯。

（2）滤光片。

1）激发滤光片装于光源与聚光器之间，可选择性使紫外光及紫蓝光通过，激发荧光素发出荧光。

2）吸收滤光片装于物镜与目镜之间，可吸收紫外光及紫蓝光，仅让荧光通过，以便观察标本和保护眼睛。

2. 荧光显微镜的使用方法

（1）将荧光显微镜置暗室，开启光源，待光源稳定并达到一定亮度（5～10 分钟）后，对准光轴。

（2）装好配对的激发滤光片和吸收滤光片后再观察。操作同光学显微镜。

3. 注意事项

（1）荧光显微镜如用高压汞灯作光源，使用时一经开启不宜中断，断电后需待汞灯冷却后（约 15 分钟）方能再启用。

（2）使用荧光显微镜观察标本时间不宜太长。因标本在高压汞灯下照射超过 3 分钟，即有荧光减弱现象。

【结果记录、报告和思考】

1. 记录与结果

取上次实验得到的 2～3 个菌落制片，绘制观察结果。

2. 思考

（1）用油镜观察时应注意哪些问题？在载玻片和镜头之间滴加香柏油有什么作用？

（2）根据实验体会，谈谈应如何根据所观察微生物的大小选择不同的物镜进行有效的观察。

实验七　细菌的经典染色观察技术

【目的和要求】

（1）熟悉细菌染色的常用染料和一般程序。

（2）掌握革兰氏染色的方法、原理、结果观察及意义。

（3）熟悉不染色标本检查法（压滴法和悬滴法）的方法与结果观察。

（4）熟悉细菌的特殊染色法。

【试剂与器材】

（1）菌种：葡萄球菌、大肠埃希氏菌。

（2）试剂：革兰氏染色液、细胞壁染色液、芽孢染色液、鞭毛染色液、生理盐水等。

（3）其他器材：载玻片、接种环、酒精灯、显微镜、香柏油、蜡笔、擦镜纸、脱油剂等。

【实验内容】

一、细菌染色的一般程序

细菌染色法分单染法和复染法。单染法是用一种染料染色，所有细菌都染成一种颜色；复染法是用多种染料对细菌进行染色，不同细菌可染成不同的颜色。

大部分细菌染色的基本程序相同，即涂片—干燥—固定—染色，根据实验目的选择不同的染色方法，在实际工作中，应用最广泛的是革兰氏染色法。

二、革兰氏染色

1. 染色原理

（1）等电点学说：革兰氏阳性菌的等电点（pI 2～3）比革兰氏阴性菌（pI 4～5）低，在同一 pH 条件下革兰氏阳性菌带负电荷比革兰氏阴性菌要多，与带正电荷的碱性染料（结晶紫）结合性牢固，不易脱色。

（2）化学学说：革兰氏阳性菌含有大量的核糖核酸镁盐，与进入细胞质内的结晶紫和碘牢固结合成大分子复合物，不易被 95％酒精脱色；而革兰氏阴性菌含此种物质少，故易被乙醇脱色。

（3）通透性学说：革兰氏阳性菌细胞壁结构较致密，肽聚糖层较厚，含脂质少，脱色时，乙醇不易进入，而且 95％乙醇可使细胞壁脱水，细胞壁间隙缩小，通透性降低，阻碍结晶紫和碘复合物渗出。而革兰氏阴性菌细胞壁结构疏松，肽聚糖层较薄，含脂质多，易被乙醇溶解，致使细胞壁通透性增高，细胞内的结晶紫与碘复合物易被溶出而脱色。

2. 方法

（1）涂片：取清洁无油迹的载玻片 1 张，用蜡笔划线将其分成左右两格。用接种环先挑取生理盐水 1～2 环于载玻片每格中央，再分别挑取大肠杆菌和葡萄球菌少许菌落与生理盐水研匀，涂成直径约 1.5 cm 的菌膜。

（2）干燥：让涂片自然干燥，也可在酒精灯火焰较远处微微加热烘干，但切勿靠近火焰。

（3）固定：干燥后的标本片在酒精灯火焰上来回通过 3 次（以钟摆的速度），冷却后染色。固定的目的在于杀死细菌，并使菌膜与玻片牢固黏附，避免染色过程中被水冲洗掉，通过固定还可凝固细胞质，改变细菌对染料的通透性，使细菌易与染料结合而着色。

（4）染色：分以下四步（图 2 - 7 - 1）。

图 2 - 7 - 1 革兰氏染色步骤

3. 结果

革兰氏阳性菌染成紫色；革兰氏阴性菌染成红色。

4. 注意事项

（1）涂片厚薄要适宜，以菌膜刚好能透过字迹为宜（半透明）。如果涂片太厚有可能将革兰氏阴性菌染成紫色，涂片太薄则可能将革兰氏阳性菌染成红色。

（2）脱色时间长短要适宜，如果涂片较厚应相应地延长脱色时间，如涂片较薄则相应地缩短脱色时间，脱色时应不断旋转玻片摇匀，使其充分脱色，通常脱到乙醇中没有紫色流下即可。

（3）水洗时，水流不能过大，防止水流直接对准菌膜冲洗。

（4）所有染液应防止因蒸发而改变浓度，特别是卢戈碘液久存或受光照作用后失去媒染作用；涂片上积水过多会降低染液浓度，影响染色效果。

（5）因细菌的菌龄不同染色结果也有差异，一般以 18～24 小时培养物染色结果最好。

5. 意义

通过革兰氏染色有助于细菌的初步鉴别，并可作为选择药物的参考，了解细菌的致病性。

三、特殊染色法

细菌的细胞壁、核质、细胞质颗粒和细菌的特殊结构如芽孢、荚膜、鞭毛等，必须用相应的特殊染色法才能染上颜色。

1. 细胞壁染色法

（1）涂片、干燥：同革兰氏染色法。

（2）固定：滴加 100 g/L 鞣酸固定标本 15 分钟，水洗。

（3）滴加 5 g/L 龙胆紫染色 3～5 分钟，水洗，待干，镜检。

（4）结果：有细胞壁的细菌仅菌体周边染成紫色，菌体内部无色；无细胞壁的细菌（如 L 型细菌）整个菌体都染成紫色。

2. 鞭毛染色法（改良 Ryu 法）

鞭毛染色可从平板上直接挑取菌落，也可从斜面培养基上刮取菌苔涂片，必须注意动作尽量轻，以免鞭毛脱落。培养基应为营养较好的琼脂平板（如血平板、营养琼脂），不可用含抑制剂的选择培养基（如 SS、中国蓝、MAC 等）。

（1）玻片的处理：要求用新的载玻片，用前在 95% 乙醇中浸泡 24 小时以上，用时从酒精中取出，用干净的纱布擦干使用。若水滴向周围流散而不形成水珠表示玻片处理良好。

（2）在玻片上加蒸馏水 1 滴，用接种针挑取菌落少许，将细菌点在蒸馏水滴的顶部（一般只需点一下，仅允许极少量细菌进入水滴），使其自然流散成薄膜，不可搅动，以免鞭毛脱落。

（3）室温自然干燥，不可在火焰上烘干。

（4）滴加染液（配方见附录二），染色 10～15 分钟后，将玻片微倾斜，用蒸馏水缓慢滴加在玻片顶端无菌膜处洗去染液，注意洗净染液表面的金属光泽液膜。

（5）玻片自然干燥后镜检。观察时应从细菌较少的地方寻找鞭毛。

（6）结果：鞭毛染成红色。

3. 芽孢染色法

（1）涂片、干燥、固定：同革兰氏染色法。

（2）染色：分为以下三步。

1）初染：在菌膜上加石炭酸复红染液，用微火加热使染液冒蒸汽 5 分钟，注意不能煮沸或烧干，加热过程中应随时添加染液，冷却后水洗。

2）脱色：用 95% 乙醇脱色 1～2 分钟，水洗。

3）复染：用碱性亚甲蓝染 1 分钟，水洗，待干，镜检。

4）结果：菌体呈蓝色，芽孢染成红色。

4. 荚膜染色法

（1）黑斯氏法。

1）涂片，自然干燥，加热固定。

2）滴加结晶紫染液，在火焰上微微加热至染液冒蒸汽为止。

3）用硫酸铜溶液将玻片上的染液洗去（注：切勿水洗），用吸水纸吸干后镜检。

4）结果：菌体及背景均染成紫色，荚膜染成淡紫色或无色。

（2）密尔氏法。

1）涂片：提前数日于小鼠腹腔注射肺炎链球菌 0.2 mL，小鼠死亡后取腹腔液印片，自然干燥，加热固定。

2）滴加石炭酸复红染液，微火加热染色 1 分钟，水洗。

3）加媒染剂染 0.5 分钟，水洗。

4）加碱性亚甲蓝染色 1 分钟，水洗，待干，镜检。

5）结果：菌体染成鲜红色，荚膜染成蓝色。

5. 异染颗粒染色

细菌经涂片、干燥、固定，加甲液（见附录二）染色 3～5 分钟，水洗后加乙液染色 1 分钟，水洗，待干，镜检。

结果：菌体染成蓝绿色，异染颗粒染成蓝黑色。

四、不染色标本检查法

细菌未经过染色呈无色透明，在显微镜下为有折光性的小点，不能判断细菌的形态和结构特征。因此，不染色标本检查法主要用于观察细菌的动力，常用的方法有以下几种。

1. 压滴法

用接种环分别取菌液 2～3 环，置于洁净载玻片中央。用小镊子夹一盖玻片，先使盖玻片一边接触菌液，然后缓缓放下，覆盖于菌液上，避免菌液中产生气泡。先用低倍镜找到观察部位，再换高倍镜观察细菌的运动。

2. 悬滴法

取一洁净凹玻片，在凹窝四周涂少许凡士林。取一环菌液于盖玻片中央，将凹玻片凹窝对准盖玻片上的菌液，迅速翻转载玻片，用小镊子轻压盖玻片，使之与凹玻片粘紧封闭（图 2-7-2），置显微镜下观察。

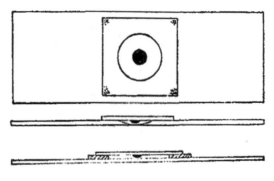

图 2-7-2 悬滴法

3. 暗视野显微镜观察

将上述经压滴法制成的标本片，置于暗视野显微镜下观察，有鞭毛的细菌运动活泼，在黑色的背景下闪闪发亮，有明显的位置移动。

观察要点：有鞭毛的细菌运动活泼，可向不同方向迅速运动，位置移动明显。无鞭毛细菌不能做真正的运动，但受水分子的撞击而呈分子运动（布朗运动），即在一定范围内做来回颤动，位置移动不大，注意与细菌的鞭毛运动相鉴别。

【结果记录、报告和思考】

细菌的染色检查和不染色检查各有何意义？

实验八　细菌的常用生理生化反应

【目的和要求】

（1）掌握细菌生化反应的概念。

（2）掌握常用生化反应的原理和方法。

（3）了解生化反应在细菌鉴定及诊断中的重要意义。

【试剂与器材】

（1）菌种：大肠埃希氏菌、伤寒沙门氏菌、产气肠杆菌。

（2）培养基：葡萄糖蛋白胨水、葡萄糖发酵管、蛋白胨水、硫酸亚铁（或醋酸铅）半固体培养基、西蒙氏或柯氏培养基等。

（3）试剂：甲基红试剂、40%KOH、靛基质试剂、3%H_2O_2、1%盐酸四甲基对苯二胺（或1%盐酸二甲基对苯二胺）。

（4）其他器材：接种环（针）、酒精灯、毛细滴管、生物安全柜、培养箱、水浴箱、滤纸条等。

【实验内容】

不同细菌具有不同的酶，对同一种基质（糖、蛋白质等）分解代谢的能力不同而可得到不同的代谢产物，检查这些代谢产物就可帮助鉴别细菌，这类试验称为细菌的生化反应。生化反应在细菌的鉴定中起着重要的作用，因而为临床细菌检验所常用。

细菌的生化反应很多，本次实验着重介绍一些最常用、最基本的试验，其余部分可参见附录。

一、糖（醇、苷）的分解代谢试验

1. 葡萄糖发酵试验

（1）原理：将大肠埃希氏菌和伤寒沙门氏菌分别接种于半固体的葡萄糖发酵管中，经37℃培养18～24小时，大肠埃希氏菌因为分解其中的葡萄糖最终产酸并产气。产酸使培养基中的pH下降因而指示剂显红色，产气则半固体中有气泡出现；而伤寒沙门氏菌分解葡萄糖产酸不产气，培养基虽变红但其中无气泡。通过观察培养基颜色变化以及气体的有无即可鉴别细菌。

（2）方法。

1）葡萄糖发酵管的制备：取经高压灭菌并经加热融化的半固体琼脂100 mL，以无菌操作加入经煮沸消毒的20%葡萄糖水溶液5 mL、1%酸性复红指示剂0.5 mL，混匀之后，趁热倒入小试管并冷却凝固。

2）细菌接种、培养：用接种针挑取大肠埃希氏菌和伤寒沙门氏菌分别穿刺接种于半固体葡萄糖发酵管中，将试管放35℃培养18～24小时后观察结果。

（3）结果观察：培养基变红者为细菌产酸，半固体中有气泡即产气。

（4）注意事项。

1) 发酵管的制备、细菌的接种均应严格无菌操作。

2) 将其中的葡萄糖换成其他的糖（或醇），就可以做成其他糖（或醇）的发酵管。

3) 发酵管也可以制成液体的，但需在试管中加入一支小导管以观察产气情况，并可以选用不同的指示剂。

4) 培养基的 pH 应控制在 7.2～7.4 为宜。

（5）临床应用：可用于多种细菌的鉴别。

2. 甲基红试验（MR 试验）

（1）原理：某些细菌如大肠杆菌能将葡萄糖分解成丙酮酸，并进一步将丙酮酸分解成大量有机酸（甲酸、乙酸、乳酸等）使 pH 下降至 4.4 以下，加入甲基红指示剂后显红色为试验阳性。而另一些细菌如产气肠杆菌则分解葡萄糖产酸少，并将酸分解生成醇、酮、醛等，培养基的 pH 在 5.4 以上，使甲基红试剂显黄色，为试验阴性。

（2）方法。

1) 用接种环挑取大肠埃希氏菌和产气肠杆菌分别接种于葡萄糖蛋白胨水中，置 35 ℃培养箱，培养 18～24 小时。

2) 取出培养物，于试管中滴加几滴甲基红试剂，轻轻摇动试管，培养液立即显红色者为试验阳性，黄色者为阴性。

（3）临床应用：该试验主要用于大肠埃希氏菌和产气肠杆菌的鉴别，前者为阳性，后者为阴性。

3. V−P（Voges−Proskauer）试验（伏普试验）

（1）原理：某些细菌（如产气肠杆菌、阴沟肠杆菌）将葡萄糖分解成丙酮酸之后，能进一步使丙酮酸脱羧生成中性的乙酰甲基甲醇，后者在碱性环境中被空气中的氧氧化成二乙酰，二乙酰与蛋白胨中所含精氨酸的胍基发生反应生成红色的化合物。故在培养基中加入含胍基的化合物（如肌酸或肌酐等），可加速该反应。

（2）方法。

1) 接种环取细菌接种于葡萄糖蛋白胨水，置 35 ℃培养 48 小时。

2) 取出，按每毫升加入含 0.3％的肌酸或肌酐的 40％KOH 溶液 0.1 mL，放入 48～50 ℃水浴 2 小时（或 37 ℃4 小时），充分摇动后，观察结果。

（3）结果观察：培养液变红色为阳性。

（4）临床应用：主要用于产气肠杆菌和大肠埃希氏菌的鉴别，产气肠杆菌 V−P 试验阳性，后者为阴性。

二、蛋白质（或氨基酸）代谢试验

1. 靛基质（吲哚）试验

（1）原理：某些细菌（如大肠埃希氏菌等）能分解蛋白胨中的色氨酸产生靛基质（吲哚），当加入靛基质试剂（对二甲氨基苯甲醛）之后，靛基质与对二甲氨基苯甲醛作用生成红色化合物——玫瑰靛基质。

（2）方法。

1）将细菌接种于蛋白胨水培养基中，置 35 ℃培养 24～48 小时。

2）取出，滴加数滴靛基质试剂于培养基的液面上，静置半分钟观察结果。

（3）结果观察：液面的试剂变红色为试验阳性，黄色为阴性。

（4）注意事项：靛基质试剂具有较强的腐蚀性，使用时应小心，勿滴落至皮肤、衣服或其他物品上。

（5）临床应用：主要用于肠杆菌科细菌的鉴别。

2. 硫化氢试验

（1）原理：某些细菌（如变形杆菌）能分解培养基中含硫氨基酸（如胱氨酸、半胱氨酸等），产生硫化氢，硫化氢遇到培养基中的重金属离子如 Pb^{2+} 或 Fe^{2+} 等，形成硫化铅或硫化亚铁黑色沉淀。

（2）方法：将待测细菌穿刺接种于含硫酸亚铁（或醋酸铅）的半固体培养基中，35 ℃培养 24～48 小时后观察结果。

（3）结果观察：穿刺线周围出现黑色者为阳性。

（4）临床应用：常用于肠杆菌科属间的鉴别，沙门氏菌属（甲型副伤寒沙门氏菌除外）、爱德华菌属、亚利桑那菌属、枸橼酸杆菌属和变形杆菌属等多为阳性，其他菌属为阴性。

三、枸橼酸盐利用试验

1. 原理

某些细菌（如产气肠杆菌等）能利用培养基中的枸橼酸钠作为唯一的碳源，利用培养基中的磷酸二氢铵（铵盐）作为唯一的氮源，在培养基上生长。最终有碳酸钠和氨（NH_3）产生，使培养基变碱，使其中的溴麝香草酚蓝指示剂由淡绿色变成深蓝色。

2. 方法

用接种针挑取待测细菌穿刺于枸橼酸钠培养基并抽出于斜面划线接种，置 35 ℃，培养 18～24 小时。

3. 结果观察

在 24～48 小时内如果培养基变深蓝色有细菌生长为阳性。如培养基接种线上长出菌落，但不见蓝色也认为是阳性；培养基不变色，无细菌生长者为阴性。

4. 临床应用

主要用于肠道杆菌的鉴别，产气肠杆菌、沙门氏菌属、克雷伯菌属为阳性，大肠埃希氏菌属、志贺菌属、爱德华菌属为阴性。

四、呼吸酶类试验

1. 触酶（过氧化氢酶）试验

（1）原理：某些细菌（如葡萄球菌等）可分泌过氧化氢酶，该酶能催化过氧化氢产生水和初生态氧，因为氧分子的形成故可见气泡出现。

$$\overset{\text{触酶}}{H_2O_2 \quad \rightarrow \quad H_2O + [O]}; \quad 2[O] \rightarrow O_2\uparrow$$

（2）方法。

方法1：取3%过氧化氢溶液0.5 mL滴加到普通平板的菌落上，或加入到不含血液的肉汤培养物中，立即观察结果。

方法2：挑取一环菌落置于清洁的载玻片上，滴加3%过氧化氢溶液数滴，立即观察结果。

（3）结果观察：于30秒内有大量气泡出现者为试验阳性，无气泡者为阴性。

（4）注意事项：培养基内不能含有血液，也不宜用血平板上的菌落，否则会出现假阳性；陈旧培养物上的酶可能失活，所以细菌培养物要新鲜。

（5）临床应用：常用于葡萄球菌和链球菌属间鉴别，前者为阳性，后者为阴性。也可用于其他细菌的鉴别。

2. 氧化酶试验

（1）原理：氧化酶（细胞色素氧化酶）是细胞色素呼吸酶系统的最终呼吸酶，某些细菌具有该种酶类。在有分子氧存在的情况下，氧化酶先使细胞色素C氧化，再由氧化型细胞色素C使试剂对苯二胺氧化，生成有色的醌类化合物（靛酚蓝）。

（2）方法。

方法1：菌落法，直接将试剂滴加于平板的被检菌菌落上。

方法2：滤纸法，取洁净滤纸一小块，挑取菌落或菌苔少许，然后滴加试剂于其上。

方法3：试剂纸片法，先将滤纸浸泡于试剂中制成试剂纸条，试验时挑取菌落涂于试剂纸。

（3）结果观察：细菌在与试剂接触10秒内呈深紫色者为阳性。为保证结果的准确性，分别以铜绿假单胞菌和大肠埃希氏菌作为阳性和阴性对照。

（4）临床应用：主要用于肠杆菌科细菌与假单胞菌的鉴别，前者为阴性，后者为阳性。奈瑟菌属、莫拉菌属细菌也呈阳性反应。

【结果记录、报告和思考】

扫码进入虚拟仿真模块

实验九　细菌的药敏及耐药性检测

【目的和要求】

（1）掌握纸片扩散法（K-B法）、液体稀释法两种药敏试验的原理和方法。

（2）熟悉上述两种药敏试验方法的应用。

（3）了解几种细菌耐药表型检测的原理、方法及意义。

【试剂与器材】

（1）培养基：一般需氧和兼性厌氧菌采用水解酪蛋白（M-H）琼脂或 M-H 液体培养基（pH 7.2～7.4）。对于营养要求高的细菌，则需在 M-H 培养基中加入其他营养成分。

（2）抗菌药物纸片：直径为 6.0～6.35 mm 的滤纸片上，含有一定量的某种抗菌药物。市场有售，但生产厂家须获得国家食品药品监督管理局（SFDA）批准。

（3）待测细菌：接种普通营养琼脂经 35 ℃ 16～18 小时的纯培养物。

（4）0.5%麦氏比浊管。配制方法如下：

0.048 mol $BaCl_2$（1.17% W/V $BaCl_2 \cdot 2H_2O$）0.5 mL

0.18 mol H_2SO_4（1%，V/V）99.5 mL

将两液置冰水浴中冷却后混合，置螺口试管中，放室温暗处保存。用前混匀。有效期为 6 个月。

（5）其他器材：无菌生理盐水、无菌棉签、无菌试管、酒精灯、镊子、生物安全柜、培养箱等。

【实验内容】

一、纸片扩散法（K-B法）药敏试验

1. 原理

将含有定量的抗菌药物纸片贴在已接种待测细菌的琼脂平板表面，纸片上的药物随即溶于琼脂中，并沿纸片周围由高浓度向低浓度扩散，形成逐渐减少的梯度浓度。在纸片周围，一定浓度的药物抑制了细菌的生长从而形成了透明的抑菌环，抑菌环的大小则反映了待测菌对该种药物的敏感程度。

K-B法是由 Kirby-Bauer 建立，美国 NCCLS 推荐，目前为世界所公认的标准纸片扩散法（定性法）。

2. 方法

（1）培养基的准备：将无菌 M-H 琼脂加热融化，趁热倾注入无菌的直径 90 mm平皿中。琼脂厚为 4 mm（23～25 mL 培养基），琼脂凝固后塑料包装放 4 ℃ 保存，在 5 日内用完，使用前应在 37 ℃培养箱放置 30 分钟使表面干燥。

（2）试验菌液准备：将待测细菌接种于普通琼脂平板，35 ℃培养 16～18 小时，然后从平板上挑取数个菌落，于 2～3 mL 无菌生理盐水中混匀后与 0.5 麦氏比浊管比浊，调整浊度与标准比浊管相同，其细菌浓度相当于 10^8 cfu/mL。

（3）细菌接种：用无菌棉拭蘸取已调试的菌液，在管壁上稍加挤压之后，手持棉拭于 M-H 琼脂表面均匀划线接种，共划 3 次，每次将平板旋转 60°角，最后沿平板内缘涂抹一周，盖上平板，室温下置 3～5 分钟待琼脂表面的水分稍干。

（4）贴纸片：用无菌镊子夹取药物纸片平贴在种好细菌的琼脂表面，每个平板可贴 4～6 种药物纸片。纸片放置要均匀，各纸片中心距离不小于 24 mm，纸片距平板边缘的距离应不小于 15 mm。纸片一旦接触琼脂表面，就不能再移动。

（5）培养：贴好药物纸片的平板应于室温下放置 15 分钟，然后翻转平板，放 35 ℃培养 18～24 小时之后观察结果。

3. 结果观察和报告

将平板置于黑背景的明亮处，用卡尺从背面精确测量包括纸片直径在内的抑菌环直径，测得结果以毫米为单位进行记录，最后参照 NCCLS 的标准（见附录三）进行结果判断，并以敏感（sensitivity）、中度敏感（moderate sensitivity）和耐药（resistant）等程度报告之。

4. 注意事项

（1）培养基的成分、酸碱度以及平板的厚度等对试验结果都可以造成影响。购买培养基时应考虑其质量，对每批 M-H 琼脂平板均须用标准菌株检测，合格后方可使用。制备平板时，注意其厚度并且厚薄要均匀。

（2）药物纸片的贴放要均匀，并且要充分接触琼脂。药物纸片应始终保存在封闭、冷冻、干燥的环境，否则会影响其活性。长期储存须置 -20 ℃的冰箱，日常使用或没用完的纸片应及时放 4 ℃保存，用时须提前 1～2 小时取出放室温平衡。纸片应在有效期内使用。

（3）菌液浓度也可影响试验的结果，浓度大、细菌多时抑菌环减小；菌量少时抑菌环则偏大。此外，菌液配好后应在 15 分钟内用完。

（4）培养温度以 35 ℃为宜。平板的堆放不超过 2 块，防止受热不均。

（5）试验过程严格按要求操作，严格无菌操作。

（6）抑菌环的测量要仔细、精确。

5. 质量控制

以新鲜传代的金黄色葡萄球菌 ATCC25923、大肠埃希氏菌 ATCC25922 和铜绿假单胞菌 ATCC27853 等标准菌株在相同条件下用与常规试验相同的方法测定对同种抗菌药物的敏感性，标准菌株的抑菌环应在预期的范围内。如超出了该范围，则不能向临床发报告，应及时查出原因，予以纠正。标准菌株应每周用 M-H 琼脂传代，4 ℃保存。

6. 临床意义

用于临床细菌常规药敏检测，监测细菌的耐药变迁，指导临床用药。

二、试管稀释法

1. 原理

将待测细菌接种于一系列含有不同浓度抗菌药物的液体培养基中，定量测定抗菌药物抑制或杀死该菌的最低抑菌浓度（minimal inhibitory concentration，MIC）或最低杀菌浓度（minimal bactericidal concentration，MBC）。

2. 方法

（1）抗菌药物原液的配制：试验用的抗菌药物应为标准的粉剂，选择适宜的溶剂和稀释剂进行溶解和稀释，并配成一定浓度（通常为 1000 U 或 1000 μg/mL）的药物原液。原液以过滤法除菌，小量分装使用，放 $-20\ ℃$ 以下一般可保存三个月，如果置 4 ℃ 只能保存一周。

（2）待测菌液的准备：分纯的平板上挑取 4～5 个菌落，接种于 3～5 mL M-H 肉汤中，35 ℃培养 4～6 小时，与标准比浊管比浊，校正菌液浓度至 0.5 麦氏单位之后，再用 M-H 肉汤按 1：200 稀释，并在 15 分钟内接种。

（3）试验方法。

1）排列试管：取无菌试管 10～15 支排列于试管架上，除第一管外，其余每管加入 M-H 液体培养基 1 mL。

2）药物稀释：吸取抗菌药物原液（1000 μg/mL）5.12 mL 和液体培养基 4.88 mL加入一无菌大试管中，充分混合后，从中吸出 2 mL 分别加入第一、第二管中，每管 1 mL；第二管混匀后吸出 1 mL 加入到第三管，以此类推直至最后一管，从最后一管吸出 1 mL 弃去；经如此稀释，各管的药物浓度依次为 512、256、128、64、32、16、8、4、2、1、0.5、0.25、0.125、0.06、0.03 μg/mL；另设培养基对照、待测菌生长对照和质控菌生长对照管。

3）细菌接种：将已准备好的菌液分别加入到上述各试验管和对照管中，每管 0.05 mL，轻轻旋转混匀。

4）培养：置 35 ℃培养 12～18 小时后观察结果。

3. 结果判断及报告

将试管拿出逐一对光观察，凡无肉眼可见细菌生长的药物最低浓度即为对待测菌的最低抑菌浓度（MIC）。并以 MIC 报告之。

如果以 0.01 mL 容量接种环从无菌生长的试管中移种一环于血琼脂平板上划线做次代培养，经 35 ℃培养过夜后，观察能杀死 99.9％的种入菌的最低药物浓度即为最低杀菌浓度（MBC）。

4. 注意事项

（1）培养基的 pH、渗透压和电解质均可影响试验结果。

（2）抗菌药物必须使用标准粉剂，不应使用口服药而影响其含量。配好后的药物原液应在有效期使用。考虑到抗菌药物的效力，不同药物应选择不同的稀释度。

（3）试验过程易污染，应严格无菌操作。

（4）结果应在 12～18 小时内观察，培养时间过长，被轻度抑制的部分细菌可能会重新生长，由于某些抗菌药物不够稳定，时间长了其抗菌活性也会降低，甚至消失，从而使 MIC 增高。

5. 质量控制

每次试验应选用金黄色葡萄球菌 ATCC25923、大肠埃希氏菌 ATCC25922、粪肠球菌 ATCC29212 和铜绿假单胞菌 ATCC27853 等标准菌株在相同条件下做平行试验。如果标准菌株的试验结果超过或低于预期值一个稀释度以上，不应发出临床报告，而应找出差错的原因。

6. 临床意义

试管稀释法多用于抗菌药物抗菌效力的测定及新药开发。目前临床的自动化或半自动化的药敏试验多采用与此类似的微量稀释法。

三、部分细菌耐药表型的检测

1. 耐甲氧西林葡萄球菌的检测（头孢西丁纸片扩散法）

甲氧西林（methicillin）是一种能耐青霉素酶的半合成青霉素。耐甲氧西林金黄色葡萄球菌（methicillin resistant *Staphylococcus aureus*，MRSA）因多了一个由 mecA 基因编码的青霉素结合蛋白（PBP2α）而对甲氧西林耐药。这种 PBP2α 不但与 β-内酰胺类抗生素的亲和力极低，而且具有其他高亲和力青霉素结合蛋白（PBPs）的功能。当其他 PBPs 被 β-内酰胺类抗生素抑制而不能发挥作用时，PBP2α 可替代它们完成细菌细胞壁的合成，从而使细菌得以生存。MRSA 从 1961 年发现至今几乎遍及全球，已成为院内感染的重要病原菌之一。因此，开展对 MRSA 的检测对于控制医院内感染的流行，指导临床治疗有着十分重要的意义。

（1）原理：同纸片扩散法。由于头孢西丁和苯唑西林较甲氧西林稳定，不易失活，通常使用这两种药物代替甲氧西林测定葡萄球菌的耐药性。

（2）方法：以无菌棉拭蘸取已调试的待测菌液接种于 M－H 琼脂平板上（同 K－B 法），再贴上头孢西丁药物纸片（30 μg/片）或苯唑西林药物纸片（1 μg/片），将平板置于 35 ℃培养 24 小时，之后观察结果。

（3）结果判断。

1）头孢西丁纸片法：金黄色葡萄球菌抑菌环≥20 mm 为敏感，≤19 mm 为耐药；凝固酶阴性葡萄球菌≥25 mm 为敏感，≤24 mm 为耐药。

2）苯唑西林纸片法：金黄色葡萄球菌抑菌环≥13 mm 为敏感，≤10 mm 为耐药；凝固酶阴性葡萄球菌≥18 mm 为敏感，≤17 mm 为耐药。

（4）注意事项。

1）头孢西丁法结果观察时应使用反射光线。苯唑西林纸片法结果需对着透射光线观察，抑菌环内有任何可辨别的细菌生长即为苯唑西林耐药。

2）培养温度应为 33～35 ℃，超过 35 ℃耐药的葡萄球菌可能被抑制不能生长而漏检。

2. 肠杆菌科细菌产超广谱 β－内酰胺酶的检测

超广谱 β－内酰胺酶（extended-spectrum β-lactamase，ESBLs）指能水解青霉素类和头孢菌素类抗生素并扩展到能水解第三、第四代头孢菌素以及单环类抗生素并由质粒介导的 β－内酰胺酶。自 1983 年德国首次发现报道以来，在全世界 ESBLs 检出率呈现出不断上升的趋势，并具有多重耐药和转移迅速等特点，极易导致院内交叉感染和耐药菌的扩散。产生 ESBLs 的细菌主要是大肠埃希氏菌、肺炎克雷伯氏菌、阴沟肠杆菌，其他如铜绿假单胞菌、变形杆菌属及不动杆菌属也可产生。对 ESBLs 有多种方法可以进行检测，目前主要采用美国临床实验室标准化委员会（NCCLS）所推荐的纸片扩散法、稀释法，并分筛选实验和确认实验两步进行。

（1）筛选试验（纸片扩散法）。

1）药物纸片：头孢泊肟（Cefprozil，CPD）10 μg/片　　或

　　　　　　　头孢他啶（Ceftazidime，CAZ）30 μg/片　　或

　　　　　　　氨曲南（Aztreonam，ATM）30 μg/片　　　或

　　　　　　　头孢噻肟（Cefotaxime，CTX）30 μg/片　　或

　　　　　　　头孢曲松（Ceftriaxone，CRO）30 μg/片

2）方法：将 0.5 麦氏单位的待检菌液涂抹于 M－H 琼脂平板上，稍干后，在琼脂培养基表面贴上头孢他啶等药物纸片（同 K－B 法），之后放 35 ℃温箱中培养16～18 小时观察结果。

3）结果判断：头孢泊肟抑菌环直径≤17 mm

　　　　　　　头孢他啶抑菌环直径≤22 mm

　　　　　　　氨曲南抑菌环直径≤27 mm

　　　　　　　头孢噻肟抑菌环直径≤27 mm

　　　　　　　头孢曲松抑菌环直径≤25 mm

符合以上任何一项即可认为该菌能产 ESBLs。

4）质量控制：以大肠埃希氏菌 ATCC25922 做质控，其抑菌环直径应符合CLSI 质控范围。以肺炎克雷伯菌 ATCC700603 做质控，其抑菌环直径应符合以下要求：

头孢泊肟抑菌环直径 9～16 mm

头孢他啶抑菌环直径 10～18 mm

氨曲南抑菌环直径 9～17 mm

头孢噻肟抑菌环直径 17～25 mm

头孢曲松抑菌环直径 16～24 mm

（2）表型确证试验（双纸片增效法）。

1）原理：克拉维酸可与多数 β-内酰胺酶牢固结合，生成不可逆的结合物，是一种非常有效的抑制剂。在同一平板上贴加克拉维酸纸片，可以抑制细菌 β-内酰胺酶的作用，从而使头孢他啶等抗菌药物的抑菌环增大。

2）药敏纸片：头孢他啶（30 μg/片）

克拉维酸（Clavulanic Acid，CLA，10 μg/片）

头孢噻肟（30 μg/片）

3）方法：将 0.5 麦氏单位的待检菌液涂抹于 M－H 琼脂平板上（同 K－B 法），稍干后，在琼脂培养基表面分别贴上头孢他啶和头孢他啶/克拉维酸，头孢噻肟和头孢噻肟/克拉维酸纸片，置 35 ℃培养 16～18 小时后量取抑菌环直径。

4）结果判断：与单纸片平皿对照，两种药物中的任何一种若加克拉维酸纸片较未加克拉维酸纸片抑菌环直径≥5 mm，即为 ESBL 阳性。

5）质量控制。

以大肠埃希氏菌 ATCC25922 所测试药物联合克拉维酸后的抑菌环直径与单药抑菌环相比，增大值≤2 mm。

肺炎克雷伯菌 ATCC700603：头孢他啶/卡拉维酸抑菌环直径应增大≥5 mm；头孢噻肟/克拉维酸抑菌环直径应增大≥3 mm。

【结果记录、报告和思考】

药敏试验为什么要进行质量控制？如何才能做好药敏试验的质控？（推荐分组见表 2－9－1、表 2－9－2）

表 2－9－1　非苛氧菌常规试验和报告中应考虑的抗微生物药物推荐分组

	肠杆菌科细菌	铜绿假单胞菌	葡萄球菌属	肠球菌属
A 组 一级试验 并常规报 告的药物	氨苄西林	头孢他啶	苯唑西林	青霉素 氨苄西林
	头孢唑啉 头孢噻吩	庆大霉素	青霉素	
		美洛西林 替卡西林 哌拉西林		
	庆大霉素			

	肠杆菌科细菌	铜绿假单胞菌	葡萄球菌属	肠球菌属
B组 一级试验 有选择报告的药物	阿米卡星 阿莫西林/克拉维酸 氨苄西林/舒巴坦 哌拉西林/他唑巴坦 替卡西林/克拉维酸 头孢孟多/头孢尼西 头孢呋辛 头孢吡肟 头孢美唑 头孢哌酮 头孢替坦 头孢西丁 头孢噻肟/头孢唑肟 头孢曲松 厄他培南 亚胺培南/美洛培南 美洛西林/哌拉西林 替卡西林 甲氧苄啶/磺胺甲噁唑	阿米卡星 氨曲南 头孢哌酮 头孢吡肟 环丙沙星 左氧氟沙星 亚胺培南 美洛培南 妥布霉素	阿奇霉素 克拉霉素 红霉素 克林霉素 达托霉素 利奈唑胺 泰利霉素 甲氧苄啶/磺胺甲噁唑 万古霉素	达托霉素 利奈唑胺 喹努普汀/达福普汀 万古霉素
C组 补充试验 有选择报告的药物	氨曲南 头孢他啶 氯霉素 卡那霉素 奈替米星 四环素 妥布霉素	奈替米星	氯霉素 环丙沙星 左氧氟沙星 加替米星 莫西沙星 喹努普汀 达福普汀 庆大霉素 利福平 四环素	庆大霉素 链霉素 氯霉素 红霉素 四环素 利福平

	肠杆菌科细菌	铜绿假单胞菌	葡萄球菌属	肠球菌属
U 组 补充试验 有选择报 告的药物	羧苄西林	羧苄西林	美罗沙星 诺氟沙星	环丙沙星 左氧氟沙星 诺氟沙星
	西诺沙星/诺氟沙星 氧氟沙星	罗美沙星 诺氟沙星 氧氟沙星	呋喃妥因	呋喃妥因
	加替沙星		磺胺异噁唑	四环素
	氯碳头孢		甲氧苄啶	
	呋喃妥因			
	磺胺异噁唑			
	甲氧苄啶/磺胺甲噁唑			

注：试验常规抗菌药物选择在标准中分成 A、B、C、U 四组；

　A 组所列的抗生素为常规首选药敏试验药物。

　B 组为临床使用的主要抗生素，尤其在医院感染时使用的抗生素，可在下列情况下使用：①对 A 组同类抗生素耐药；②标本来源不同时，如三代头孢菌素使用于脑脊液中的肠杆菌，磺胺甲恶唑使用于尿道分离的细菌；③多种微生物感染；④多部位感染；⑤感染流行的控制；⑥对 A 组抗生素过敏、耐受或无反应。

　C 组药物用于对 A 组药物耐药的流行菌株或对 A 组药物过敏的患者和某些不常见的细菌（如肠外分离的沙门氏菌属或耐万古霉素肠球菌）。

　U 组仅用于尿道中分离的细菌，不作为尿道外分离菌的常规药敏试验。

表 2 - 9 - 2　常见抗菌药物原液的溶剂及稀释剂

抗生素	溶剂	稀释剂
阿莫西林/克拉维酸	磷酸盐缓冲液 0.1 mol/L，pH 6.0	磷酸盐缓冲液 0.1 mol/L，pH 6.0
替卡西林/克拉维酸	磷酸盐缓冲液， 0.1 mol/L，pH 6.0	磷酸盐缓冲液 0.1 mol/L，pH 6.0
头孢匹罗	磷酸盐缓冲液， 0.1 mol/L，pH 6.0	磷酸盐缓冲液， 0.1 mol/L，pH 6.0
头孢噻吩及其他头孢菌素	磷酸盐缓冲液 0.1 mol/L，pH 6.0	水
氨苄西林	磷酸盐缓冲液 0.1 mol/L，pH 8.0	磷酸盐缓冲液 0.1 mol/L，pH 6.0
亚胺培南	磷酸盐缓冲液， 0.01 mol/L，pH 7.2	磷酸盐缓冲液 0.01 mol/L，pH 7.2

抗生素	溶剂	稀释剂
呋喃妥因	磷酸盐缓冲液 0.1 mol/L，pH 8.0	磷酸盐缓冲液 0.1 mol/L，pH 8.0
氨曲南	饱和碳酸氢钠	水
头孢泊肟	0.10% 碳酸氢钠	水
头孢他啶	碳酸钠	水
萘啶酸 西诺沙星	1/2 容量的水，逐滴加 1 mol/L NaOH 至完全溶解	水
氟喹诺酮（环丙沙星除外）	1/2 容量的水，逐滴加 0.1 mol/L NaOH 至完全溶解	水
磺胺嘧啶类	1/2 容量的水，加 2.5 mol/L NaOH 至完全溶解	水
甲氧苄啶	0.05 mol/L 乳酸或 HCl（终体积为 10%）	热水
羟羧氧酰胺菌素二酸盐	0.04 mol/L HCl，置 2 小时	磷酸盐缓冲液 0.1 mol/L，pH 6.0
阿奇霉素	95% 乙醇	肉汤液体培养基
氯霉素、红霉素	95% 乙醇	水
头孢替坦	二甲基亚砜	水
利福平	甲醇	水，搅拌

实验十 微生物相关动物实验

【目的和要求】

（1）初步掌握常用实验动物的接种方法和采血方法。

（2）了解动物接种在微生物分离鉴定中的作用。

（3）掌握内毒素的测定方法，了解其致病作用。

（4）熟悉检测外毒素的动物实验方法，了解外毒素的致病作用。

【试剂与器材】

（1）动物：小白鼠、家兔、豚鼠、鸡、绵羊。

（2）试剂：碘酒、75％酒精、3％来苏尔、凡士林、无菌生理盐水、鲎试剂、标准破伤风外毒素和抗毒素等。

（3）器材：无菌注射器、剪刀、镊子、温度计、解剖台、大头针、烧杯、酒精灯等。

【实验内容】

在临床微生物实验中，动物接种主要用于分离和鉴定病原微生物。常用的实验动物有小鼠、大鼠、家兔、绵羊、豚鼠、鸡等。常用的接种方法有皮内、皮下、肌肉、静脉、腹腔、脑内接种。

一、动物固定方法

1. 小鼠固定法

（1）方法1：将鼠尾提起置于粗糙物面上（如鼠笼、试管架等），用右手向后轻拉小白鼠尾巴，再用左手拇指和食指抓紧小白鼠耳侧和颈部皮肤，将小鼠身体翻转使其腹部朝上，并将小鼠背部皮肤固定于左手中指、无名指及拇指基部之间，以小指压住其尾根，小白鼠即仰卧固定于左手上。消毒局部后，即可进行注射（图2－10－1）。此种固定方式适用于小鼠灌胃、腹腔、皮下、肌肉注射等实验操作。

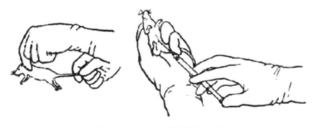

图 2－10－1 小鼠固定法

（2）方法2：使小鼠仰卧，用大头针将小鼠四肢固定于解剖台上（必要时先行麻醉）。此法适用于小鼠解剖、心脏采血和尾静脉注射。

（3）方法 3：用小鼠尾静脉注射架固定（图 2-10-2），手提鼠尾，让其头部对准鼠筒口并送入筒内，调节鼠筒长短合适后，露出尾巴，固定筒盖即可。也可将小鼠放在倒置的玻璃漏斗或烧杯内，露出尾巴。此法适用于小鼠尾静脉注射或尾静脉采血等操作。

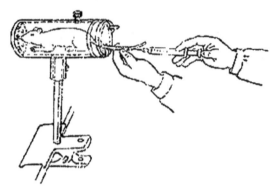

图 2-10-2　小鼠尾静脉注射架

2. 家兔的抓取和固定法

家兔须用固定器或由实验助手协助固定。

（1）抓取方法：一般以右手抓住兔颈部的毛皮提起，然后左手托其臀部或腹部，使其体重重量的大部分集中在左手上（图 2-10-3），这样就避免了抓取过程中的动物损伤（注意：不能采用抓双耳或抓提腹部）。

注：1、2、3 均为不正确的抓取方法（1. 可损伤两肾，2. 可造成皮下出血，3. 可伤两耳），4、5 为正确的抓取方法。颈后部的皮厚可以抓，并用手托住兔体。

图 2-10-3　家兔抓取方法

（2）固定方法。

1）方法 1：让家兔俯卧在手术台上，由助手按住前后躯，使其背部隆起即可；

也可用筒式金属固定器固定（图 2 - 10 - 4）。此法适用于耳静脉、皮内或皮下注射。

图 2 - 10 - 4　家兔固定器

2）方法 2：使家兔仰卧，四肢固定在解剖台上（图 2 - 10 - 5）；或由实验助手用左手固定家兔的头和两只前腿，右手按住其后腿根部，充分暴露胸部。此法适用于心脏采血、耳静脉注射。

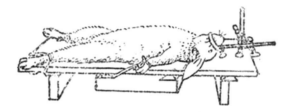

图 2 - 10 - 5　家兔台式固定法

3. 豚鼠固定法

豚鼠较为胆小易惊，不宜强烈刺激，所以在抓取时必须稳、准、快。一般抓取方法是先用手掌迅速扣住鼠背，抓住其肩胛上方，以拇指和食指环握颈部，另一只手托住臀部（图 2 - 10 - 6）。

图 2 - 10 - 6　豚鼠的抓取固定方法

二、动物接种技术

接种前先用注射器吸取接种材料，注意吸取量要比接种量稍多。吸取接种材料后，将注射器倒置使针头朝上，在针头内插入一根无菌棉签，慢慢推动注射器排除针筒内的空气，注意避免菌液漏出或溅出，之后将此棉签投入消毒容器或予以焚烧。注射完毕，先将注射器在消毒容器内吸水冲洗一次，再用镊子将针头拔下，与针筒一起放入消毒容器内消毒处理。

实验动物在接种前需先将其接种部位进行剪毛，消毒；接种完毕，需在动物上做好标记，填写实验动物记录卡，包括动物名称、编号、注射材料、部位、剂量、日期等。

1. 皮内接种法

（1）注射部位：以动物背部两侧皮肤为宜。

（2）方法：局部皮肤去毛消毒后，用左手将局部皮肤绷紧，用 1 mL 注射器（最小号针头）使针头尖端斜面朝上，平刺入皮肤内，缓慢注入 0.1～0.2 mL 接种材料。注射完后退出针头，用酒精棉球轻压片刻。如注射部位出现小圆丘形隆起表示已注入皮内。

2. 皮下接种法

（1）注射部位：多选择动物的腹股沟、背部、腹壁中线处。

（2）方法：将动物局部皮肤去毛消毒，用左手拇指和食指将局部皮肤提起，将注射器斜刺入皮下，然后将左手放松，缓慢注入接种材料 0.5～1 mL，如注射部位出现片状隆起表示已注入皮下。退出针头后，用酒精棉球将注射部位轻压片刻。

3. 肌肉接种法

（1）注射部位：多选择动物腿部肌肉，若为禽类则选择胸部肌肉。

（2）方法：由实验助手固定动物，局部去毛消毒后，将针头垂直刺入肌肉层内，缓慢注入接种材料 0.2～1 mL（接种量视动物大小而定）。

4. 静脉接种法

（1）小白鼠尾静脉接种。

1）将小鼠放置在鼠笼内，将鼠尾露出笼外。用左手捏住鼠尾根部，将尾巴浸入温水（45～50 ℃）中 1～2 分钟，使尾静脉充血（或用手指轻弹尾部使其充血）。

2）左手固定鼠尾，消毒局部皮肤。右手持注射器，从距尾尖 2～3 cm 处沿尾静脉平行刺入，左手要将针头和鼠尾捏住，以防针头脱出，轻轻推入少量液体，如推入液体很顺畅并出现一条白线则表示针头进入尾静脉（若注入后出现隆起，提示未刺入静脉内，需重新注射）。缓慢注入 0.5～1 mL 接种材料。注射完毕，用酒精棉球轻压片刻。

（2）家兔耳静脉接种。

1）注射部位：选择两耳外缘的静脉，若需进行多次注射，需先从耳尖处开始注射。

2）方法：将家兔固定（见前述）。轻弹兔耳使其静脉充血，常规消毒局部皮肤。用左手拇指和中指夹住耳部，以食指垫于耳缘静脉下。将注射器针头斜面朝上，沿血管方向平刺入血管，缓慢注入接种材料。如推入液体顺畅并见血管颜色变白，表示已注入血管内；若注射部位出现片状隆起，说明未刺入血管，需重新注射。注射完毕，将针头退出，并用酒精棉球轻压片刻。

5. 腹腔接种法

小白鼠腹腔接种。

（1）固定小鼠（见前述）。

（2）常规消毒腹部皮肤，左手斜持小鼠，使其头部稍向下，右手持注射器斜刺入皮下，刺穿皮肤并进入腹腔内，抽吸注射器，如无回血或尿液，表示针头未刺入肝或膀胱等器官，再注入接种材料 0.5～1 mL，将针头退出后消毒针刺处。

6. 脑内接种法

小白鼠脑内接种。

（1）将小鼠麻醉（也可不麻醉）。

（2）左手固定头部，右手持注射器（用最小号 1 mL 注射器）在眼耳连线的中间处垂直刺入，缓慢注入接种材料，接种量不超过 0.04 mL（注意：注入时不宜过快，以免颅内压力突然增高）。

三、动物感染后的观察

1. 常规观察

动物接种后，根据实验目的要求，每天或每周观察一次，注意观察动物的外表有无异常表现，接种部位的局部反应和周围淋巴结情况；同时应定期测量动物的体温、体重变化，注意观察动物的食欲、活动等，并将以上内容进行详细记录，以便准确了解实验情况。

2. 动物的胸腹腔解剖

实验动物经接种后而死去，应对其尸体进行剖检，以观察其病变情况，并可取材保存或进一步做微生物学、病理学、寄生虫学、毒物学等方面的检查。

（1）将动物尸体仰卧固定于解剖板上，充分露出胸腹部。

（2）用碘酒、酒精消毒尸体的颈胸腹部和四肢。

（3）以无菌剪刀自其颈部至耻骨部剪开皮肤，并将四肢皮肤剪开（注意勿将肌肉层剪破），剥离胸腹部皮肤使其尽量翻向外侧，注意观察皮下组织有无出血、水肿以及腋下、腹股沟淋巴结有无病变。

（4）用毛细吸管或注射器穿过腹壁及腹膜吸取腹腔渗出液供直接培养或涂片检查。

（5）另换一套无菌剪刀剪开腹膜（勿剪破肠管），将腹膜向两侧翻转，观察肝、脾及肠系膜淋巴结等有无病变。采取肝、脾、肾等实质各一小块放在无菌平皿中，以备培养及直接涂片检查。

（6）更换无菌镊剪，沿两侧肋软骨分别向上剪开胸腔，观察心、肺有无病变。并取心血、心脏、肺组织进行培养或做涂片。

（7）经剖检后的动物尸体应焚化处理，以免散播传染。解剖用的各种器具、隔离衣等须经消毒处理，实验台用 5% 来苏尔消毒。

四、动物采血技术

若采集动物的全血或血细胞，需事先准备好装有玻璃珠的无菌容器（如三角烧瓶），抽出的血液应立即注入无菌采血瓶中，并不断振摇 10～15 分钟，以免血液凝固。在注入血液时需先将注射器针头取下，沿瓶壁注入，以免发生溶血。若需采集动物的血浆，则先在容器中加入抗凝剂。

1. 家兔采血法

（1）家兔心脏采血法。

1）将家兔仰卧并固定于解剖台上，或由实验助手固定（见前述）。

2）采血者站在家兔的左侧，先用左手拇指在其胸骨剑突上方二横指中线偏左处触摸心跳，找到心跳最明显处，然后在此处剪毛，消毒局部皮肤。

3）右手持注射器，从心跳最明显处垂直进针。如刺入心脏，则针头有明显搏动感，回抽注射器有血液；如抽不出血液，表示针头未进入心脏，可将针头稍拔出一点，退至皮下后再刺入（注意：切勿在心脏附近改变针头方向，以免将心脏刺破引起家兔死亡）。一般体重 4 kg 以上的家兔一次可采血 20 mL 左右。此法亦可应用于豚鼠采血。

（2）家兔耳静脉采血法。

1）固定家兔（见前述）。

2）先轻弹兔耳使其耳部充血，再用酒精或二甲苯在耳静脉处涂擦，可见涂擦处静脉隆起，用针头将静脉末端刺破，立即用小试管收集血液。此法可收集血液 1～2 mL。

2. 绵羊颈静脉采血法

（1）将绵羊按倒并侧卧在地上，将四肢用绳子捆绑固定。

（2）助手将羊头固定，并将颈部毛剪去，用橡皮管扎在颈静脉的近心端，可见明显血管隆起，用手触之有弹性。消毒局部皮肤，用无菌粗针头从向心方向刺入颈静脉，抽取血液。一般成羊一次可采血 200～400 mL。

（3）抽血完毕后，松开橡皮管，拔出针头，用无菌棉签压住伤口片刻。

3. 鸡采血法

（1）鸡翼下静脉采血法：由助手将鸡侧卧固定，暴露翼下静脉。消毒后，左手压迫静脉的向心端，使静脉隆起，右手持注射器刺入静脉采血。

注：因鸡血很容易凝固，若需全血，需用肝素抗凝剂。

（2）鸡心脏采血法：先将鸡右侧卧固定，露出胸部，找到由胸骨到肩胛骨的皮下大静脉，心脏约在该静脉分支下侧。用食指摸到心跳后，拔去局部羽毛，消毒皮肤，事先在无菌注射器内吸取一定量抗凝剂，由心跳最明显处垂直刺入，通过胸骨后再向前刺入，若针头进入心脏，可感到明显跳动，立即回抽注射器，抽取所需血量。

4. 小白鼠、大鼠尾静脉采血法

小白鼠和大鼠的尾静脉较细，不易刺破，一般采用断尾采血法。

方法：先将小鼠固定（同尾静脉接种法），用碘酒、酒精消毒尾巴，然后用无菌剪刀将尾尖端剪断，迅速用小试管收集血液，此法收集的血量较少。

五、细菌毒素的检测方法

1. 内毒素检测（鲎试验）

（1）原理：鲎试剂是从栖生于海洋中的节肢动物"鲎"的血液中提取变形细胞溶解物，经低温冷冻干燥而成的生物试剂，含有凝固酶原和凝固蛋白原。该试剂与内毒素反应后，可激活凝固酶原，使可溶性的凝固蛋白原变成凝固蛋白而成凝胶状态。

（2）方法。

1）取 3 支鲎试剂，分别加 0.1 mL 蒸馏水溶解。

2）分别向 3 支试剂瓶中加入待测样品、无菌蒸馏水（阴性对照）、标准内毒素（阳性对照）各 0.1 mL。

3）轻轻摇匀，垂直放入 37 ℃温箱中孵育 1 小时，观察结果。

（3）结果。

＋＋：形成牢固凝胶，倒置试剂瓶凝胶不流动。

＋：形成凝胶，不牢固，倒置试剂瓶能流动。

－：不形成凝胶。

（4）意义：目前广泛用于协助临床诊断内毒素血症、革兰氏阴性菌引起的尿路感染、脑膜炎等，也可用于食品和部分药品细菌内毒素的检验，具有快速、简便、灵敏度高、重复性好的特点。

2. 外毒素检测方法

（1）原理：细菌外毒素对机体的毒性作用可以被相应的抗毒素中和，若先给实验动物注射抗毒素，再注射外毒素，则动物不会产生中毒症状。不同细菌产生不同的外毒素，因各种外毒素的毒性作用不同，因此检测方法也不相同。下面以破伤风外毒素为例说明其检测方法。

（2）方法。

1）取 1 只健康小白鼠，于腹腔注射破伤风抗毒素 0.2 mL（100 U），30 分钟后再从左后肢肌肉注射 1：100 稀释的破伤风外毒素 0.2 mL（实验）。

2）另取 1 只小白鼠，从左后肢注射破伤风外毒素 0.2 mL（对照）。

3）将 2 只小白鼠做好标记，每天观察其发病情况。

（3）结果。

对照小白鼠：出现破伤风特有的临床症状，表现为尾部强直，左侧肢体麻痹、痉挛，并逐渐累及另一侧肢体出现痉挛，最后全身肌肉强直性痉挛，于 2～3 天内死亡。

实验小白鼠：不出现上述症状。

【结果记录、报告和思考】

实验十一　L型细菌的培养

【目的和要求】

（1）掌握 L 型细菌的分离培养和鉴定方法。

（2）熟悉 L 型细菌的菌落特点及镜下形态。

【试剂与器材】

（1）菌种：金黄色葡萄球菌 L 型菌株。

（2）培养基：高渗肉汤培养基、细菌 L 型琼脂平板、血琼脂平板。

（3）其他器材：生理盐水、药敏纸片。

【实验内容】

一、实验原理

利用 L 型细菌缺乏细胞壁，能在高渗环境中生长的特点对其进行分离培养和鉴定。

二、实验方法

1. 标本采集

按常规方法采集标本。

2. 检验程序

检验程序见图 2-11-1。

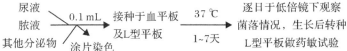

图 2-11-1　检验流程图

3. 检验方法

（1）形态与染色观察：形态多形、染色多变。

（2）生长情况。

1）L 型专用增菌培养液：可呈微混、颗粒样沉淀、沿管壁生长。

2）普通血液琼脂平板：不生长（有极少数细菌 L 型，可在血平板上生长，菌落细小呈针尖状、肉眼不易看清，也不易刮下）。

3）细菌 L 型琼脂专用平板：可出现前述典型菌落。菌落特性一般细菌型在低倍镜下可见为细致光滑较大的菌落。L 型因生长慢、菌落小，见有三种类型：①油煎蛋样（L型），由于其常呈长丝向琼脂上下生长，故中央致密，边缘为颗粒状；②颗粒型（G型），全部由大小巨形体构成粗颗粒；③丝状型（F型），中心致密，边缘由长丝组成。

（3）返祖试验：挑取疑似菌落或材料，移种于细菌L型高渗增菌培养液，35℃培养24小时后，蘸取培养液，接种普通血液琼脂和细菌L型专用平板，孵育后，观察两种培养基生长菌落形态及涂片、染色、镜检确定，如此反复传代（注意：实验室在此过程中，容易将污染菌误为返祖菌株），直至细菌返祖成为原来典型的细菌为止。

（4）药敏试验：取疑似菌落或材料，按药敏试验方法在血平板和（或）细菌L型平板上做药敏试验。

4. 注意事项

结果报告需注意以下几点：

（1）单凭涂片、染色、镜检报告细菌L型是不可靠的。因为细菌在不同生存环境、菌龄，体内外可呈现不同的形态，勿误为L型。

（2）已确定的细菌L型进行返祖后，将原型细菌鉴定至种再进行报告。

（3）液体培养基中生长情况L型由于缺壁，表面电荷改变，凝聚力大于排斥力，故在液体中常呈颗粒生长，黏附于管壁或沉于管底，液体澄清或微混，与细菌型的混浊不同，且生长速度比细菌型慢，故标本增菌观察需增加时日。

（4）实验室检查发现细菌L型时，应考虑是否存在标本污染，可连续检查出现两次以上阳性结果，方可确定。

【鉴定依据】

细菌L型生长判定：①普通培养基上不生长，L型专用培养基上生长，结合菌落、染色形态特征，可报告检到细菌L型。②在普通培养基不生长，经细菌L型专用培养基反复传代而获得原型菌株者，报告细菌L型。③在普通培养基上生长同时又在细菌L型专用培养基上生长典型的菌落者，经涂片、染色呈现细菌L型特征者，报告"检到某种细菌与细菌L型"。

【临床意义】

L型细菌在临床所引起的感染主要有心内膜炎、骨髓炎等，多呈慢性或反复发作，并常在使用针对细胞壁的抗生素的治疗过程中产生。临床上如果症状明显而标本常规细菌培养呈阴性时应当考虑L型感染的可能。

【结果记录、报告和思考】

第三章　微生物的鉴定技术

微生物的分类依据主要为形态特征、生理生化特征、生态习性、血清学反应、噬菌反应、细胞壁成分、红外吸收光谱、GC 含量、DNA 杂合率、核糖体核糖核酸（rRNA）相关度、rRNA 的碱基顺序。

1. 形态特征

形态特征分为个体形态，镜检细胞形状、大小、排列，革兰氏染色反应，运动性，鞭毛位置、数目，芽孢有无、形状和部位，荚膜，细胞内含物；放线菌和真菌的菌丝结构，孢子丝、孢子囊或孢子穗的形状和结构，孢子的形状、大小、颜色及表面特征等。培养特征：在固体培养基平板上的菌落（colony）和斜面上的菌苔（lawn）性状（形状、光泽、透明度、颜色、质地等）；在半固体培养基中穿刺接种培养的生长情况；在液体培养基中混浊程度，液面有无菌膜、菌环，管底有无絮状沉淀，培养液颜色等。

2. 生理生化特征

生理生化特征分为能量代谢：利用光能还是化学能；对氧气的要求：专性好氧、微需氧、兼性厌氧及专性厌氧等；营养和代谢特性：所需碳源、氮源的种类，有无特殊营养需要，存在的酶的种类等。

3. 生态习性

生态习性为生长温度，酸碱度，嗜盐性，致病性，寄生、共生关系等。

4. 血清学反应

血清学反应为用已知菌种、菌型或菌株制成抗血清，然后根据它们与待鉴定微生物是否发生特异性的血清学反应，来确定未知菌种、菌型或菌株。

5. 噬菌反应

噬菌反应指菌体的寄生有专一性，在有敏感菌的平板上产生噬菌斑，斑的形状和大小可作为鉴定的依据；在液体培养中，噬菌体的侵染液由混浊变为澄清。噬菌体寄生的专业性有差别，寄生范围广的为多价噬菌体，能侵染同一属的多种细菌；单价噬菌体只侵染同一种的细菌；极端专业化的噬菌体甚至只对同一种菌的某一菌株有侵染力，故可寻找适当专业化的噬菌体作为鉴定各种细菌的生物试剂。

6. GC 含量

生物遗传的物质基础是核酸，核酸组成上的异同反映生物之间的亲缘关系。就一种生物的 DNA 来说，它的碱基排列顺序是固定的。测定四种碱基中鸟嘌呤（G）和胞嘧啶（C）所占的摩尔百分比，就可了解各种微生物 DNA 分子不同源性程度。亲缘关系接近的微生物，它们的 G＋G 含量相同或近似，但两种微生物不一定紧密相关，因为它们的 DNA 的四个碱基的排列顺序不一定相同。

7. DNA 杂合率

要判断微生物之间的亲缘关系，需比较它们的 DNA 的碱基顺序，最常用的方法是 DNA 杂合法。其基本原理是 DNA 解链的可逆性和碱基配对的专一性。提取 DNA 并使之解链，再使互补的碱基重新配对结合成双链。根据能生成双链的情况，可测知杂合率。杂合率越高，表示两个 DNA 之间碱基顺序的相似度越高，它们之间的亲缘关系也就越近。

8. 核糖体核糖核酸（rRNA）相关度

在 DNA 相关度低的菌株之间，rRNA 同源性能显示它们的亲缘关系。rRNA-DNA 分子杂交试验可测定 rRNA 的相关度，揭示 rRNA 的同源性。rRNA 的碱基顺序，RNA 的碱基顺序由 DNA 转录来的，故完全具有相对应的关系。提取并分离细菌内标记的 16S rRNA，以核糖核酸消化，可获得各种寡核苷酸，测定这些寡核苷酸上的碱基顺序，可作为细菌分类学的一种标记。核糖体蛋白的组成分析，分离被测细菌的 30S 和 50S 核糖体蛋白亚单位，比较其中所含核糖体蛋白的种类及其含量，可将被鉴定的菌株分为若干类群，并绘制系统发生图。

由此可见，微生物鉴定方法多种多样，本章拟在上述鉴定方法的基础上介绍各类检测机构、科研院所常用的微生物鉴定技术，供读者学习参考。

实验一　常见球菌检测技术

葡萄球菌属检验

【目的和要求】

（1）掌握葡萄球菌的标本采集、分离培养与鉴定方法。

（2）熟悉葡萄球菌的菌落特点、菌体形态及染色性。

【试剂与器材】

（1）菌种：金黄色葡萄球菌、表皮葡萄球菌和腐生葡萄球菌。

（2）试剂：3% H_2O_2、新鲜兔血浆（或人血浆）、生理盐水、新生霉素纸片等。

（3）培养基：甘露醇发酵管、甲苯胺蓝核酸琼脂、血琼脂平板等。

【实验内容】

一、标本采集

根据病情不同采集不同标本，如脓汁、创伤分泌物、血液、尿液、穿刺液、痰液、脑脊液、粪便等。由于该属细菌广泛分布在人体皮肤和黏膜，采集时避免病灶周围正常菌群污染，并立即送检。

二、检验方法

1. 形态观察

取普通琼脂平板上葡萄球菌培养物少许，在载玻片上与适量生理盐水磨匀，革兰氏染色后镜检。

2. 菌落观察

观察三种不同的葡萄球菌在普通琼脂平板和血琼脂平板上的菌落形态特征。

3. 生化反应

（1）血浆凝固酶试验：原理、方法见附录六。

意义：血浆凝固酶试验用于鉴定金黄色葡萄球菌与其他葡萄球菌，常作为鉴定葡萄球菌致病性的主要依据之一。金黄色葡萄球菌为阳性，表皮葡萄球菌和腐生葡萄球菌为阴性。

（2）触酶试验：原理、方法见第二章实验八。

意义：本试验用于鉴别葡萄球菌和链球菌，前者为阳性，后者为阴性。

（3）甘露醇发酵试验。

1）方法：将三种葡萄球菌分别接种于甘露醇发酵管，35℃孵育18～24小时后观察结果。

2）结果判断：培养基呈混浊、由紫色变为黄色为甘露醇发酵试验阳性，仍为紫色者为阴性。

3）意义：本试验用于鉴别金黄色葡萄球菌。金黄色葡萄球菌甘露醇发酵试验为阳性，表皮葡萄球菌和腐生葡萄球菌为阴性。

（4）耐热核酸酶试验。

1）实验原理：致病性葡萄球菌可以产生一种耐热核酸酶，分解 DNA。水解后的 DNA 短链与甲苯胺蓝结合，使甲苯胺蓝核酸琼脂呈粉红色。非致病性葡萄球菌虽然也能产生 DNA 酶、但不耐热。因此耐热 DNA 酶测定可作为鉴定致病性葡萄球菌的重要指标。

2）方法。

①玻片法：取融化好的甲苯胺蓝核酸琼脂 3 mL 均匀浇在载玻片上，待琼脂凝固后打上 6～8 个孔径 2～5 mm 的小孔，各孔分别加 1 滴经沸水浴 3 分钟处理过的待检葡萄球菌和阳性、阴性葡萄球菌培养物，37 ℃孵育 3 小时，观察有无粉红色圈及其大小。

②平板法：在已形成葡萄球菌菌落的平板上挑选待检菌落并做好标记，置 60 ℃烤箱加热 2 小时（使不耐热的 DNA 酶灭活），取出后于平板上倾注 10 mL 已预先溶化的甲苯胺蓝核酸琼脂，37 ℃孵育 3 小时，观察菌落周围有无粉红色圈。

3）结果判断：玻片法孔外出现粉红色圈的为阳性；平板法葡萄球菌菌落周围呈粉红色圈的为阳性；不变色者为阴性。

4）意义：本试验用于鉴别金黄色葡萄球菌。金黄色葡萄球菌耐热核酸酶阳性，表皮葡萄球菌和腐生葡萄球菌耐热核酸酶阴性。

（5）新生霉素敏感试验。

1）方法：取待检菌均匀涂布于血琼脂平板上，再贴上含 5 μg/片的新生霉素纸片，35 ℃孵育 16～20 小时，观察抑菌圈大小。试验时应以金黄色葡萄球菌 ATCC 25923 作为阳性对照，以确认纸片是否失效。

2）结果判断：抑菌圈直径≤16 mm 为耐药，＞16 mm 为敏感。

3）意义：本试验用于鉴别表皮葡萄球菌和腐生葡萄球菌，前者敏感（S），后者耐药（R）。

三、注意事项

（1）触酶试验不宜用血琼脂平板上的菌落，因红细胞内含有触酶，会出现假阳性反应；此外，陈旧培养物可丢失触酶活性，而出现假阴性反应。因此每次做触酶试验一定要用阳性菌株和阴性菌株作对照。阳性对照可用金黄色葡萄球菌，阴性对照可用链球菌。

（2）在临床检验中，常遇到血浆凝固酶阴性的葡萄球菌，不能轻率做出非致病性葡萄球菌或污染菌的结论。因血浆凝固酶阴性的葡萄球菌也可引起菌血症、尿路感染和心内膜炎等。

【鉴定依据】

金黄色葡萄球菌的鉴定依据：①镜下形态特点：G^+球菌、葡萄状排列；②菌落特点：血平板上为中等大小、圆形突起、光滑湿润、有透明的β-溶血环、金黄色菌落；③生化反应（血浆凝固酶试验＋，发酵甘露醇，耐热核酸酶试验＋）。符合以上特征可报告"检出金黄色葡萄球菌"。

【临床意义】

葡萄球菌属中的金黄色葡萄球菌致病性强，常引起局部化脓性感染、脓毒血症、败血症、食物中毒等。表皮葡萄球菌为条件致病菌，可引起尿路感染等各种机会感染。腐生葡萄球菌一般不致病。

【结果记录、报告和思考】

链球菌属检验

【目的和要求】

（1）熟悉链球菌的生长现象和镜下形态特点。

（2）掌握链球菌属的检验方法。

（3）掌握抗"O"试验的原理和方法。

【试剂与器材】

（1）菌种：甲、乙、丙型链球菌、肺炎链球菌。

（2）培养基：兔血琼脂培养基、血清肉汤培养基、马尿酸钠培养基、菊糖发酵管等。

（3）试剂：革兰氏染色液、苯丙氨酸脱胺酶试剂、100 g/L 去氧胆酸钠溶液、链球菌分群乳胶试剂、溶血素"O"及还原剂、ASO 乳胶试剂、亚甲蓝溶液。

（4）其他器材：杆菌肽纸片、Optochin 纸片、无菌生理盐水、人血清、2%兔红细胞、乳胶反应板、家兔、小白鼠等。

【实验内容】

一、标本采集

根据病情采集不同标本，如脓液、鼻咽拭子、血液等。风湿热患者可取患者血清进行抗链球菌溶血素"O"试验。

二、检验程序

检验程序见图 3-1-1。

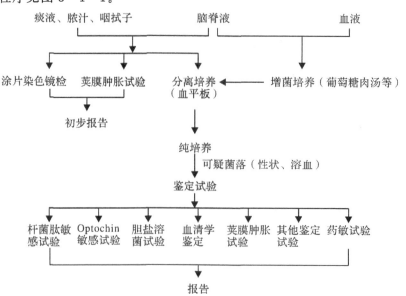

图 3-1-1 链球菌和肺炎链球菌的检验程序

三、检验方法

1. 培养物观察

（1）血平板：将各种链球菌菌种接种于血平板，35 ℃培养 24 小时后，菌落呈圆形、细小、灰白色、光滑湿润、凸起、边缘整齐、不同菌种出现不同溶血现象。肺炎链球菌菌落与甲型溶血性链球菌菌落相似，但培养 2～3 天后，因菌体发生自溶，菌落中心凹陷呈"脐状"。

（2）血清肉汤：甲、乙、丙型链球菌呈絮状或颗粒状沉淀，肺炎链球菌呈混浊生长。

2. 形态学检查

挑取各种链球菌菌落分别涂片革兰氏染色，镜下观察各种细菌形态。

3. 生化反应

（1）触酶试验：链球菌属均为阴性（葡萄球菌属为阳性）。

（2）杆菌肽敏感试验。

1）试验原理：A 群链球菌对杆菌肽几乎都敏感，而其他链球菌对杆菌肽通常耐药。因而此试验可对 A 群链球菌进行鉴别。

2）方法：先挑取被检的菌落密集涂布于血平板上，再将杆菌肽纸片（0.04 U/片）贴于培养基上，35 ℃培养 24 小时后观察结果。

3）结果判断：杆菌肽周围如出现明显抑菌环（直径＞10 mm）为敏感，可推断待测菌为 A 群链球菌。

4）注意事项：涂布待测菌接种量要大，防止出现假阳性。另外少数的 B 群、C 群和 G 群链球菌对杆菌肽也敏感。应结合其他生化反应鉴别。

（3）CAMP 试验。

1）试验原理：B 群溶血性链球菌（无乳链球菌）能产生"CAMP"因子，可促进金黄色葡萄球菌 β-溶血素的活性，故在血平板上 B 群溶血性链球菌和金黄色葡萄球菌的菌落交界处溶血能力增强，出现箭头状透明溶血区。

2）方法：挑取金黄色葡萄球菌在血平板上划种一条横线，再将待测链球菌在距金黄色葡萄球菌接种线 3～5 mm 处呈直角接种一短线（两线不能相交），35 ℃培养 18～24 小时观察结果。同时设阳性对照（B 群链球菌）和阴性对照（A 群或 D 群链球菌）。

3）结果判断：接种的两菌交界处溶血能力如增强，出现箭头状透明溶血区则为阳性，否则为阴性。此试验通常用于鉴别 B 群溶血性链球菌和其他链球菌。

（4）马尿酸钠水解试验。

1）试验原理：B 群链球菌有马尿酸水解酶，可水解马尿酸为苯甲酸和甘氨酸。产生的苯甲酸可与 $FeCl_3$ 结合，形成苯甲酸铁沉淀。

2）方法：取待测菌接种于马尿酸钠培养基，35 ℃培养 48 小时，3000 r/min 离心 30 分钟后吸取上清液 0.8 mL 加入含 $FeCl_3$ 0.2 mL 的试管混匀。15 分钟后观察结果。

3）结果判断：出现稳定沉淀物为阳性。如果有沉淀物，但轻摇后消失为阴性。此试验用于鉴别 B 群链球菌（＋）和其他链球菌（－）。

（5）Optochin 敏感试验。

1）试验原理：Optochin（乙基氢化羟基奎宁，ethylhydrocupreine）能干扰肺炎链球菌叶酸合成，抑制肺炎链球菌生长。故肺炎链球菌对 Optochin 敏感，而其他链球菌不敏感。

2）方法：先挑取被检的菌落密集涂布于血琼脂平板上，再将 Optochin 纸片（5 μg/片）贴于培养基上，35 ℃培养 18～24 小时后观察结果。

3）结果判断：抑菌圈直径≥14 mm 为敏感，可判断为肺炎链球菌；其他链球菌耐药，直径<14 mm。

4）注意事项：近年来已经发现对 Optochin 耐药的肺炎链球菌，如抑菌圈直径较小应再做胆汁溶菌试验以确认。

（6）胆汁溶菌试验。

1）试验原理：胆汁或胆盐能活化肺炎链球菌的自溶酶，使肺炎链球菌细胞破损而溶解。

2）方法。

①平板法：在血琼脂平板上找到呈草绿色溶血环的菌落，然后在此菌落上加 1 滴 100 g/L 去氧胆酸钠溶液，35 ℃孵育 15～30 分钟后观察结果。

结果判断：若菌落消失则为阳性，不消失为阴性。

②试管法：取 2 支试管，一支加入甲型链球菌血清肉汤培养液 1 mL，另一支加含肺炎链球菌血清肉汤培养液 1 mL。再于 2 管中分别加入 100 g/L 去氧胆酸钠溶液 0.1 mL，混匀后 37 ℃水浴 30 分钟后观察结果。

结果判断：液体变透明为阳性，依然混浊为阴性。

3）意义：此试验通常用于鉴别肺炎链球菌与甲型链球菌。

4. 血清学试验（链球菌快速分群乳胶凝集试验）

（1）试验原理：对人类致病的链球菌 90％属于 A 群，少数属于 B、C、D、F、G 群。用这 6 群抗原的兔免疫血清分别致敏的乳胶颗粒与链球菌进行间接乳胶凝集反应，可快速对链球菌做出分群鉴定。

（2）方法：挑取 2～3 个待检菌落转种于含有 0.4 mL 提取酶的试管中，使其变为乳化均匀的菌悬液，置 37 ℃水浴 10～15 分钟后备用。在卡片的相应区域各加 1 滴 A、B、C、D、F、G 致敏胶乳，再加入菌悬液各 1 滴分别与 6 种胶乳轻摇混匀观察结果。

（3）结果判断：发生乳胶凝集为阳性，与 6 群中哪种乳胶颗粒凝集则待测菌可鉴定为相应群。

5. 抗链球菌溶血素"O"抗体（antistreptolysin O，ASO）的测定（抗"O"试验）——乳胶法

链球菌溶血素"O"抗原性强，在感染 2～3 周后可刺激机体产生抗链球菌溶血素"O"抗体，测定该抗体含量可用于链球菌近期感染或风湿热的辅助诊断。其检测方法分溶血法和乳胶法，后者方法简便、快速，应用广泛。

（1）原理：ASO 高滴度的患者血清被适量的溶血素"O"中和后，抗体量减少，多余的抗"O"抗体与 ASO 乳胶试剂反应则会出现凝集颗粒。

（2）方法：先将患者血清 56 ℃ 30 分钟灭活，然后用生理盐水 1∶15 稀释，在反应板各孔中分别滴加稀释血清、阳性和阴性对照血清 1 滴，再往各孔中滴加 1 滴溶血素"O"溶液，振荡混匀后，往各孔再滴加 1 滴 ASO 乳胶试剂。轻摇 3 分钟后观察结果。

（3）结果判断：出现凝集为阳性，不凝集为阴性（ASO≤250 U/mL）。

（4）注意事项：当加入 ASO 乳胶后，轻摇至 3 分钟时应该立即记录结果，超过 3 分钟出现的凝集不作为阳性。另外标本发生溶血、高脂、高胆红素、高胆固醇、类风湿因子或标本被污染都会影响试验结果。若室温低于 10 ℃，应该延长反应时间 1 分钟，室温每升高 10 ℃应缩短反应时间 1 分钟。

【鉴定依据】

1. 初步鉴定

根据菌落特点、溶血、菌体形态染色性、触酶试验做出初步鉴定。

2. 最终鉴定

根据杆菌肽敏感试验、Optochin 敏感试验、胆汁溶菌试验、CAMP 试验、血清学试验等进行进一步鉴定。

【临床意义】

链球菌是一类常见的化脓性球菌，广泛分布于自然界，也是人体的正常菌群。大多数链球菌不致病，对人致病的链球菌 90% 以上属于 A 群，引起的疾病主要有各种化脓性炎症、猩红热、新生儿败血症、细菌性心内膜炎、风湿热、肾小球肾炎等。

【结果记录、报告和思考】

（1）记录各种链球菌的镜下形态和菌落特点。

（2）记录各种链球菌生化反应的结果。

奈瑟菌属和布兰汉菌属检验

【目的和要求】

（1）掌握脑膜炎奈瑟菌和淋病奈瑟菌的形态和培养特性。

（2）掌握脑膜炎奈瑟菌和淋病奈瑟菌的鉴别要点。

（3）熟悉卡他布兰汉菌的形态和培养特性。

【试剂与器材】

（1）菌种：脑膜炎奈瑟菌、淋病奈瑟菌及卡他布兰汉菌菌种和染色示教片。

（2）培养基：巧克力色血平板、血平板、葡萄糖、麦芽糖、蔗糖发酵管、硝酸盐培养基、DNA琼脂培养基等。

（3）试剂：革兰氏染色液、氧化酶试剂、硝酸盐还原试剂、1 mol/L HCl。

【实验内容】

一、标本采集

1. 脑膜炎奈瑟菌

根据病情和病程采集不同标本。菌血症期采血液，有出血点取瘀斑渗出液，有脑膜炎症状者取脑脊液，上呼吸道感染和带菌者采鼻咽拭子和分泌物等。

2. 淋病奈瑟菌

男性患者用无菌棉签取脓性分泌物，非急性期患者可将棉签插入尿道 2～4 cm，转动拭子后取出；女性患者取宫颈分泌物；新生儿眼结膜炎患者取结膜分泌物。

3. 卡他布兰汉菌

根据感染部位采集血液、脑脊液、穿刺液等。

二、检验程序

检验程序见图 3-1-2。

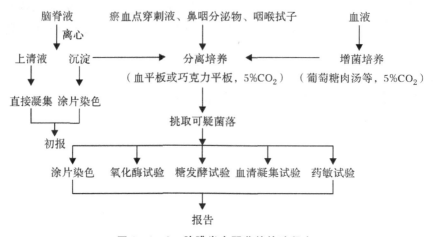

图 3-1-2　脑膜炎奈瑟菌的检验程序

注：淋病奈瑟菌的检验程序可参照脑膜炎奈瑟菌

三、检验方法

1. 菌落观察

将脑膜炎奈瑟菌、淋病奈瑟菌及卡他布兰汉菌的菌种分别接种在血平板和巧克力色血平板上，35 ℃、5% CO_2 培养箱中培养 24 小时后观察菌落。

（1）脑膜炎奈瑟菌：在巧克力平板上菌落为圆形、光滑湿润、扁平、半透明、边缘整齐，大小 1～2 mm；在血平板上不溶血。

（2）淋病奈瑟菌：菌落呈圆形、凸起、光滑湿润、大小 0.5～1 mm、灰白色。在血平板上不溶血。

（3）卡他布兰汉菌：菌落呈浅红棕色，不透明，干燥，大小 1～3 mm。

2. 形态观察

将脑膜炎奈瑟菌、淋病奈瑟菌及卡他布兰汉菌经革兰氏染色后观察镜下形态。

3. 生化反应

生化反应见表 3-1-1。

（1）氧化酶试验：奈瑟菌属氧化酶试验阳性（原理、方法见实验五）。

（2）三糖（葡萄糖、麦芽糖、蔗糖）发酵试验。

1）试验原理：脑膜炎奈瑟菌可分解葡萄糖和麦芽糖，淋病奈瑟菌只分解葡萄糖，卡他布兰汉菌不分解任何糖类。分解糖后会使发酵管内 pH 值下降，使发酵管内的指示剂变黄色。

2）方法：将脑膜炎奈瑟菌、淋病奈瑟菌及卡他布兰汉菌分别接种葡萄糖、麦芽糖、蔗糖发酵管，35 ℃培养 18～24 小时后观察结果。

3）结果判断：培养基变黄为阳性，不变色（紫色）为阴性。

（3）硝酸盐还原试验：奈瑟菌多为阴性而卡他布兰汉菌为阳性，可用于该菌属间的鉴别（原理、方法见附录三）。

（4）DNA 酶试验：卡他布兰汉菌为阳性，奈瑟菌属均为阴性（原理、方法见附录三）。

表 3-1-1　奈瑟菌和卡他布兰汉菌的主要生化反应

菌种	氧化酶	葡萄糖	麦芽糖	蔗糖	硝酸盐还原	DNA 酶
脑膜炎奈瑟菌	＋	＋	＋	－	－	－
淋病奈瑟菌	＋	＋	－	－	－	－
卡他布兰汉菌	＋	－	－	－	＋	＋

四、注意事项

（1）脑膜炎奈瑟菌和淋病奈瑟菌对外界抵抗力弱，采集标本后应立即送检，并注意保温，最好床边接种。

（2）淋病奈瑟菌和脑膜炎奈瑟菌在 24 小时后均可出现自溶，应该及时观察结果并及时转种。

【鉴定依据】

1. 初步鉴定

脑膜炎奈瑟菌和淋病奈瑟菌镜下形态均为 G^- 球菌，肾形或豆形，成双排列，位于细胞内外，临床标本直接涂片染色镜检有助于初步诊断。

2. 最终鉴定

根据菌落特点、氧化酶试验、糖发酵试验、硝酸盐还原试验、DNA 酶试验等生化反应做进一步鉴定。

【临床意义】

脑膜炎奈瑟菌的传染源是患者或带菌者，正常情况下可寄居于人体鼻咽部。经呼吸道感染，感染者以 5 岁以下儿童为主，引起流行性脑脊髓膜炎。淋病奈瑟菌传染源是患者，经性接触或垂直传播，引起淋病或新生儿淋菌性眼结膜炎。卡他布兰汉菌是条件致病菌，当机体免疫力下降时可引起黏膜卡他性炎症、急性咽喉炎、支气管炎、肺炎、心内膜炎、败血症或脑膜炎等，是医院内感染的常见病原菌。

【结果记录、报告和思考】

（1）记录三种细菌的镜下形态特点。

（2）描述三种细菌的菌落形态。

实验二　常见杆菌检测技术

大肠埃希氏菌检验

【目的和要求】

（1）掌握大肠埃希氏菌的形态、染色特点、培养特性、生化反应、常见类型及鉴定依据。

（2）熟悉大肠埃希氏菌的血清学及动物试验。

【试剂与器材】

（1）菌种：大肠埃希氏菌、肠致病型大肠埃希氏菌（EPEC）、肠产毒型大肠埃希氏菌（ETEC）、肠侵袭型大肠埃希氏菌（EIEC）、肠出血型大肠埃希氏菌（EHEC）。

（2）培养基：克氏双糖铁（KIA）、MIU 培养基、葡萄糖蛋白胨水、枸橼酸盐琼脂斜面、硝酸盐培养基、SS 琼脂培养基、EMB 培养基、SMAC 琼脂培养基。

（3）试剂：EPEC 3 组多价诊断血清和 12 种单价诊断血清，EIEC OK I、II 两组多价诊断血清和 8 种单价诊断血清，氧化酶试剂，甲基红试剂，40％ KOH 溶液，3％ H_2O_2 溶液，革兰氏染色液。

【实验内容】

一、标本采集

根据不同疾病采集不同部位标本，如中段尿、脓汁、痰液、血液、胆汁、脑脊液、粪便、直肠拭子等。

二、检验程序

检验程序见图 3－2－1。

三、实验方法

1. 形态观察

涂片革兰氏染色后镜检。

2. 菌落观察

取普通大肠埃希氏菌及 EPEC、ETEC、EIEC、EHEC 分别接种在 SS 平板、EMB 培养基上，35 ℃培养 24 小时，观察结果。

SS 平板：菌落较小、红色、圆形、光滑、凸起、边缘整齐。

EMB 培养基：紫黑色、有金属光泽、较大、圆形、凸起、不透明。

SMAC 培养基：大肠埃希氏菌 O157 菌落呈无色、中等大小、圆形、光滑凸起。

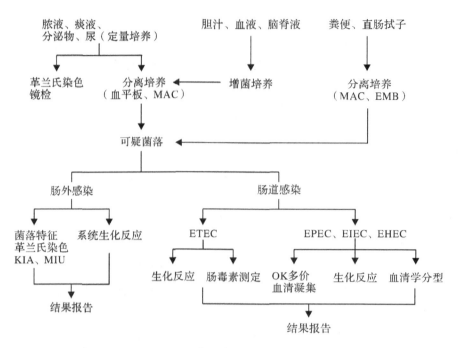

图 3-2-1　大肠埃希氏菌的检验程序

3. 生化反应

（1）氧化酶试验：取氧化酶纸片，用纸片刮取待测菌落，观察纸片的颜色变化。变为蓝紫色为阳性，不变色为阴性。大肠埃希氏菌为阴性。

（2）其他生化反应：将大肠埃希氏菌分别接种在克氏双糖铁（KIA）、MIU 培养基、葡萄糖蛋白胨水、枸橼酸盐琼脂斜面、硝酸盐培养基管中，35 ℃培养 18～24 小时后观察结果，并进一步做触酶试验（表 3-2-1）。

表 3-2-1　大肠埃希氏菌的初步生化反应

KIA				MIU			甲基红试验	VP试验	枸橼酸盐利用试验	触酶	氧化酶试验	硝酸盐还原
乳糖	葡萄糖	产气	H₂S	动力	吲哚	脲酶						
＋	＋	＋/－	－	＋/－	＋	－	＋	－	－	＋	－	＋
－	＋	－	－	＋	＋	－	＋	－	－	＋	－	＋
－	＋	－	－	－	－	－	＋	－	－	＋	－	＋
－	＋	＋	－	＋/－	＋	－	＋	－	－	＋	－	＋

4. 血清学反应

（1）EPEC 的鉴定：凡生化反应符合大肠埃希氏菌特征，怀疑为 EPEC 感染者，取 KIA 培养基上的培养物分别与 EPEC 的 OK 多价Ⅰ、Ⅱ、Ⅲ组诊断血清做玻片凝集试验。如与其中某一组多价血清凝集则继续与该组单价分型血清做玻片凝集试验，若发生凝集，表示细菌具有某型 EPEC 的 K 抗原，需进一步鉴定其 O 抗原型别。先将菌液加热 100 ℃、1 小时，再与该分型血清进行玻片凝集试验，以确定 O 抗原型别。根据 O、K 抗原鉴定结果可判断 EPEC 的血清型。

（2）EIEC 的鉴定：血清学鉴定方法与 EPEC 相同，血清学分型为 O152 和 O124。因与志贺菌的抗血清有交叉反应，且生化反应与临床表现相似，需注意鉴别，主要鉴别试验为：醋酸盐、葡萄糖铵利用试验、黏质酸盐产酸试验，EIEC 均为（＋），志贺菌为（－）。

（3）EHEC（O157：H7）鉴定：筛选 SMAC 上的无色、中等大小菌落，且生化反应符合标准大肠埃希氏菌生化反应，用 O157 抗血清做乳胶凝集试验检测其 O157 抗原。

（4）ETEC 的鉴定：通过分离培养、生化反应、血清学分型和肠毒素测定做出鉴定。

【临床意义】

大肠埃希氏菌是肠道杆菌的重要成员，是一种常见的条件致病菌，常引起多种肠外感染，如泌尿系统感染、胆囊炎、手术伤口感染、腹膜炎等。致病性的大肠杆菌引起各种肠道感染。

因大肠埃希氏菌从粪便排出，故常用作水源或食品被粪便污染的检测指标。

【结果记录、报告和思考】

（1）记录大肠埃希氏菌的镜下形态特点。

（2）记录大肠埃希氏菌的菌落特点。

沙门氏菌属检验

【目的和要求】

（1）掌握沙门氏菌属的检验程序和检验方法。

（2）熟悉沙门氏菌属检验的报告方法。

（3）掌握肥达反应的原理、方法、结果判读及报告方法。

【试剂与器材】

（1）菌种：伤寒沙门氏菌、甲、乙、丙副伤寒沙门氏菌。

（2）培养基：SS 培养基、EMB 培养基或 MAC 培养基、KIA 培养基、MIU 培养基、葡萄糖 O/F 培养基、蛋白胨水、葡萄糖蛋白胨水、枸橼酸盐培养基、硝酸盐培养基等。

（3）试剂：靛基质试剂、甲基红试剂、V-P 试剂、3% H_2O_2、革兰氏染色液、氧化酶试剂、沙门氏菌属诊断血清、肥达反应试剂等。

（4）其他器材：显微镜、载玻片、接种环、酒精灯、生理盐水、试管、吸管等。

【实验内容】

一、病原学检查

1. 标本采集

肠热症：第一周取血，第二、三周取大便、尿标本，整个病程均可取骨髓。食物中毒：取呕吐物、腹泻物或残余食物。败血症取血液。从病程第二周开始可取患者血清做肥达反应协助诊断肠热症。

2. 检验程序

检验程序见图 3-2-2。

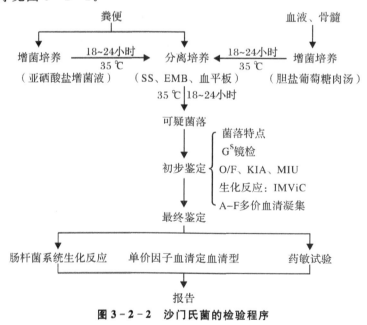

图 3-2-2 沙门氏菌的检验程序

3. 检验方法

（1）培养物观察：将沙门氏菌属细菌分别接种在 SS、EMB 等肠道选择培养基上，35 ℃培养 18～24 小时观察结果。由于本菌不发酵乳糖，故在 SS、EMB 平板上为无色半透明光滑型小菌落，产生 H_2S 的细菌可在 SS 平板上形成中心带黑褐色的小菌落。

（2）形态学观察：取沙门氏菌属细菌培养物涂片 G^s 镜检，为 G^- 无芽孢杆菌，鞭毛染色标本，镜下可见周鞭毛。

（3）生化反应：从 SS 平板上挑取单个菌落分别接种于 O/F、KIA、MIU 及硝酸盐培养基等，35 ℃培养 18～24 小时观察结果，同时做氧化酶试验，触酶试验，靛基质，甲基红及 V－P 试验，观察并记录结果，最终鉴定需做全面生化反应及血清学鉴定。

（4）血清学鉴定：用沙门氏菌诊断血清与待测菌做玻片凝集试验。

1）先用 A－F 多价 O 血清与待测菌做玻片凝集试验，如凝集，则分别用群特异性 O 血清（$O_{2、4、7、9……}$）与待测菌做玻片凝集试验，确定并记录 O 抗原型别以定群。

2）用该群内第 1 相抗血清与待测菌做玻片凝集试验，确定凝集后记录 H 抗原的第 1 相抗原型别以定型（种）。

3）根据记录的 O、H 抗原型别，查沙门氏菌属抗原组成表，以确定待测菌的血清型和菌名。

4）如果沙门氏菌属的抗原组成表有 2 种以上的血清型抗原与本次实验的分离株相同，则需凝集第 2 相 H 抗原，确定凝集，记录结果，查沙门氏菌属抗原组成表，以确定待测菌的血清型和菌名。

5）如果仍有 2 种以上的血清型抗原组成相同，则需参照抗原组成表中推荐的补充生化反应进行鉴定。

6）若生化反应典型，但与 A－F 多价 O 血清不凝集，则待测菌可能有表面抗原存在，需刮取菌苔用生理盐水配成浓菌液，100 ℃水浴加热 30 分钟，再重复 1）～5）步骤，以确定菌株的血清型和菌名，如果仍然与 A－F 群多价血清不凝集，则可能为非 A－F 群沙门氏菌。

4. 注意事项

（1）临床菌落观察需仔细，不要漏检靠近发酵乳糖型菌落周边的可疑菌落。

（2）生化反应典型而不与 A－F 多价血清凝集者，要考虑 Vi－Ag 的存在。

（3）如血清学鉴定能定群，但又不能用因子血清定型者，要想到鞭毛变异的可能性。

（4）严格无菌操作，注意生物安全。

二、肥达反应（试管法）

1. 原理

用已知的伤寒沙门氏菌 O 和 H 抗原，甲、乙型副伤寒杆菌的 H 抗原（PA、PB）与肠热症患者的血清做定量凝集试验，测定患者血清中相应抗体的含量，以协助诊断肠热症。

2. 方法

（1）取 28 支试管分 4 排，每排 7 管排于试管架上，并编号。

（2）每管各加生理盐水 0.5 mL。

（3）每排第 1 管各加 1∶10 待检血清 0.5 mL，并做对倍稀释，即从每排的第 1 管开始轻轻混匀，然后吸取 0.5 mL 置于第 2 管，如此类推，直至第 6 管混匀弃去 0.5 mL，第 7 管不加血清作为阴性对照。此时第 1～6 管的血清稀释度分别为 1∶20、1∶40、1∶80、1∶160、1∶320、1∶640。

（4）每排的第 1～7 管加相应诊断菌液（TO、TH、PA、PB）各 0.5 mL，至此第 1～6 管血清最终稀释度分别为 1∶40～1∶1280（表 3-2-2）。

表 3-2-2 肥达试验试管法

试管号	1	2	3	4	5	6	7
生理盐水（mL）	0.5	0.5	0.5	0.5	0.5	0.5	0.5
1∶10 稀释血清（mL）	0.5	0.5	0.5	0.5	0.5	0.5 弃0.5	—
血清稀释度	1∶20	1∶40	1∶80	1∶160	1∶320	1∶640	—
诊断菌液（mL）（每排分别加四种菌液）	0.5	0.5	0.5	0.5	0.5	0.5	0.5
血清最终稀释度	1∶40	1∶80	1∶160	1∶320	1∶640	1∶1280	—

（5）混匀置室温或 35 ℃温箱，培养 24 小时后观察结果。

3. 结果判断及报告

（1）结果判断。

先观察对照管，液体均匀混浊无凝集，但管底可有呈同心圆状的点状沉淀物，轻摇则消失，再分别与对照管比较观察各管的凝集情况。根据液体透明度和凝集块多少，以＋＋＋＋、＋＋＋、＋＋、＋、－等符号记录各管结果。以出现"＋＋"凝集的最高血清稀释度为抗体效价。

＋＋＋＋：细菌 100％凝集，管内液体清亮，可见管底有大片边缘不整的白色凝集物，轻摇时可见有明显的颗粒、薄片或絮状。

＋＋＋：细菌 75％的凝集，液体轻度混浊，管底有边缘不整的白色凝集物，轻摇时也可见明显的颗粒、薄片或絮状。

＋＋：细菌 50％的凝集，液体较混浊，管底有明显可见的少量凝集物呈颗粒状。

＋：细菌 25％ 的凝集，液体混浊，管底凝集呈颗粒状，细小不易观察。

－：不凝集，液体混浊度及管底沉淀物与对照管相似。

（2）报告方式：根据凝集效价判定方法，报告待检血清对 TO、TH、PA、PB 的凝集效价。如果第 1 管仍无凝集现象，应报告"＜1：40"；若第 6 管仍显"＋＋"或更强凝集，应报告"＞1：1280"。

4. 注意事项

（1）抗原抗体反应在比例适当时，才能出现肉眼可见的反应。如果抗体浓度高，则无凝集物形成，此为前带现象，需要在判定结果时加以鉴别。

（2）判定结果时，应在暗背景下透过强光检查。

（3）结果观察时不要摇动试管，先观察。必要时再轻摇试管，使凝集块从管底升起，然后按液体的清浊、凝集块的大小进行记录。

（4）"H"凝集呈絮状，以疏松的棉絮状大团铺于管底，轻摇试管即能荡起，且极易散开。"O"凝集呈颗粒状，以坚实凝片沉于管底，轻摇试管不易荡起，且不易散开。

（5）注意吸液、移液的量及温度、pH、电解质等对本试验结果的影响。

【鉴定依据】

1. 初步鉴定

根据菌落特点，菌落涂片，G^s 镜检、O/F 为发酵型，KIA 及 MIU 的特点，IMViC 及 A－F 多价抗血清凝集试验做出初步鉴定。

2. 最终鉴定

需做全面的生化反应及血清学鉴定。

3. 报告方式

（1）阴性报告：分离培养未发现可疑菌落或经鉴定不符合沙门氏菌属细菌鉴定依据者可报告"未分离出沙门氏菌"。

（2）初步报告：生化反应符合沙门氏菌、A－F 多价血清、玻片凝集试验阳性，可初步报告"分离出××沙门氏菌"或"×群沙门氏菌"。

（3）最终报告：进一步做多种生化反应及因子血清分型后，可报告"分离出××沙门氏菌"。

【临床意义】

（1）沙门氏菌是引起消化道感染的常见病原菌，可致伤寒、副伤寒、败血症、食物中毒。病原学检验是确诊的"金标准"。

（2）肥达反应常用于肠热症的辅助诊断。分析结果时，如取双份血清进行肥达反应，第 2 次比第 1 次血清抗体效价高 4 倍以上，则具有重要的诊断意义。如仅做一次肥达反应，则需结合当地居民的正常抗体水平、病程以及 O 抗体、H 抗体效价等进行综合分析。

【结果记录、报告和思考】

（1）记录沙门氏菌的生化反应结果。

（2）描述沙门氏菌在 SS、EMB 平板上的菌落特点。

（3）报告本次鉴定结果。

志贺氏菌属检验

【目的和要求】

(1) 掌握志贺氏菌属的检验程序和检验方法。

(2) 熟悉志贺氏菌属检验的报告方法。

【试剂与器材】

(1) 菌种：志贺菌属各群（A、B、C、D群）。

(2) 培养基：SS 培养基、EMB 培养基或 MAC 培养基、KIA 培养基、MIU 培养基、O/F 培养基、蛋白胨水、葡萄糖蛋白胨水、枸橼酸盐培养基、硝酸盐培养基等。

(3) 试剂：靛基质试剂、甲基红试剂、V-P 试剂、革兰氏染色液、氧化酶试剂、3% H_2O_2、志贺氏菌诊断血清等。

(4) 其他器材：显微镜、载玻片、接种环、酒精灯、生理盐水等。

【实验内容】

1. 标本采集

粪便或肛门拭子（亦可肛门指检取标本）。

2. 检验程序

检验程序见图 3-2-3。

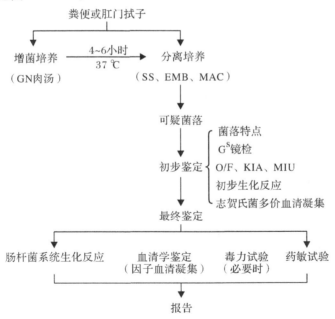

图 3-2-3 志贺氏菌属检验程序

3. 检验方法

(1) 培养物观察：将志贺氏菌属细菌分别接种在 SS、EMB 或 MAC 等肠道选择培养基上 35 ℃培养 18～24 小时观察结果，由于志贺氏菌不分解乳糖，形成中等大小、无色、半透明、S 型菌落。宋内氏志贺氏菌迟缓分解乳糖，培养 48 小时后转为分解乳糖型有色菌落。

（2）形态学观察：取志贺氏菌属细菌培养物涂片，Gˢ镜检为 G⁻无芽孢杆菌。

（3）生化反应：从选择培养基上挑选可疑菌落分别接种于 O/F、KIA、MIU、硝酸盐、蛋白胨水、葡萄糖蛋白胨水等培养基及甘露醇、枸橼酸盐培养基管，经 35 ℃培养 18～24 小时后观察，记录结果。KIA 培养物 48 小时后再观察一次，是否发生变化。同时做氧化酶、触酶、靛基质、甲基红、V－P 等试验观察记录结果。

（4）血清学鉴定：凡生化反应符合志贺氏菌属者需做血清学鉴定。

1）血清学鉴定原则。

①待测菌与志贺氏菌四群多价血清做玻片凝集，确定凝集则为志贺氏菌属细菌。

②待测菌分别与各群多价血清做玻片凝集，确定凝集，以定群，由于 B 群最常见故先从 B 群做起。

③待测菌＋该群内各型因子血清做玻片凝集，确定凝集以定型。

2）根据生化反应选做血清学鉴定：为了简化鉴定方法，可参考生化反应选做血清学鉴定，其方法如下。

甘露醇发酵（－）　　靛基质试验（－）　　选用 A 群Ⅰ型诊断血清
甘露醇发酵（－）　　靛基质试验（＋）　　选用 A 群Ⅱ型诊断血清
甘露醇发酵（＋）　　乳糖（－）　　选用 B 群多价诊断血清
甘露醇发酵（＋）　　乳糖迟缓（＋）　　选用 D 群诊断血清
甘露醇发酵（＋）　　B 群及 D 群诊断血清不凝集，再选用 C 群诊断，仍不凝集，应考虑 K 抗原的存在，取菌苔经 100 ℃水浴 30 分钟破坏 K 抗原，再做血清学鉴定。

4. 注意事项

（1）临床上菌落观察需仔细，不要漏检靠近发酵乳糖型菌落周边的可疑菌落。

（2）生化反应典型而又不与志贺氏菌四群多价血清凝集者，要考虑 K 抗原的存在。

（3）非典型菌株，可用传代法恢复典型性状，然后鉴定。

（4）中毒性痢疾应尽量快速诊断。

（5）严格无菌操作，注意生物安全。

【鉴定依据】

1. 初步鉴定

根据菌落特点，菌落涂片，Gˢ镜检、O/F 为发酵型，KIA 及 MIU、甘露醇、靛基质等生化反应的特点，与志贺氏菌四群多价血清凝集，可做出初步鉴定。

2. 最终鉴定

需做全面的生化反应及血清学鉴定，必要时尚需做毒力试验。

3. 报告方式

（1）阴性报告：分离培养未见可疑菌落，或经鉴定不符合志贺氏菌属鉴定依据者，可报告"未分离出志贺氏菌属细菌"。

（2）初步报告：生化反应符合志贺氏菌，志贺氏菌四群多价血清玻片凝集试验阳性，可报告"分离出志贺氏菌"或"×群志贺氏菌"。

（3）最终报告：进一步生化反应及因子血清分型后，可报告"分离出×群志贺氏菌×型"。

【临床意义】

志贺氏菌属是引起细菌性痢疾的病原菌。临床上引起痢疾样症状的病原生物除志贺氏菌外，尚有痢疾阿米巴、某些致病性大肠杆菌等，故病原学检测时需与这些病原生物相鉴别。

【结果记录、报告和思考】

（1）记录志贺氏菌各群的生化反应结果。

（2）描述志贺氏菌在 SS、EMB 平板上的菌落特点。

（3）报告本次鉴定结果。

棒状杆菌与需氧芽孢杆菌检验

白喉棒状杆菌检验

【目的和要求】

（1）掌握白喉棒状杆菌的形态特征、常用染色法、分离培养方法及菌落特点。

（2）熟悉白喉棒状杆菌的鉴定试验。

（3）了解白喉毒素测定方法。

【试剂与器材】

（1）培养基：血液琼脂平板、吕氏血清斜面、亚碲酸钾血平板等。

（2）试剂：革兰氏染色液、阿伯特（Albert）染色液、白喉抗毒素（DAT）等。

（3）其他器材：1 mL 注射器、剃刀、豚鼠（或家兔）等。

【实验内容】

一、标本采集

用无菌棉拭从患者咽喉假膜边缘及鼻和鼻咽部位，或其他可疑病灶处取分泌物送检。若不能立即检查，需将标本浸于无菌生理盐水或 15％甘油盐水中保存。

二、检验程序

检验程序见图 3-2-4。

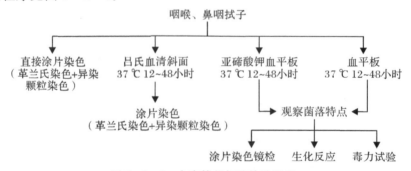

图 3-2-4　白喉棒状杆菌检验程序

三、检验方法

1. 染色镜检

取标本（咽拭子）或白喉棒状杆菌培养物制成两张涂片，分别做革兰氏染色和异染颗粒染色（Albert 染色法或 Neisser 染色法），然后镜检。

2. 分离培养

取白喉患者咽喉、鼻咽拭子分别接种于血液琼脂平板、亚碲酸钾血平板、吕氏血清斜面，35 ℃孵育 48 小时。

3. 生化反应

挑取白喉棒状杆菌菌落分别接种于糖发酵培养基、尿素培养基等，35 ℃孵育

18～24 小时。若呈阴性反应则延长至 72 小时观察结果。

4. 毒力试验

白喉棒状杆菌的致病物质是白喉外毒素，毒力试验可检测临床标本中分离出的白喉棒状杆菌能否产生毒素，因而是鉴定白喉致病菌株的重要依据。

（1）平板毒力法（Elek 平板毒力试验）。

白喉外毒素与白喉抗毒素在琼脂平板中扩散，当两者相遇并特异性结合后，可在平板中形成白色沉淀线。试验方法如下。

1）将 Elek 培养基加热融化，冷至 55 ℃左右，加入无菌小牛血清（培养基与小牛血清之比为 5∶1），混匀后倾注于无菌平皿制得 Elek 平板。

2）将已浸有白喉抗毒素（500～1000 IU/mL）的无菌滤纸条（60 mm×10 mm）贴于平板中央，置 37 ℃孵箱内约 30 分钟，烘干表面水分。

3）用接种环取待检菌菌苔划线接种于平板，使划线与抗毒素滤纸条成直角。线条宽约 6 mm，线条两端与平皿接触。再以同样方式将阳性对照菌株（标准产毒白喉棒状杆菌）和阴性对照菌株（不产毒白喉棒状杆菌）平行划线接种于待检菌两侧，线条间距 10～15 mm。

4）将平板置于 35 ℃孵育 24～72 小时。

（2）动物毒力试验。

白喉外毒素可导致敏感动物死亡。若体内含有一定量的白喉抗毒素，则可中和外毒素的毒性，使动物免于死亡。试验方法如下。

1）将待检菌株接种吕氏血清斜面，于 37 ℃培养 16～18 小时，加肉汤 1 mL，刮下菌苔，使成悬液，吸取此菌液 0.5 mL，加入 3.5 mL 肉汤中，混匀后即可应用。

2）选体重 250 g 左右豚鼠两只，一只在试验前 24 小时腹腔注射 DAT 1000 U，使其获得免疫力作为对照动物；另一只不注射 DAT，作为试验动物。接种前先将动物腹部向上固定在架上，以温水洗净腹部后剃毛。剃毛后再用无菌生理盐水擦洗一次，待干后用 1 mL 注射器吸取待检菌液，分别注射 0.1 mL 于对照动物和试验动物皮内。注射 4 小时后，给试验动物注射 DAT 400 U，以免因毒株毒力太强而致死。可同时接种 6～8 株菌。

3）于注射后 24 小时、48 小时、72 小时观察皮内反应。

四、注意事项

（1）为保持白喉棒状杆菌毒力，细菌培养物在室温下放置时间不超过 2 小时，在 4 ℃不超过 4 小时。

（2）毒力试验时，需须以标准菌株（中间型 park William No.8 菌株）作对照。

（3）因白喉棒状杆菌在盐水中易丧失活力，故宜用肉汤制备菌悬液。

【结果判断】

1. 染色镜检

经革兰氏染色，典型白喉棒状杆菌为革兰氏阳性，菌体一端或两端膨大呈棒状；经 Albert 染色，白喉棒状杆菌菌体呈绿色，异染颗粒呈蓝黑色；Neisser 染色菌体呈黄褐色，异染颗粒呈紫黑色。

2. 分离培养

白喉棒状杆菌在血平板上形成灰白色不透明 S 型菌落，轻型菌株有狭窄透明溶血环；在亚碲酸钾血平板上的菌落为黑色或灰黑色；在吕氏血清斜面上形成细小的灰白色菌落。

3. 生化反应

白喉棒状杆菌及其他常见棒状杆菌的主要生化反应见表 3-2-3。

表 3-2-3　白喉棒状杆菌及其他常见棒状杆菌的主要生化反应

	触酶	硝酸盐还原	明胶液化	脲酶	葡萄糖	麦芽糖	蔗糖	甘露醇	木糖
白喉棒状杆菌	＋	＋	－	－	＋	＋	－	－	－
干燥棒状杆菌	＋	＋	－	－	＋	＋	＋	－	－
溃疡棒状杆菌	＋	－	－/＋	＋	＋	＋	－	－	－

4. 毒力试验

（1）平板毒力法：若待检菌菌苔两侧出现白色沉淀线，且与标准产毒株的沉淀线相吻合，则为阳性。无毒株不出现沉淀线。

（2）动物毒力试验：对照动物无论接种有毒或无毒菌株，均应无局部反应，即阴性；试验动物若注射产毒株，则于 24 小时左右在腹壁注射部位出现红肿，48 小时在红肿部位边缘有化脓性病变，72 小时可见硬块，出现灰黑色坏死斑；无毒菌株呈阴性，72 小时后注射部位无明显病变。若试验动物和对照动物的注射部位均出现病变，则结果为可疑，可能因注射量过多、抗毒素量过少或失效所致，应重新试验。

【临床意义】

白喉棒状杆菌是呼吸道传染病白喉的病原菌。此菌主要经飞沫或接触污染物品而传染，侵入上呼吸道，在鼻咽部黏膜繁殖并产生外毒素。毒素可使局部毛细血管扩张、充血，上皮细胞发生坏死，白细胞及纤维素渗出，形成灰白色假膜；亦可侵入血流引起心肌和神经系统损害。

【结果记录、报告和思考】

炭疽芽孢杆菌检验

【目的和要求】

（1）掌握炭疽芽孢杆菌的形态染色和菌落特征。

（2）熟悉炭疽芽孢杆菌的主要生化反应及其他鉴定方法。

【试剂与器材】

（1）培养基：营养琼脂平板、血液琼脂平板、0.5% $NaHCO_3$ 血平板、含 0.05～0.5 U/mL、10 U/mL、15 U/mL、100 U/mL 青霉素的琼脂平板、各种生化反应培养基等。

（2）其他器材：青霉素（1 U/片）纸片、炭疽芽孢杆菌噬菌体（AP631）等。

【实验内容】

一、标本采集与处理

皮肤炭疽取病灶分泌物、肺炭疽取痰液、肠炭疽取粪便或呕吐物、脑膜炎炭疽取脑脊液，各型炭疽均可取血液。兽尸可取脏器，但为防止芽孢形成及扩散，严禁解剖，可在消毒皮肤后割取动物耳朵、舌尖，置于无菌容器内立即送检。疑被污染的物品或环境等，固体标本取 20 g，液体标本取 50～100 mL。

新鲜渗出液、血液和脏器标本以无菌操作技术制成乳剂，于肉汤中增菌后在接种至平板分离培养；固体标本按 1∶20 加入生理盐水浸泡研磨成乳状，水浴加热 60 ℃ 30分钟或 80 ℃ 5分钟（杀死繁殖体及其他杂菌，保留炭疽芽孢活性），再进行增菌和分离培养；脑脊液标本经 3000 r/min 离心 30 分钟后，取沉渣增菌及分离培养；污水标本经 3000 r/min 离心 30 分钟，弃去上清，加入 0.5% 洗涤剂振荡 10～15分钟后再离心，弃去上清取沉淀增菌及分离培养。

二、检验程序

检验程序见图 3－2－5。

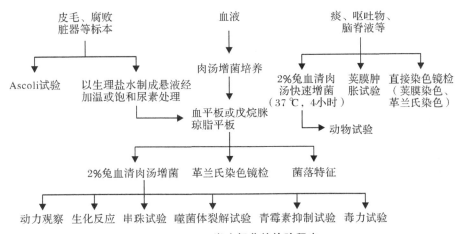

图 3－2－5　炭疽杆菌的检验程序

三、检验方法

1. 染色镜检

取标本或炭疽芽孢杆菌培养物，涂片做革兰氏染色、荚膜染色镜检。

2. 菌落观察

取待检标本接种于普通琼脂平板、血平板、重碳酸盐平板。将普通琼脂平板、血平板置 35 ℃孵育 18～24 小时，重碳酸盐平板置 5% CO_2 环境中、35 ℃孵育 18～24 小时。

3. 生化反应

取可疑炭疽芽孢杆菌菌落接种于葡萄糖、麦芽糖、果糖、硝酸盐、葡萄糖蛋白胨水、尿素、柠檬酸盐、明胶等培养基，35 ℃孵育 18～24 小时。

4. 动物试验

动物实验对鉴定炭疽杆菌有无致病性及致病性强弱有重要意义。将炭疽杆菌纯培养物接种于肉汤培养基，35 ℃孵育 24 小时后，吸取细菌悬液 0.1 mL 注射于小鼠皮下。

5. 其他鉴定试验

（1）青霉素抑制试验：将待检菌分别接种于含青霉素 5、10、100 U/mL 的琼脂平板，35 ℃孵育 18～24 小时。

（2）串珠试验：将待检菌接种于含 0.05～0.5 U/mL 青霉素的琼脂平板，35 ℃孵育 6 小时。

（3）串珠和青霉素抑制联合试验：取待检菌新鲜肉汤培养物 0.1 mL 滴于已预温的 2% 兔血清琼脂平板上，用灭菌 L 型玻棒均匀涂布，稍干后夹取含青霉素 1 U/片的纸片贴于平板上，35 ℃孵育 2 小时。

（4）噬菌体裂解试验：取待检菌的 4～6 小时肉汤培养物，均匀涂布于含 2% 血清的琼脂平板，稍干后滴加炭疽芽孢杆菌噬菌体（AP631），于平板另一处滴加不含噬菌体的肉汤作阴性对照。35 ℃孵育 18～24 小时。

四、注意事项

炭疽芽孢杆菌能在有氧的条件下产生芽孢，抵抗力强，能经多途径传染。检验时除遵守常规实验室规则外，还应注意：①必须按烈性传染病检验守则操作；②不得用解剖的方式采取标本，所需的血液与组织标本均应以穿刺方式获取；③操作台应铺来苏尔湿布，操作后将湿布及用过的器械高压蒸汽灭菌；动物尸体、病变脏器必须火化，以防污染环境；涂片染色过程中用水冲洗时应冲入专门容器，经高压蒸汽灭菌后再倾倒；④从事炭疽芽孢杆菌检验的人员应定期接种炭疽杆菌疫苗。

【结果判断】

1. 形态染色

炭疽芽孢杆菌镜检呈革兰氏阳性大杆菌，菌体两端平截，呈链状或竹节状排列，无鞭毛，芽孢椭圆小于菌体，有毒株在体内或血清培养基中可形成荚膜。

2. 菌落观察

（1）普通琼脂平板：炭疽杆菌经培养形成直径 2～4 mm、扁平粗糙、不透明灰白色、无光泽、边缘不整齐的菌落，低倍镜下可见菌落呈卷发状。

（2）血平板：35 ℃孵育 12～15 小时时无溶血现象，孵育至 18～24 小时后可见轻微溶血。

（3）重碳酸盐平板：炭疽芽孢杆菌有毒株在该平板上的菌落呈黏液状，圆形、凸起、有光泽，以接种针挑取菌落可出现拉丝现象。

3. 生化反应

生化反应结果见表 3-2-4。

表 3-2-4　炭疽芽孢杆菌基本生理生化反应

	葡萄糖	麦芽糖	果糖	硝酸盐还原	VP	脲酶	细胞色素 C	明胶液化
炭疽芽孢杆菌	＋	＋	＋	＋	－	－	－	－

4. 动物试验

有毒炭疽杆菌菌液注射于小鼠皮下 72～96 小时后，动物死亡，解剖动物见接种部位呈胶样水肿、肝脾肿大、出血、血液呈黑色且不凝固。取心血，肝、脾渗出液涂片染色镜检及分离培养，可检出本菌。

5. 其他鉴定试验

（1）青霉素抑制试验：炭疽芽孢杆菌在含 5 U/mL 青霉素的琼脂平板上能生长；在含 10、100 U/mL 青霉素的琼脂平板上因受抑制而不能生长。

（2）串珠试验：取平板上菌落涂片染色，若镜下见菌体呈大而均匀成串的圆球状，则为阳性。

（3）串珠和青霉素抑制联合试验：揭开平皿盖，将平板置低倍显微镜下观察，可见青霉素纸片周围出现抑菌环，抑菌环边缘由于青霉素浓度低，菌体细胞壁受损而呈串珠状。炭疽芽孢杆菌经此试验，出现明显抑菌环、串珠试验阳性。

（4）噬菌体裂解试验：阴性对照处应有菌苔生长；滴加噬菌体处无菌生长为阳性。

【临床意义】

由炭疽芽孢杆菌引起的人畜共患的炭疽病，属烈性传染病，牛、羊等食草动物发病率最高。人因食用或接触患病动物及畜产品而感染，其感染途径多样，临床类型主要有皮肤炭疽，也可见肺炭疽、肠炭疽等，均可并发败血症或脑膜炎而致患者死亡。

【结果记录、报告和思考】

蜡样芽孢杆菌检验

【目的和要求】

（1）熟悉蜡样芽孢杆菌形态染色及菌落特点、常用生化反应及鉴定试验、活菌计数方法。

（2）了解蜡样芽孢杆菌肠毒素测定方法。

【试剂与器材】

（1）动物：小鼠、家兔。

（2）培养基：营养琼脂、血液琼脂、卵黄琼脂、葡萄糖发酵管、甘露醇发酵管、木糖发酵管、葡萄糖蛋白胨水、柠檬酸盐培养基、醋酸铅明胶培养基等。

（3）试剂：革兰氏染色液、3% H_2O_2、有关生化试剂、无菌生理盐水等。

（4）其他器材：菌落计数器等。

【实验内容】

一、标本采集

取可疑食物、患者呕吐物及粪便进行检查。

二、检验程序

检验程序见图 3-2-6。

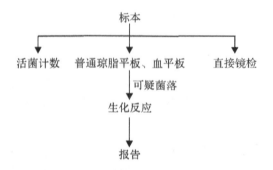

图 3-2-6 蜡样芽孢杆菌检验程序

三、检验方法

1. 染色镜检

将检样或纯培养物涂片，做革兰氏染色，镜检。

2. 分离培养

将待检标本接种于营养琼脂、血液琼脂，置 35 ℃孵育 18～24 小时。

3. 活菌计数

（1）倾注平板法：详见第二章实验一。

（2）乳光反应计数法：按"倾注平板法"将检样稀释成不同稀释度，取各稀释液 0.1 mL 加于卵黄琼脂平板上，再用 L 型玻棒均匀涂布，置 35 ℃孵育 6 小时。

4. 生化反应

（1）碳水化合物试验：将蜡样芽孢杆菌分别接种于葡萄糖、甘露醇、蔗糖、木糖、麦芽糖、水杨苷等发酵管，及葡萄糖蛋白胨水培养基、柠檬酸盐培养基，置35 ℃孵育18～24 小时。

（2）含氮化合物试验：将蜡样芽孢杆菌接种于醋酸铅明胶培养基，置 35 ℃孵育18～24 小时。

（3）乳光反应：本菌能产生卵磷脂酶，在有 Ca^{2+} 存在时，可迅速分解卵磷脂，生成甘油酯和水溶性磷脂胆碱，形成乳白色混浊环。此即乳光反应或卵黄反应。

试验方法：用接种针取待检蜡样芽孢杆菌菌落，点种于10％卵黄琼脂平板上，置 35 ℃孵育 3 小时。

四、注意事项

（1）为避免杂菌生长，食物中毒检样在分离培养基时宜使用选择性培养基（如甘露醇卵黄多黏菌素琼脂平板）。

（2）对蜡样芽孢杆菌引起食物中毒的细菌学检验，除分离鉴定细菌及活菌计数外，必要时还应进行肠毒素测定。

【结果判断】

1. 形态观察

镜下可见蜡样芽孢杆菌为革兰氏阳性大杆菌，两端钝圆、链状排列，无荚膜。培养 6 小时后形成芽孢，芽孢位于菌体中央或次末端，小于菌体。鞭毛染色可见周鞭毛。

2. 菌落观察

蜡样芽孢杆菌在营养琼脂平板上生长良好，菌落圆形、隆起、灰白色、表面粗糙似毛玻璃或蜡滴样；在血液琼脂平板上，菌落周围形成 β 溶血环。

3. 活菌计数

因暴露于空气中的食品在一定程度上受到蜡样芽孢杆菌的污染，故不能因分离出本菌就认为是引起食物中毒的病原菌。一般认为，蜡样芽孢杆菌数大于 10^5 个/g（或 10^5 个/mL），即有发生食物中毒的可能性。

4. 生化反应

生化反应见表 3 - 2 - 5。

表 3 - 2 - 5 蜡样芽孢杆菌各类生理生化反应汇总

| | 葡萄糖 | 甘露醇 | 蔗糖 | 木糖 | 麦芽糖 | 水杨苷 | VP | 触酶 | 醋酸铅明胶培养基 | |
									H_2S	明胶液化
蜡样芽孢杆菌	+	−	+	−	+	+	+	+	−	+

乳光反应：蜡样芽孢杆菌在卵黄平板上生长迅速，经 3 小时培养后，虽看不见

菌落，但因卵磷脂被分解，在点种细菌处可见白色混浊环。

【临床意义】

蜡样芽孢杆菌是我国常见的食物中毒病原菌之一。当其在食品中未繁殖且数量较少时，则无特殊意义。在20~40℃、pH 4.0~9.3条件下，本菌污染食品后可迅速繁殖，并产生大量肠毒素，进食后可引起食物中毒。

【结果记录、报告和思考】

分枝杆菌检验

【目的和要求】

（1）掌握结核分枝杆菌的形态学检查法及形态学特征。

（2）熟悉结核分枝杆菌的培养特性、常用鉴定方法。

（3）了解非结核分枝杆菌的鉴定方法。

【试剂与器材】

（1）培养基：改良罗氏（L-J）培养基等。

（2）试剂：抗酸染色液、金胺"O"染色液、N-乙酰-L-半胱氨酸（NALC）溶液等。

（3）其他器材：离心机、水浴箱等。

【实验内容】

一、标本采集

采集肺结核患者痰液，置无菌痰盒或试管内送检。痰液以清晨第一口痰为佳，且应来自患者肺部，可嘱患者做深呼吸，使肺部充满空气，然后使劲从肺部深处咳出。

二、检验程序

检验程序见图3-2-7。

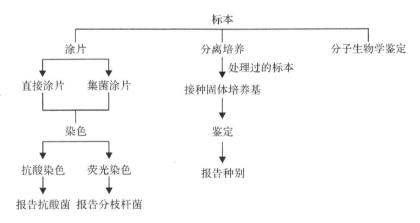

图3-2-7 结核杆菌的检验程序

三、检验方法

1. 形态学检查

（1）涂片。

1）直接涂片法：用接种环挑取肺结核患者痰标本中脓性或干酪样部分，于载玻片中央均匀涂抹成2.0 cm×2.5 cm大小痰膜；若干燥后再涂抹一层则制成厚膜涂片。

2）集菌涂片法：取痰标本约 10 mL 装入已消毒的广口瓶中，加 5 倍量无菌蒸馏水，121 ℃高压蒸汽灭菌 20 分钟，冷却后供集菌涂片检查。

①离心集菌法：取上述经处理的痰液 10 mL 放入 50 mL 离心管内，加蒸馏水稀释至 50 mL，3000 r/min 离心 30 分钟，弃去上清液，取沉淀物涂片。

②漂浮集菌法：取上述经处理的痰液 10 mL 放入 100 mL 细口玻璃容器中，加入灭菌蒸馏水 30 mL，混匀后加入二甲苯 0.3 mL，置振荡器或手摇振荡 10 分钟，再加灭菌蒸馏水至满瓶口而又不外溢，静置 15 分钟，取载玻片盖于瓶口，静置 15 分钟，取下玻片，干燥后染色。

（2）染色。

1）抗酸染色法（萋-纳染色法）。①初染：将涂片以火焰固定后平放于染色架或用染色夹子夹住，滴加石炭酸复红染液覆盖痰膜，于载玻片下方以微火加热至出现蒸汽（勿煮沸或煮干），持续 5～10 分钟，冷却，水洗；②脱色：加 3％盐酸酒精脱色至无红色染液脱下为止（勿超过 10 分钟），水洗；③复染：加吕氏亚甲蓝染液复染，直接涂片染 0.5 分钟，集菌涂片染 1～3 分钟，水洗，待干后镜检。

2）荧光染色法（金胺"O"染色法）。①荧光染色：于标本涂片上滴加荧光染液金胺"O"，染色 10～15 分钟，水洗；②脱色：加 3％盐酸酒精脱色 3～5 分钟，至无黄色，水洗；③复染：用对比染液 0.5％高锰酸钾复染 1～3 分钟，水洗，干后镜检。

2. 菌落观察

（1）标本处理（N-乙酰-L-半胱氨酸-NaOH 法）。

1）试剂配制：0.1 mol/L 枸橼酸钠溶液 50 mL，加 4％ NaOH 溶液 50 mL，混匀。临用前加入 0.5 g N-乙酰-L-半胱氨酸（NALC），混匀得标本消化液。置室温，24～48 小时内使用。

2）处理方法：取待检标本 10 mL，加等量上述消化液，振荡 0.5 分钟（若标本黏稠，可适当延长消化时间），室温放置 15 分钟后加入 0.067 mol/L 磷酸盐缓冲液 20 mL，混匀，2000 r/min 离心 15 分钟，弃去上清液。加入少许 PBS 缓冲液，混匀，接种。也可消化后，不中和、不离心，直接接种。

（2）标本接种：取上述经消化处理的标本 0.1 mL，均匀接种于 L-J 培养基斜面，每份标本接种 2 支培养基。将试管倾斜 15°角斜置，37 ℃孵育 1 周后再直立于试管架上，继续培养至第 8 周（初次分离培养需 5％～10％ CO_2）。

3. 生化反应

耐热触酶试验：某些分枝杆菌细胞内含有耐热触酶，经 68 ℃加热依然保持活性，能够分解 H_2O_2 产生大量气泡。从固体培养基上取 5～10 mg 菌落，加入含 0.067 mol/L 磷酸盐缓冲液 0.5～1.0 mL 的小试管中，制成菌悬液。将该试管放入 68 ℃水浴 20 分钟，取出冷却至室温后，沿试管壁缓缓加入 30％ H_2O_2 与 10％吐温-80 的等量混合液 0.5 mL（需新鲜配制）。勿摇动，于 20 分钟内观察结果。

四、注意事项

（1）抗酸染色初染加热时，勿使染液煮沸或煮干，应随时补充染液以防干涸。

（2）染色完毕，可用吸水纸吸干载玻片上的水分，但用过的吸水纸上可能沾有染色的结核分枝杆菌，故不宜再用于吸干第二份标本，以免发生错误诊断。

（3）接种标本于 L-J 斜面培养基后，应反复倾斜培养基，使标本均匀分布于培养基表面。

（4）为防止结核分枝杆菌引起医源性传播，所有涉及标本的涂片、接种、生化试验等操作均应在生物安全柜中进行；接种环用后应先放入沸水中灭菌 1 分钟，再于火焰中烧灼，不可直接在火焰上灼烧，以防止环上菌液爆炸造成污染。

（5）痰标本在培养前进行处理时，不可随意提高试剂的浓度或延长处理时间，以防止杀伤大多数结核分枝杆菌。

【结果判断】

1. 形态观察

镜下观察，在淡蓝色背景下呈红色细长或略带弯曲的杆菌，为抗酸染色阳性菌。其他细菌和细胞呈蓝色。直接涂片标本中常见菌体单独存在，偶见团聚呈堆者。若在痰、脑脊液或胸、腹水中查见抗酸菌，其诊断意义较大。镜下所见结果的报告标准见表 3-2-5。

（1）直接涂片和厚涂片法。

表 3-2-5 结核杆菌涂片结果报告方式

染色方法	报告方式	镜检结果
抗酸染色法（油镜观察）		
	—	仔细观察 300 个视野（不少于 4 分钟）未发现抗酸菌
	±	300 个视野内发现 1~2 条抗酸菌（全部涂膜镜检查 3 遍）
	+	100 个视野内发现 1~9 条抗酸菌（全部涂膜镜检查 3 遍）
	2+	10 个视野内发现 1~9 条抗酸菌
	3+	每个视野内发现 1~9 条抗酸菌
	4+	每个视野内发现 1~9 条抗酸菌
荧光染色法（高倍镜观察）		
	—	仔细观察 300 个视野（不少于 4 分钟）未发现抗酸菌
	±	70 个视野内发现 1~2 条抗酸菌（全部涂膜镜检查 1~2 遍）
	+	50 个视野内发现 2~18 条抗酸菌（全部涂膜镜检查 1 遍）
	2+	10 个视野内发现 4~36 条抗酸菌
	3+	每个视野内发现 4~36 条抗酸菌
	4+	每个视野内发现 36 条以上抗酸菌

（2）集菌涂片法：根据镜检结果，按"发现抗酸染色阳性细菌"或"未发现抗酸染色阳性细菌"报告。

2. 菌落观察

结核分枝杆菌在 L－J 培养基上的菌落呈乳白色或米黄色，菌落凸起，表面干燥、粗糙、颗粒状，形似花菜心。

标本接种后应每天观察细菌生长情况，若发现可疑菌落，经涂片染色检查见抗酸杆菌，则随时报告"分枝杆菌培养阳性"；培养 8 周未见菌落生长者，报告"分枝杆菌培养阴性"。培养阳性者应同时报告生长程度（表 3－2－6）。

表 3－2－6　结核杆菌培养结果报告方式

报告方式	生长结果
菌落个数	斜面上的菌落在 20 个以下
＋	生长的菌落在 20 个以上，占斜面 1/4 以下
2＋	生长的菌落占斜面 1/4 以上、1/2 以下
3＋	生长的菌落占斜面 1/2 以上、3/4 以下
4＋	生长的菌落密集呈菌苔

3. 生化反应

耐热触酶试验：加入 H_2O_2 试剂后，液面出现气泡者为阳性，20 分钟内未出现气泡者为阴性。人型、牛型结核分枝杆菌为阴性，堪萨斯分枝杆菌呈强阳性，其他大多数非结核分枝杆菌也呈阳性。

【临床意义】

对人有致病性的主要是人型和牛型结核杆菌。结核分枝杆菌主要通过呼吸道、消化道和受损伤的皮肤侵入易感机体，引起多种组织和器官的结核病，其中以通过呼吸道引起的肺结核最多见。部分患者结核分枝杆菌可进入血液循环引起肺内、外播散，导致肺外感染，如脑、肾结核；若痰菌被咽入消化道，可引起肠结核、结核性腹膜炎等。

【结果记录、报告和思考】

其他肠杆菌检验

【目的和要求】

（1）熟悉变形杆菌属、克雷伯菌属、肠杆菌属的生物学特性及其培养鉴定法。

（2）熟悉变形杆菌属、克雷伯菌属、肠杆菌属检验的报告方法。

【试剂与器材】

（1）示教片：变形杆菌鞭毛染色片，肺炎克雷伯菌荚膜染色片，鼠疫耶尔森氏菌革兰氏染色片。

（2）菌种：变形杆菌、肺炎克雷伯菌、产气杆菌。

（3）培养基：普通平板、SS 平板、EMB 平板、KIA 及 MIU 培养基、蛋白胨水、葡萄糖蛋白胨水、枸橼酸盐、尿素培养基等。

（4）试剂：革兰氏染色液、靛基质试剂、甲基红试剂、V-P 试剂、生理盐水。

（5）其他器材：载玻片、接种环、酒精灯、显微镜等。

【实验内容】

1. 标本采集

根据不同病变可采集痰、尿、粪、渗出物及血标本等。

2. 检验程序

检验程序见图 3-2-8。

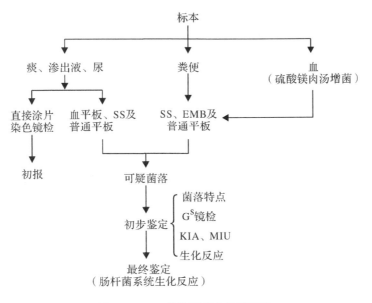

图 3-2-8 其他肠杆菌检验程序

3. 检验方法

（1）培养物观察：将变形杆菌、产气杆菌、肺炎克雷伯菌分别接种于 EMB、SS、血平板、普通平板，35 ℃培养 18～24 小时。注意观察菌落的大小、形状、颜色、黏度等特征，并注意变形杆菌的迁徙生长现象。

（2）形态学观察。

1）示教片：变形杆菌鞭毛染色玻片示周鞭毛。肺炎克雷伯菌荚膜染色玻片示荚膜。鼠疫耶尔森氏菌革兰氏染色玻片示 G⁻ 杆菌。

2）培养物菌落涂片革兰氏染色镜检，注意它们的形态、排列、染色性。

（3）生化反应。

1）观察变形杆菌、肺炎克雷伯菌、产气杆菌在 KIA 及 MIU 培养基上的生长情况。

2）观察产气杆菌和肺炎克雷伯菌的 IMViC 试验结果，注意与大肠埃希氏菌区别。

【结果判断】

1. 鉴定依据

根据菌落特征、形态特点、生化反应做出初步鉴定，最终鉴定需做全面的生化反应。

2. 报告方式

（1）初步报告：痰、分泌物、渗出物等标本直接涂片革兰氏染色镜检，找到 G⁻ 杆菌，可初步报告"某标本直接镜检找到 G⁻ 杆菌"。

（2）阴性报告：分离培养未发现可疑菌落或经鉴定不符合变形杆菌、克雷伯菌等可报告为"未分离出肺炎克雷伯菌"等。

（3）阳性报告：分离出的菌落经鉴定符合某菌则报告"分离出××细菌"。

【临床意义】

（1）变形杆菌属、克雷伯菌属是条件致病菌，好发于免疫力低下的人群，在临床上可致多部位、多脏器的感染，故检测的标本有多种，各菌的鉴定方法各异。

（2）其他肠杆菌种类多，一般不致病或为条件致病菌，引起临床感染的类型多种多样。如检出菌一时难以鉴定时，要想到其他少见肠杆菌之可能，可保留菌种送上一级微生物实验室鉴定。

【结果记录、报告和思考】

（1）绘出变形杆菌、肺炎克雷伯菌、产气杆菌革兰氏染色镜下图。

（2）记录变形杆菌、产气杆菌、肺炎克雷伯菌在 SS、EMB、血平板、普通平板的菌落特征及生化反应。

（3）报告本次鉴定结果。

扫码进入虚拟仿真模块

实验三　螺旋体及螺旋菌属检验

钩端螺旋体检验

【目的和要求】

（1）熟悉钩端螺旋体的形态检查方法及其特征。

（2）了解钩端螺旋体的分离培养方法。

（3）了解钩端螺旋体显微镜凝集试验。

【试剂与器材】

（1）培养基：柯氏（Korthof）培养基、含 $100\sim400\ \mu g/mL$ 5-氟尿嘧啶（5-Fu）的柯氏培养基等。

（2）试剂：与上述菌种同型的钩体抗血清。

（3）其他器材：暗视野显微镜、无菌吸管等。

【实验内容】

一、标本采集

患者发病 10 日内取血液，2 周后取尿液，有脑膜刺激症状者取脑脊液。

二、检验程序

检验程序见图 3-3-1。

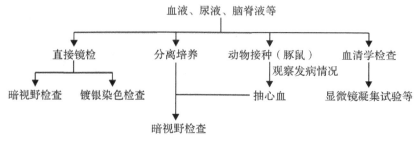

图 3-3-1　钩端螺旋体检验流程

三、检验方法

1. 形态观察

（1）示教片观察：将钩端螺旋体（镀银染色）示教片置显微镜下观察。

（2）暗视野显微镜检查法：取钩体培养液制成压滴标本，于暗视野显微镜下观察。

2. 分离培养

（1）血液：于可疑钩端螺旋体患者发病第一周内采血液 $2\sim3$ mL，取血液标本接种于 Korthof 液体培养基，每份标本应接种 3 管，0.25～0.5 mL/管。于 28 ℃ 培养 1～2 周。

（2）尿液：患者发病 2～5 周内可取中段尿，低温离心（10 ℃、4000 r/min、30 分钟）后，取沉淀物接种于 3 管含 5 - Fu 的柯氏液体培养基（培养基中的 5 - Fu 可抑制尿液中的杂菌）。于 28 ℃ 培养 1～2 周。

3. 显微镜凝集试验

（1）原理：钩端螺旋体可与同型免疫血清结合产生凝集现象。当血清高倍稀释时，镜下可见钩体呈蜘蛛样凝集（数根钩体的一端钩连在一起，另一端呈放射状散开）；当血清做低倍稀释时，血清中的补体可导致凝集的钩体溶解，因而镜下见钩体呈残絮状、颗粒状、蝌蚪状。本试验既可鉴定钩体的型别，又可用于测定患者血清中特异性抗体的效价。

（2）方法（微孔板法）。

1）稀释血清：用生理盐水将患者血清稀释为 1∶50、1∶100、1∶150、1∶200、1∶400、1∶800 等，依次加入微孔板每排的 1～6 孔，100 μL/孔，第 7 孔加 100 μL 生理盐水作为对照。

2）加抗原：于每排各孔内分别加入一种已知不同型别的钩体培养液，100 μL/孔。混匀后置 37 ℃ 作用 2 小时（表 3 - 3 - 1）。

表 3 - 3 - 1　显微镜凝集试验方法

	1	2	3	4	5	6	7
血清稀释度	1∶50	1∶100	1∶150	1∶200	1∶400	1∶800	对照
被检血清（μL）	100	100	100	100	100	100	—
生理盐水（μL）	—	—	—	—	—	—	100
钩体培养液（μL）	100	100	100	100	100	100	100
血清最终稀释度	1∶100	1∶200	1∶300	1∶400	1∶800	1∶∶1600	—
37 ℃ 作用 2 小时，暗视野显微镜观察结果							
假定结果	4+	4+	3+	3+	2+	+	—

四、注意事项

（1）钩端螺旋体传染能力强，检验时应严格遵守消毒隔离原则，防止实验室感染。

（2）分离培养时，若连续培养 40 天仍未发现生长，方可报告阴性。

（3）血液培养时，为避免血液中抗体等因素的抑制作用，多采用小剂量接种。但接种量越小，阳性培养率越低，一般血液与培养液的比例以 1∶10～1∶20 为宜。

【结果判断】

1. 形态观察

（1）示教片观察：显微镜下背景呈淡黄褐色，经镀银染色钩端螺旋体呈棕褐色，菌体如小珍珠般连接成的细链，一端或两端弯曲如钩状，使菌体呈 S 或 C 形。

（2）暗视野显微镜检查法：在黑暗的背景中可见钩体闪烁发光，一端或两端弯曲成钩状，运动活泼，呈现翻转、滚动等运动特征。

2. 分离培养

从第三天起，每天或每隔 3～5 天用暗视野显微镜检查 1 次，大部分阳性标本可在 7～14 天有生长表现，培养基液面部分呈半透明、云雾状浑浊。

3. 显微镜凝集试验

反应结束后，用毛细管取各孔中悬液 1 滴于洁净载玻片上，覆以盖玻片，在暗视野显微镜下观察，以凝集情况与游离活动钩体的比例来判定结果。

－：钩体正常分散存在，无凝集现象。

＋：25％左右的钩体凝集呈蜘蛛状，75％的钩体游离。

2＋：50％左右的钩体凝集呈蜘蛛状，余 50％的钩体游离。

3＋：75％左右的钩体凝集或被溶解，呈蜘蛛状、蝌蚪状或块状，其余钩体游离分散。

4＋：几乎全部钩体溶解成蜘蛛状或折光率较高的团块及点状，偶见极少活钩体游离。

以出现 2＋现象的最高血清稀释度为该血清的凝集效价。凝集效价在 1∶300 以上有诊断价值。

根据待检菌与相应型别血清发生凝集反应效价则可判定该菌的型别。

【临床意义】

钩端螺旋体所致的钩体病是一种自然疫源性疾病，可感染野生动物和家畜。动物受感染后，大多无症状而呈带菌状态，但钩体在肾中长期存在并繁殖，从尿中排菌，污染水源和土壤。人类若接触被钩体污染的水源、土壤，钩体可经皮肤破损处进入人体，引起钩体病。

【结果记录、报告和思考】

梅毒螺旋体检验

【目的和要求】

（1）熟悉梅毒螺旋体的形态特征。

（2）掌握梅毒螺旋体的血清学筛选试验。

（3）熟悉梅毒螺旋体的血清学确证试验。

【试剂与器材】

（1）试剂：RPR 试剂盒、FTA－ABS 试剂盒、ELISA 试剂盒等。

（2）其他器材：荧光显微镜、水浴箱、载玻片等。

【实验内容】

一、标本采集

Ⅰ期梅毒患者取硬下疳溃疡渗出液，Ⅱ期梅毒取梅毒疹渗出液或局部淋巴结抽出液，用于直接镜检；采集患者静脉血液，分离血清进行血清学诊断。

二、检验方法

1. 直接镜检

取渗出液涂片后直接于暗视野显微镜下观察，或镀银染色镜检。

2. 血清学诊断

人体感染梅毒螺旋体（TP）后，血清中可出现两种"抗体"：其一是抗类脂质抗体（非特异性反应素），其二是抗梅毒螺旋体的特异性抗体（抗 TP 抗体）。检测这两类"抗体"，是诊断梅毒的重要手段。

（1）快速血浆反应素环状卡片试验（RPR）。

原理：RPR 抗原是吸附于活性炭颗粒上的类脂质抗原（由从牛心肌中提取的心磷脂、胆固醇和卵磷脂组成），可与患者血清中的反应素结合，出现凝集现象。

方法：

1）取待检血清、阳性控制血清、阴性控制血清各 50 μL，分别加入到卡片的三个圆圈内，并使血清补满整个圆圈。

2）在每份血清上滴加 1 滴 RPR 抗原。

3）旋动卡片 8 分钟（约 100 r/min），观察结果。

（2）荧光密螺旋体抗体吸收试验（FTA－ABS）。

原理：将待检血清先用非致病性密螺旋体进行吸收，除去能与梅毒螺旋体发生非特异性结合的抗体成分。经吸收处理的血清，在玻片上与梅毒螺旋体抗原结合，再用荧光素标记的抗人 IgG 抗体染色，于荧光显微镜下观察，若有发荧光的螺旋体即为阳性。

方法：

1）制备抗原片：用 Nichols 株梅毒螺旋体（每高倍镜视野 20 条）抗原悬液，

在玻片上涂数个直径为 5 mm 的菌膜，待干后用甲醛固定。

2）待检血清预处理：待检血清先经 56 ℃ 30 分钟灭活，取 50 μL 血清与 200 μL 吸附剂（Reiter 株非致病性密螺旋体）混匀，37 ℃作用 30 分钟，以充分吸除非特异性抗体。

3）荧光染色：吸附后的待检血清用 PBS 液做 1：20～1：320 的倍比稀释，将已稀释的血清分别滴加于抗原片上，置于湿盒内 37 ℃作用 30 分钟，然后将玻片在 PBS 液中浸洗，换液 3 次，每次 5 分钟，吸水纸吸干。于各抗原反应片上滴加荧光素标记的羊抗人 IgG 抗体，置于湿盒内 37 ℃作用 30 分钟，再用 PBS 液洗片（方法如前），待玻片干后用甘油缓冲液封片。

试验同时，应设阳性、阴性及非特异性血清对照。

4）镜检：将染色片置于荧光显微镜下观察结果。

（3）酶联免疫吸附试验（ELISA）。

原理：采用双抗原夹心法。将高度纯化的 TP 抗原包被反应板之后加入待测血清，若待测血清中存在 TP 抗体，则与 TP 抗原特异性结合。再加入酶标记的高纯度 TP 抗原，即在固相载体上形成"TP 抗原-抗 TP 抗体-酶标记 TP 抗原"夹心复合物，当加入酶底物后，可呈现颜色反应。颜色深浅与血清中抗 TP 抗体成正比。

方法：

1）分别取待测血清、阴性及阳性对照血清各 50 μL，加于反应板相应凹孔中；每孔再加入酶标记 TP 抗原各 50 μL。混匀，放 37 ℃作用 30 分钟。

2）取出反应板，弃尽孔中液体。用洗涤液洗板 6 次，拍干液体。

3）每孔加酶底物各 100 μL，放 37 ℃作用 15 分钟后，加终止液 50 μL。

4）用酶联仪于 450 nm 波长处读取吸光度值（A），以空白校零。分别测定阴性、阳性对照及待测血清的 A 值。

三、注意事项

（1）RPR：试剂盒勿冰冻，于 2～8 ℃保存，使用前恢复至室温；RPR 抗原用时应充分摇匀后垂直滴加；在规定时间内及时观察结果。本试验仅为过筛试验，阴性结果不能排除梅毒感染，阳性结果需进一步做抗梅毒螺旋体抗体试验确认。

（2）FTA-ABS：荧光染色洗片时，每浸洗 1 次后，必须换液；每次试验均应同时设阳性、阴性及非特异性血清对照。

（3）ELISA：血清标本应新鲜、无污染；加入试剂力求准确，一般用微量加样器加样；反应板洗涤必须充分、彻底，以免影响判定结果；结果测定应以酶联仪读数为准。

（4）试验所用标本、试剂及废弃物应按生物危险品进行处理。

（5）由于各种梅毒血清学检测方法，并非都能在梅毒的不同病期检测出抗类脂质抗体或抗梅毒螺旋体抗体，为提高检出率，最好每次用 2 种以上的方法。

【结果判断】

1. 直接镜检

直接涂片镜检可见梅毒螺旋体移行、屈伸、翻滚等运动方式。镀银染色可见背景呈淡黄褐色，梅毒螺旋体呈棕褐色，菌体小而纤细，中间略粗，两端尖直，有8～14个规则的、紧密缠绕的螺旋。

2. 血清学诊断

（1）快速血浆反应素环状卡片试验（RPR）：在 RPR 白色卡片上观察有无黑色凝集颗粒或絮片。无凝集为阴性结果，出现明显黑色凝集颗粒或絮片为阳性。

若血清标本呈阳性，可将血清做 1∶2～1∶32 的倍比稀释，然后按上述方法进行半定量试验。

（2）荧光密螺旋体抗体吸收试验（FTA－ABS）：参照阳性标准血清的荧光强度判定结果。每高倍镜视野若半数（10 条左右）出现荧光，则为 2＋；多于半数（15 条左右）出现荧光，则为 3＋；全部（约 20 条）出现强荧光，则为 4＋。"可疑"结果参照非特异性血清的荧光强度判定为 2＋或＋，阴性结果参照阴性对照血清判定为－或＋。凡 2＋～4＋者，可确证为梅毒螺旋体感染。

（3）酶联免疫吸附试验（ELISA）：待测血清 A 值≥CO 值，为阳性；待测血清 A 值＜CO 值，为阴性。CO＝0.20＋阴性对照平均 A 值。阴性对照 A 值应≤0.12，阳性对照 A 值应≥0.30；阴性对照＜0.03 时按 0.03 计算。

【临床意义】

梅毒螺旋体是人类梅毒的病原体，主要经性接触直接传播，也可通过接触污染物、手术、输血等途径传播。患梅毒的孕妇可通过胎盘感染胎儿，致胎儿流产、早产或患先天性梅毒。

人体感染梅毒螺旋体后，体内可产生多种抗体（抗类脂质抗体、抗梅毒螺旋体抗体等），用血清学试验检测这些抗体，对诊断梅毒有意义。但梅毒血清学试验阳性，只能提示有反应素或抗梅毒螺旋体抗体存在，不能作为患者感染梅毒螺旋体的绝对依据，阴性结果也不能排除梅毒螺旋体感染，检测结果应结合临床综合分析。

【结果记录、报告和思考】

螺旋菌属检验

【目的和要求】

（1）熟悉霍乱弧菌、副溶血性弧菌、空肠弯曲菌、幽门螺杆菌的生物学特性及其培养鉴定。

（2）熟悉霍乱弧菌的血清学鉴定。

（3）掌握上述细菌检验的报告方式。

【试剂与器材】

（1）菌种：水弧菌、副溶血性弧菌、空肠弯曲菌、幽门螺杆菌。

（2）培养基：碱性蛋白胨水、碱性琼脂平板、TCBS 琼脂平板、血琼脂平板、3.5% NaCl 普通琼脂平板、KIA、MIU、Skirrow 弯曲菌培养基、快速尿素酶培养基等。

（3）试剂：氧化酶试剂、0.5% 去氧胆酸钠、O/129 纸片（10 mg/片及 150 mg/片）、3% H_2O_2、乙酸铅试纸条、1% 马尿酸水溶液、尿素酶试剂、生理盐水等。

（4）其他器材：显微镜、接种环、载玻片、酒精灯、培养箱等。

【实验内容】

1. 标本采集

（1）弧菌检验可取呕吐物、腹泻物、残余的食物或肛拭子。

（2）弯曲菌检验可取大便、血液、脑脊液。

（3）幽门螺杆菌检验可取胃黏膜活组织。

2. 检验程序

（1）霍乱弧菌检验程序见图 3-3-2。

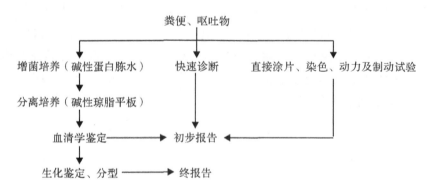

图 3-3-2　霍乱弧菌检验程序

（2）幽门螺杆菌检验程序见图 3-3-3。

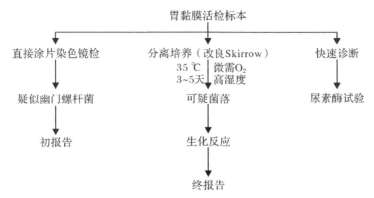

图 3 - 3 - 3　幽门螺杆菌检验程序

（3）弯曲菌检验程序见图 3 - 3 - 4。

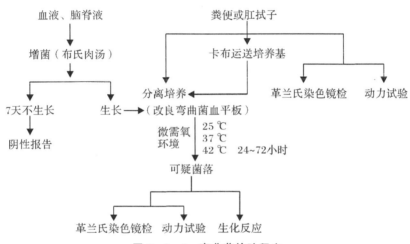

图 3 - 3 - 4　弯曲菌检验程序

3. 检验方法

（1）培养物观察。

1）水弧菌接种于碱性蛋白胨水、碱性琼脂平板、KIA、TCBS 琼脂平板等。副溶血性弧菌接种于 35 g/L 营养琼脂平板及 TCBS 琼脂平板，35 ℃培养 18～24 小时后观察在各种培养基上的生长现象，注意菌落的形态、大小、颜色，比较副溶血性弧菌与水弧菌在 TCBS 平板上的不同点。

2）将弯曲菌、幽门螺杆菌分别接种于 Skirrow 培养基，弯曲菌分别置于 25 ℃、37 ℃、42 ℃微需氧环境中培养 1～3 天，观察记录菌落特点。幽门螺杆菌置于 37 ℃微需氧高湿度环境中培养 3～5 天，观察记录菌落特点。

（2）形态学观察。

1）取载玻片 1 张，加生理盐水少许，取各培养物菌落涂片，革兰氏染色镜检。注意它们形态、排列、染色性。

2）取水弧菌压滴法暗视野看动力（如为霍乱弧菌则加 1 滴 O - 1 群抗血清做制

动试验)。

(3) 生化反应。

1) 取水弧菌分别做以下试验。

①氧化酶试验:取菌落沾在滤纸上滴加氧化酶试剂后观察结果,菌落变为深紫色者为阳性。

②O/129 敏感性试验:在含 0.5% NaCl 普通琼脂平板上,弧菌对 10 mg/片及 150 mg/片的 O/129 敏感,在纸片周围出现明显的抑菌环。

③O/F 试验:弧菌均以发酵(F)形式分解葡萄糖。

④黏丝试验:取洁净载玻片 1 张,加 1 滴 0.5% 去氧胆酸盐溶液,取待测菌落少许,研磨 1 分钟,液体变清,提起接种环出现明显的拉丝为阳性。

⑤嗜盐性试验:取待测菌接种于含盐浓度分别是 0、3%、6%、10% 的蛋白胨水中,35 ℃培养 18~24 小时观察其生长情况。

⑥霍乱红试验:取碱性蛋白胨水培养物 1 管,按每毫升加 1 滴浓硫酸,出现红色者为阳性。

⑦同时做氨基酸脱羧酶和精氨酸双水解酶的测定及观察 KIA 和 MIU 的反应情况。

2) 副溶血性弧菌。

取副溶血性弧菌,做氧化酶试验、甘露醇、蔗糖发酵及含盐分别为 0、3%、6%、10% 的蛋白胨水生长试验,并观察记录 KIA、MIU 的反应情况。

3) 取幽门螺杆菌做氧化酶、触酶、尿素酶、硝酸盐还原、乙酸铅等试验,同时做微需氧环境下,不同温度(25 ℃、37 ℃、42 ℃)的生长试验及观察 KIA 的反应情况。

(4) 血清学鉴定。

如为霍乱弧菌尚需做血清学鉴定:从 TCBS 琼脂平板挑取可疑菌落与 O-1 群抗血清做玻片凝集试验,确定凝集定群,然后用霍乱因子血清(A、B、C 因子血清)定型。

(5) 幽门螺杆菌快速诊断。

取微量反应板一块,每孔加入尿素酶试剂 50 μL,取 1 环幽门螺杆菌菌落或胃黏膜活检组织块加入孔中,用透明胶带将孔口封闭 35 ℃培养,若 24 小时内由淡黄色变成粉红色为阳性,表示幽门螺杆菌感染。

4. 注意事项

(1) 霍乱弧菌所致霍乱属甲类传染病之一,在学习霍乱弧菌的检验时,尚需了解《中华人民共和国传染病防治法》有关内容。

(2) 弯曲菌、幽门螺杆菌的培养必须满足其苛刻的生长条件,故一般实验室难以开展。

【鉴定依据】

1. 霍乱弧菌

(1) 从患者标本中检出 G⁻ 弧菌,具穿梭状运动,O-1 群抗血清制动试验阳性，玻片凝集试验阳性，菌落典型，可做出初步诊断，确定诊断尚需做一系列生化反应及鉴定、鉴别试验。

（2）报告方式：患者标本镜检时见到形态染色典型，运动活泼动力及制动试验阳性可初步报告为"找到 G⁻ 弧菌，与某群抗血清制动试验阳性"。

若同时做了培养，并做玻片凝集试验阳性可初步报告为"经培养有疑似霍乱弧菌生长"。

若经一系列鉴定鉴别试验确定为霍乱弧菌，应报告为"经 X 天培养有霍乱弧菌生长"。

2. 副溶血性弧菌

（1）根据 G⁻ 杆菌、两端浓染多形性、端鞭毛运动活泼。在 TCBS 平板上菌落呈蓝绿色。结合氧化酶试验，在 KIA 及 MIU（含 3% NaCl）上反应结果及嗜盐性试验可做出初步鉴定。最终鉴定尚需做进一步生化反应。

（2）报告方式：经培养及生化反应，符合鉴定依据可报告为"培养出副溶血性弧菌"。

3. 幽门螺杆菌

（1）根据形态特点，G⁻ 细长呈弧形、S 形或螺旋状，生长缓慢，35 ℃微需氧环境生长，尿素酶试验阳性等生化特点做出鉴定。

（2）报告方式：胃黏膜活组织标本，经 Gˢ 发现 G⁻ 呈 S 形、飞燕形两端较尖的弯曲杆菌，鱼群状排列，可报告为"检出 G⁻ 螺状杆菌形似幽门螺杆菌"。

4. 弯曲菌

（1）根据 G⁻ 细小弯曲杆菌，单鞭毛，有投镖样或螺旋状运动，微需氧条件下生长，氧化酶试验阳性，硝酸盐还原，马尿酸水解，硫化氢等生化反应及不同温度的生长试验做出鉴定。

（2）报告方式：经分离培养符合鉴定标准，报告为"培养出××弯曲菌"。

【临床意义】

霍乱弧菌是霍乱的病原菌，副溶血性弧菌引起食物中毒，幽门螺杆菌主要与上消化道溃疡有关，弯曲菌可致人类肠道内和肠道外感染，临床类型复杂。对上述细菌进行检测、鉴定，为临床提供病原诊断依据。

【结果记录、报告和思考】

（1）绘出弧菌、弯曲菌、幽门螺杆菌的镜下形态。

（2）记录弧菌、弯曲菌、幽门螺杆菌在不同培养基上的菌落特点。

实验四　厌氧菌检验

厌氧芽孢梭菌

【目的和要求】

（1）掌握破伤风梭菌、产气荚膜梭菌、肉毒梭菌及艰难梭菌的形态特性和培养特性。

（2）熟悉破伤风梭菌、产气荚膜梭菌、肉毒梭菌及艰难梭菌的一般鉴定原则和鉴别要点。

【试剂与器材】

（1）培养基：庖肉培养基、血液琼脂平板、牛乳培养基、CCFA（环丝氨素-头孢甲氧噻吩-果糖-卵黄琼脂）平板、卵黄琼脂平板、五糖（葡萄糖、乳糖、麦芽糖、甘露醇、蔗糖）发酵管、溴甲酚紫牛乳培养基等。

（2）试剂：革兰氏染色液、芽孢染色液等。

（3）其他器材：凡士林、厌氧袋或厌氧罐、水浴锅、366 nm紫外线灯等。

【实验内容】

一、标本采集

1. 破伤风梭菌检验

可疑破伤风患者取感染伤口脓液或坏死组织块。

2. 产气荚膜梭菌检验

气性坏疽病患者可采集创伤深部分泌物、穿刺物、坏死组织块；菌血症患者取血液；食物中毒取剩余食物、患者粪便或呕吐物。

3. 肉毒梭菌检验

取剩余食物、患者粪便或呕吐物。

4. 艰难梭菌检验

取患者粪便。

二、检验程序

1. 破伤风梭菌检验程序

检验程序见图 3-4-1。

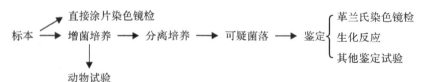

图 3-4-1　破伤风梭菌检验程序

2. 产气荚膜梭菌检验程序

检验程序见图 3-4-2。

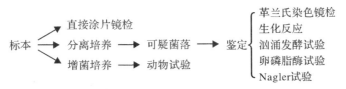

图 3-4-2 产气荚膜梭菌检验程序

3. 肉毒梭菌检验程序

检验程序见图 3-4-3。

图 3-4-3 肉毒梭菌检验程序

4. 艰难梭菌检验程序

检验程序见图 3-4-4。

图 3-4-4 艰难梭菌检验程序

三、检验方法

1. 形态观察

取标本或破伤风梭菌、产气荚膜梭菌、肉毒梭菌及艰难梭菌的培养物，分别涂片做革兰氏染色与芽孢染色后，镜检。

2. 培养特性观察

将可疑破伤风梭菌、产气荚膜梭菌、肉毒梭菌分别接种于庖肉培养基与血平板；将艰难梭菌接种于血平板与 CCFA 平板，于 35 ℃厌氧条件下孵育 24～48 小时，观察结果。

3. 生化反应

（1）五糖发酵与牛乳消化试验。

将糖发酵管和牛乳培养基于 100 ℃水浴 10 分钟，取出迅速冷却，以驱除培养基中的空气。以无菌吸管吸取待检菌培养物，分别滴加于各培养基中，接种后在液面上加一层融化的凡士林。经 35 ℃孵育 24～48 小时，观察结果。

（2）汹涌发酵试验。

原理：在牛乳培养基中，产气荚膜梭菌可迅速分解乳糖产酸，使酪蛋白凝固，同时产生大量气体冲击凝固的酪蛋白，使其形成分散的海绵碎块，并将部分凝块及培养基表面的凡士林冲至试管塞处。这种气势凶猛的反应现象被称为"汹涌发酵"现象。

方法：以无菌吸管（或接种环）取产气荚膜梭菌疱肉培养物，接种于溴甲酚紫牛乳培养基，经 35 ℃孵育 18～24 小时，观察结果。

（3）卵磷脂酶试验和 Nagler 试验。

原理：某些厌氧芽孢梭菌（如产气荚膜梭菌）能产生卵磷脂酶，在卵黄琼脂平板上，可将其中可溶性的磷脂酰胆碱分解成磷酸胆碱和不溶性的甘油酯，后者在菌落周围形成不透明区（呈乳白色环），此为卵磷脂酶试验阳性。若先将产气荚膜梭菌抗血清（即卵磷脂酶抗血清）涂在卵黄琼脂平板上，再接种产气荚膜梭菌，则卵磷脂酶抗血清（抗体）与细菌的卵磷脂酶抗原发生中和反应，使菌落周围无乳白色环形成，此为 Nagler 试验阳性。这两项试验通常同时进行，可确证该细菌能产生卵磷脂酶。

方法：将卵黄琼脂平板分成两个区，其中一部分均匀涂上产气荚膜梭菌抗血清，置 35 ℃待干后，取待检细菌先接种于未涂抗血清区域，再接种于已涂抗血清的另一区域。35 ℃厌氧孵育 24～48 小时，观察结果。

（4）脂酶试验。

原理：某些厌氧芽孢梭菌（如肉毒梭菌）可产生脂酶，作用于卵黄中的游离脂肪，产生甘油和不溶性的游离脂肪酸，在菌落周围培养基中形成局限的不透明区，并在菌落表面产生一层珠光层（为一薄脂肪酸，其熔点在 37 ℃以下，因此不能进入培养基，只能漂浮在菌落表面）。

方法：将肉毒梭菌接种于卵黄琼脂平板，35 ℃厌氧孵育 48～72 小时，观察结果。

四、注意事项

（1）厌氧芽孢梭菌属的常规鉴定中，芽孢的形态与位置有较大的价值，应注意观察。

（2）有些芽孢梭菌易被染色成革兰氏阴性，导致鉴定错误，应注意鉴别。

（3）除个别菌种外，大多厌氧芽孢梭菌需在无氧条件下生长。因此，鉴定的全过程均应防止氧气进入，尤其是艰难梭菌对氧特别敏感，从标本采集到培养鉴定均应在严格无氧的环境下进行。

【结果判断】

1. 形态和培养特性

形态和培养特性见表 3-4-1。

表 3-4-1 厌氧芽孢梭菌的形态和培养特性

形态观察		培养特性		
		庖肉培养基	血平板	CCFA平板
破伤风梭菌	G⁺细长杆菌；芽孢圆形，位于菌体顶端，直径大于菌体，使菌体呈"鼓槌"状	培养液混浊，肉渣部分消化微变黑，有少量气体	菌落扁平、灰白色、周边疏松似"羽毛状"；有狭窄β溶血环	
产气荚膜梭菌	G⁺粗大杆菌，两端钝圆，散在排列；芽孢卵圆形，直径小于菌体，位于菌体中央或次末端；标本直接染色可见肥厚荚膜	培养液混浊，肉渣不被消化、呈粉红色，产大量气体	圆形凸起的光滑型菌落，有双层溶血环，内环为β溶血、外环为α溶血	
肉毒梭菌	G⁺粗大杆菌，两端钝圆，单个或成双排列；芽孢卵圆形，直径大于菌体，位于菌体次末端，使细菌呈"网球拍"状	培养液混浊，肉渣被消化、呈黑色，有腐败性恶臭，产少量气体	菌落较大，半透明、有光泽，边缘薄、弥散而不规则；有β溶血环	
艰难梭菌	G⁺粗长杆菌，培养时间延长（>48小时）易转为革兰氏阴性；芽孢卵圆形、位于菌体次末端		培养48小时后，形成圆形、白或淡黄色菌落，边缘不整齐、表面粗糙，不溶血	菌落较大，边缘不整齐、表面粗糙呈毛玻璃样；在紫外线照射下，可见黄绿色荧光

2. 生化反应

生化反应见表 3-4-2。

表 3 - 4 - 2　厌氧芽孢梭菌的主要生化反应

菌种	卵黄平板		牛乳消化	葡萄糖	乳糖	麦芽糖	甘露醇	蔗糖
	卵磷脂酶	脂酶						
破伤风梭菌	−	−	d	−	−	−	−	−
产气荚膜梭菌	+	−	cd	+	+	+	−	+
肉毒梭菌	−	+	d	+	−	v	−	−
艰难梭菌	−	−	−	+	−	−	+/−	−

注：+：阳性；−：阴性；v：不定

d：消化；c：凝固；cd：既消化又凝固；−：不消化不凝固

【临床意义】

（1）破伤风梭菌广泛存在于土壤、人与动物的肠道中，芽孢在土壤中可存活数年，经伤口感染，在厌氧条件下生长繁殖，引起破伤风。新生儿破伤风又称为脐带风。

（2）产气荚膜梭菌是气性坏疽的主要病原菌，某些型别也可引起食物中毒和坏死性肠炎。也常与兼性厌氧菌混合感染，引起深部脓肿，腹腔、盆腔、胸腔感染，败血症，心内膜炎以及胆道、泌尿道、女性生殖道感染等。

（3）肉毒梭菌在厌氧环境中，可分泌毒性极强烈的肉毒毒素，被食入可引起特殊的神经中毒症状，病死率极高。婴幼儿若食入被肉毒梭菌芽孢污染的食物，引起婴幼儿肉毒病。

（4）艰难梭菌是人类肠道正常菌群，可因菌群失调而引起伪膜性肠炎，是医院内感染的病原菌之一。此外，艰难梭菌尚能引起气性坏疽、肾盂肾炎、脑膜炎、腹腔和阴道感染及菌血症等。

【结果记录、报告和思考】

无芽胞厌氧菌

【目的和要求】

（1）熟悉脆弱类杆菌、产黑色素类普雷沃菌、厌氧消化链球菌的形态特点与培养特性。

（2）熟悉无芽胞厌氧菌的一般鉴定原则和常用鉴别方法。

【试剂与器材】

（1）培养基：厌氧血琼脂平板、类杆菌胆汁七叶苷琼脂平板（BBE）、七叶苷琼脂斜面、20％胆汁培养基、明胶培养基等。

（2）试剂：革兰氏染色液、200 g/L糖溶液、20 g/L尿素溶液、L-色氨酸、0.5 g/L硝酸钠溶液、糖发酵缓冲液、0.025 mol/L pH 6.0酚红磷酸盐缓冲液、0.025 mol/L pH 6.8磷酸盐缓冲液、二甲苯、硝酸盐还原试剂等。

【实验内容】

一、标本采集

根据不同感染部位采集相应标本，如血液、关节液、心包液、腹腔液、膀胱穿刺液等体液；深部脓肿渗出液、肺部渗出液、其他组织穿刺液等。采集标本时须注意无菌操作，防止正常菌群污染，尽量避免接触空气，迅速送检。有些标本如鼻咽拭子、痰液、流出的脓液、阴道分泌物、粪便等因含大量的正常菌群，故不宜做厌氧菌培养。

二、检验程序

检验程序见图3-4-4。

图3-4-4 无芽胞厌氧菌检验程序

三、检验方法

1. 形态观察

取标本或脆弱类杆菌、产黑色素类普雷沃菌、厌氧消化链球菌的培养物，涂片做革兰氏染色后，镜检。

2. 培养特性观察

将脆弱类杆菌接种于血平板及BBE平板；将产黑色素类普雷沃菌、厌氧消化链球菌接种于厌氧血琼脂平板，于35 ℃孵育24～48小时，观察结果。

3. 生化反应

（1）七叶苷水解试验。

原理：某些细菌具有七叶苷水解酶，能将七叶苷水解为葡萄糖和七叶素，七叶素与培养基中的枸橼酸铁的 Fe^{2+} 反应，形成黑色化合物。

1）斜面法：将脆弱类杆菌和产黑色素类普雷沃菌分别接种于七叶苷琼脂斜面上，于 35 ℃厌氧孵育 24～48 小时，观察结果。

2）微量斑点法：将 0.2 g/L 七叶苷水溶液（淡蓝色）滴加于透明微孔板中，共滴加 3 孔，再于各孔分别加 1 滴脆弱类杆菌菌液、产黑色素类普雷沃菌的菌液以及蒸馏水（对照）。35 ℃孵育 30～60 分钟后，置 360 nm 紫外灯下观察结果。

（2）20％胆汁（或 2％胆盐）刺激生长试验。

原理：胆汁能抑制许多厌氧菌生长，因为胆盐可降低细胞膜表面张力，损伤细胞细胞膜。按脆弱类杆菌和少数其他厌氧菌，却能利用胆汁作为营养物质，故生长旺盛。

方法：将相同菌量的脆弱类杆菌和产黑色素类普雷沃菌分别接种至 20％胆汁（或 2％胆盐）培养基中，同时接种不含胆汁的对照管。于 35 ℃孵育 24～48 小时，观察结果。

（3）明胶液化试验。

将脆弱类杆菌、产黑色素类普雷沃菌及厌氧消化链球菌分别接种于明胶管中，另放一支未接种细菌的明胶管作为对照。于 37 ℃孵育 2～5 天，取出置 4 ℃冰箱中 30 分钟，观察结果。

（4）胞外酶快速生化试验。

原理：厌氧菌已产生的酶可作用于相应基质，发生特异性的酶促反应，迅速使基质分解产生各种可见的变化。试验时，将高浓度菌液接种到高浓度的基质中，普通环境下置 37 ℃孵育 4 小时，观察结果。

方法：用直径 2 mm 的接种环取一满环待检细菌菌苔，加于 0.5 mL 磷酸盐缓冲液中配成脓菌液，再按表 3-4-3 操作，并观察结果。

表 3-4-3　胞外酶快速生化试验方法

	糖发酵试验	脲酶试验	吲哚试验	硝酸盐还原试验
基质	200 g/L 糖溶液 2 滴	20 g/L 尿素溶液 3 滴	L-色氨酸 4 滴	0.5 g/L 硝酸钠溶液 2 滴
缓冲液	糖发酵缓冲液 5 滴	0.025 mol/L pH 6.0 酚红磷酸盐缓冲液 3 滴		0.025 mol/L pH 6.8 磷酸盐缓冲液 2 滴
脓菌液	2 滴	2 滴	2 滴	2 滴
反应条件	有氧条件下，35～37 ℃水浴 4 小时			
添加试剂			二甲苯 2 滴，混匀，再加欧氏试剂 3 滴	硝酸盐还原试剂甲液及乙液各 3 滴，混匀
结果　阳性	黄色	红色	红色	红色
阴性	红色	黄色	不变色	不变色

四、注意事项

（1）无芽孢厌氧菌对氧特别敏感，检验的全过程均须防止氧气进入，以免影响检验结果。

（2）标本采集后于无氧条件下运送，且应在 20～30 分钟内处理完毕，最迟不超过 2 小时。

（3）胞外酶快速生化试验时，接种菌量大，携带的酶也多，且基质量充分，故反应速度快。由于试验过程中无须细菌繁殖，故不必厌氧培养，只需在有氧条件下置 37 ℃孵育 4 小时，即可观察结果。

【结果判断】

1. 形态观察

（1）脆弱类杆菌：革兰氏阴性短杆菌，两端钝圆而浓染，菌体中央不易着色或染色较浅，形似空泡；可形成荚膜；陈旧培养物常呈多形性。

（2）产黑色素普雷沃菌：革兰氏阴性球杆菌，两端钝圆、浓染，着色不均匀，菌体中间似空泡，具有多形性。

（3）厌氧消化链球菌：革兰氏阳性球菌，菌体圆形，大小不等；呈双、短链或成堆排列。

2. 培养特性观察

（1）脆弱类杆菌：在厌氧血琼脂平板上生长良好，菌落直径 1～3 mm，圆形、微凸、半透明、灰白色、表面光滑、边缘整齐，多数菌株不溶血。在 BBE 平板中生长旺盛，菌落较大，周围有黑色晕圈。

（2）产黑色素普雷沃菌：在厌氧血琼脂平板上生长良好，经 48 小时培养后形成直径 0.5～3 mm 的菌落；菌落圆形凸起，初为灰白色，后呈黄色、浅棕色，5～7 天后变成黑色；多数菌株呈 β 溶血。在黑色素产生前，于 366 nm 紫外线下，可见橘红色荧光，色素出现后则无荧光。

（3）厌氧消化链球菌：生长缓慢，经 2～4 天培养，在厌氧血琼脂平板上形成直径 0.5～1 mm 的小菌落；菌落圆形凸起、光滑不透明，初为黑色，接触空气后颜色变浅，传代后黑色消失。

3. 生化反应

（1）七叶苷水解试验：①斜面法，待检菌接种七叶苷琼脂斜面，经培养若出现黑色化合物，则为阳性；②微量斑点法，紫外灯照射下，对照孔呈淡蓝色荧光；待测孔若与对照孔相同，则为阴性，若无荧光则为阳性，说明被水解后荧光消失。

（2）20%胆汁（或 2%胆盐）刺激生长试验：若待检细菌在不含胆汁的对照管中生长一般（＋），而在含胆汁的培养管中生长旺盛（＋＋），则胆汁刺激生长试验为阳性；若在含胆汁的培养管中抑制生长者，则胆汁刺激生长试验为阴性。

（3）明胶液化试验：对照管 37 ℃时应呈液化状态，4 ℃冰箱中应呈凝固状态。接种待检细菌的明胶管置 4 ℃冰箱中 30 分钟后，若仍不凝固，则为阳性；若发生凝固，则为阴性。

（4）胞外酶快速生化试验见表 3 - 4 - 4。

表 3 - 4 - 4　脆弱类杆菌、产黑色素普雷沃菌、厌氧消化链球菌的主要生化特性

	七叶苷	20％胆汁生长	明胶液化	葡萄糖	乳糖	脲酶	吲哚	硝酸盐还原
脆弱类杆菌	＋	＋	－	＋	＋	－	－	－
产黑色素普雷沃菌	－	－	＋	＋	＋	－	－	－
厌氧消化链球菌	－	－	－	＋	－	－	－	－

【临床意义】

无芽孢厌氧菌种类繁多，常寄生于人体口腔、肠道、女性生殖道等部位，是正常菌群重要组成，常作为条件致病菌引起各组织和器官的内源性感染，也常与其他细菌混合感染。

【结果记录、报告和思考】

实验五 支原体、衣原体与立克次体检验

【目的和要求】

（1）掌握支原体的形态及菌落特点。

（2）熟悉衣原体包涵体的形态特征。

（3）熟悉立克次体的形态染色特性。

（4）掌握外-斐反应原理及结果判定。

【试剂与器材】

（1）标本：前列腺液、眼结膜刮片、宫颈刮片或（男性）尿道拭子；患者血清。

（2）示教片：肺炎支原体形态及菌落示教片、沙眼衣原体包涵体标本片、普氏立克次体标本片、恙虫病立克次体标本片。

（3）培养基：解脲脲原体培养基、Hayflick 培养基。

（4）试剂：OX_K、OX_{19}、OX_2 诊断菌液、生理盐水、香柏油、擦镜纸、脱油剂等。

（5）其他器材：普通光学显微镜、放大镜、小试管、中试管、刻度吸管、记号笔、培养箱或水浴箱。

【实验内容】

一、实验原理

外-斐反应：利用变形杆菌的某些菌株（OX_K、OX_{19}、OX_2 等）与某些立克次体有共同的抗原成分，因变形杆菌容易培养，故用变形杆菌作抗原（取代立克次体）与感染立克次体的患者的血清做交叉凝集试验，根据凝集效价判定结果，协助立克次体病的诊断。

二、实验方法

1. 标本采集

（1）慢性前列腺炎患者：按摩后取其前列腺液。

（2）沙眼患者：眼结膜棉拭子或眼结膜刮片。

（3）宫颈刮片或尿道拭子：请医院临床专科医生以无菌手套采集，立即涂片送检。

（4）患者血清：无菌采集 3～5 mL 血液，分离血清待用。

2. 检验程序

检验程序见图 3-5-1。

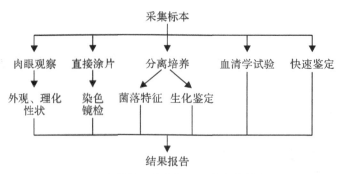

图 3-5-1 支原体、衣原体、立克次体的检验程序

3. 检验方法

(1) 支原体：取前列腺液标本，接种于解脲脲原体液体培养基中，置 5%～10% CO_2 环境中，35 ℃培养 1～2 天，当培养基的颜色变为粉红色时，取 0.2 mL 液体菌液转种于固体培养基，待固体培养基颜色改变后，低倍镜或放大镜下观察支原体菌落。

(2) 衣原体：刮取的眼结膜标本、宫颈细胞或尿道拭子涂片，进行 Giemsa 染色，油镜检查，注意观察包涵体。

(3) 立克次体：标本片于油镜下观察，不同种类的立克次体在细胞中的位置不同，可以此鉴别。

(4) 外-斐反应：取患者血清，按连续二倍稀释至一定稀释度。即取 3 排小试管（12×75 mm），每排 8～9 支，分别做好标记。在 1～8 支试管中分别加入 1∶10、1∶20……1∶1280 稀释的血清各 0.5 mL，第 9 支只加 0.5 mL 生理盐水作对照。

在第一排各管中加入 OX_{19} 诊断菌液，每管 0.5 mL；在第二排各管中加入 OX_K 诊断菌液，每管 0.5 mL；在第三排各管中加入 OX_2 诊断菌液，每管 0.5 mL，混匀，放入 35 ℃培养箱或水浴箱内，18～24 小时后观察结果。

4. 注意事项

(1) 支原体生长的最适 pH 为 7.8～8.0，低于 7.0 则死亡，而解脲脲原体最适 pH 为 6.0～6.5，含 5%～10% CO_2 生长良好。

(2) 外-斐反应中，变形杆菌的诊断菌液，根据检查的立克次体进行选择，稀释度可以根据具体情况进行调整。

(3) 无菌操作，注意生物安全。

【结果判断】

1. 支原体

支原体大小为 0.2～0.3 μm，很少超过 1.0 μm，形态多样，多为球形，亦可呈球杆状或丝状。在 Hayflick（含 1.4% 琼脂）固体培养基上孵育后，可出现典型的"荷包蛋样"或"油煎蛋样"菌落。

2. 衣原体

由原体和网状体在上皮细细胞质内形成包涵体，很致密，以 Giemsa 染色具有特殊的染色性状，不同的发育阶段包涵体其染色性有所不同。成熟的原体 Giemsa 染色为紫红色，与蓝色的宿主细胞质呈鲜明对比。始体被染后呈蓝色，可以看到散在、帽形、桑椹形等包涵体形态。

3. 立克次体

（1）形态特点：镜下有完整的或破碎的细胞，胞核染成紫红色，胞质染成浅蓝色，在细胞质或细胞核周围呈红色（Gimenza 染色）或紫色（Giemsa 染色）的多形态（多为球杆状），大小为$(0.3\sim0.6)\mu m\times(0.8\sim2.0)\mu m$。普氏立克次体散在于胞质中，恙虫病立克次体多在细胞质靠近细胞核处成堆排列，而莫氏立克次体则在细胞质或细胞核内均可发现。

（2）外-斐反应：以 50% （2+）凝集的最高稀释度为终点报告检测效价。如果超过最后一管则报告>1：2560，达不到第一管则报告<1：20。当效价超过当地平均水平（一般 1：160）或两次检测相差 4 倍或 4 倍以上才具有诊断意义。外-斐反应只能协助诊断，不是特异性方法，诊断还应结合临床资料做综合分析。

【临床意义】

（1）衣原体是沙眼的病原体；支原体、衣原体还可以引起肺炎、泌尿生殖道等部位的感染，是性传播疾病（STD）的重要病原体。在泌尿生殖道感染中，由支原体、衣原体引起的感染呈上升趋势，应引起重视。

（2）立克次体是一种经节肢动物传播的自然疫源性疾病——地方性斑疹伤寒、流行性斑疹伤寒、恙虫病等的病原体。检验时需对医学节肢动物（蜱、恙螨、虱、蚤等）标本进行观察，对病原诊断有所帮助。

【结果记录、报告和思考】

实验六　细菌的数字编码鉴定和自动化检测技术

数字编码鉴定法

【目的和要求】

（1）掌握数字编码鉴定技术的原理和结果判断。

（2）熟悉细菌数字编码技术操作和临床意义。

【试剂与器材】

（1）菌种：大肠埃希氏菌。

（2）培养基：肠杆菌科细菌微量培养板或微量培养管。

（3）试剂：靛基质试剂、苯丙氨酸脱氨酶试剂、VP 试验试剂、硝酸盐还原试剂、氧化酶试剂、8.5 g/L NaCl 溶液等。

（4）其他器材：麦氏比浊管、数字编码鉴定系统编码本或电脑分析系统。

【实验内容】

一、实验原理

细菌的数字编码鉴定法是通过数学的编码技术将细菌的生化反应模式转换成数学模式，给每种细菌的反应模式赋予一组数码，建立数据库或编成检索本。实验时，将各种生化反应培养基微量化，组成系列试剂，通过对未知菌进行有关生化试验并将生化反应结果转换成数字（编码），查阅检索本或数据库，找出与该号码相对应的细菌名称，做出鉴定。

二、实验方法

1. 标本采集

按常规方法采集标本。

2. 检验程序

细菌的分离与纯化—选择合适的微量鉴定系统—制备 0.5 麦氏比浊度的细菌悬液—细菌的接种和培养—结果判断和观察。

3. 检验方法

（1）微量鉴定系统的选择：将分离培养的菌落涂片、革兰氏染色、镜检，并进行氧化酶试验（本例结果为革兰氏阴性杆菌，氧化酶试验阴性）。利用上述对被测菌的初步鉴定结果，选择合适的微量鉴定系统。

（2）制备细菌悬液：挑取平板上的单个菌落混悬于 1 mL 无菌的生理盐水中，使菌液浓度达 0.5 麦氏比浊度（约相当于 1.5 亿/mL 细菌数）。

（3）细菌的接种和培养：将上述菌悬液接种于微量孔或微量管内（氨基酸脱羧

酶试验需在菌悬液上加无菌石蜡油），于 35 ℃培养 18～24 小时。

（4）结果观察：观察方法有三种，①自发反应可用肉眼观察颜色变化或培养液是否混浊（生长试验）；②有些试验需添加试剂后方可出现颜色变化；③有些试验需在紫外灯下观察荧光。观察后判断＋或－。

三、注意事项

（1）不同微量鉴定系统对细菌浓度悬液的要求不同，应按所使用的鉴定系统要求调整菌液浓度。

（2）有些试验需要加试剂后才可以观察到结果，操作时注意鉴定系统的操作说明。

（3）菌液接种于试验孔中，必须避免气泡产生。

【结果判断】

根据生化反应结果进行编码，微量生化反应鉴定系统中，依次每 3 个试验孔（管）为一组，每组三项试验依次均有 "4、2、1"（或 "1、2、4"）数值，即每组第一个试验阳性为 4 分（或 1 分）；第二个试验阳性为 2 分；第三个试验阳性为 1 分（或 4 分）；阴性一律不算分。根据生化反应结果，将每一组中生化反应阳性的数值相加，得到一个不大于 7 的数值，这些数值依次排列组成编码（如图 3－6－1 所示，编码可为 3 位数、5 位数或 7 位数，依所使用的鉴定系统来源不同而不同），检索编码册或输入电脑，该编码所对应的细菌名称即为鉴定结果。

试验	VP	硝酸盐还原试验	苯丙氨酸脱氨酶	硫化氢	吲哚	鸟氨酸	赖氨酸	丙二酸盐	尿酸	七叶苷	ONPG	阿拉伯糖	侧金盏花醇	肌醇	山梨醇
数值	4	2	1	4	2	1	4	2	1	4	2	1	4	2	1
结果	－	＋	－	－	＋	＋	＋	－	－	－	＋	＋	＋	－	－
编码		2			3			4			3			4	

图 3－6－1　大肠埃希氏菌微量数字编码鉴定系统

【结果记录、报告和思考】

自动化检测技术

【目的和要求】

(1) 熟悉细菌自动化检测系统的工作原理。

(2) 了解 ATB Expression 细菌分析仪的操作步骤。

【试剂与器材】

(1) 菌种：表皮葡萄球菌。

(2) 培养基及试剂：ID 32 STAPH 葡萄球菌鉴定板、生理盐水、无菌石蜡油。

(3) 仪器：ATB Expression 细菌分析仪。

【实验内容】

一、标本采集

按常规方法采集标本。

二、检验程序

配制菌液—将菌液加入鉴定板—细菌培养—上机分析与报告。

三、检验方法

(1) 菌液配制：从血平板或其他培养基上挑取单个菌落配成 0.5 麦氏单位的菌液。

(2) ID 32 STAPH 葡萄球菌鉴定板的准备：取 ID 32 STAPH 葡萄球菌鉴定板，每孔加菌液 55 μL，在 URE、ADH、ODC 孔内加入无菌石蜡油各两滴，盖上测定试条的盖子。

(3) 细菌的培养：将 ID 32 STAPH 葡萄球菌鉴定板在 35～37 ℃培养 24 小时。

(4) 上机分析与报告：将培养后的 ID 32 STAPH 葡萄球菌鉴定板在 ATB Expression细菌分析仪上进行分析。

【临床意义】

细菌的自动化检测技术可快速准确地对临床数百种常见分离菌进行自动分析鉴定和药敏试验，具有传统细菌鉴定方法无法比拟的优势。但自动化检测技术也有一定的局限性：①自动化鉴定系统是根据数据库中所提供的背景资料鉴定细菌，数据库资料的不完整将直接影响鉴定的准确性。目前为止，尚无一个鉴定系统能包括所有的细菌鉴定资料。对细菌的分类是根据传统的分类方法，因此鉴定也以传统的手工鉴定方法为"金标准"。②细菌的分类系统随着人们对细菌本质认识的加深而不断演变，使用自动化鉴定仪的实验室应经常与生产厂家联系，及时更新数据库。③通过自动化鉴定仪得出的结果，必须与其他已获得的生物性状（如标本来源、菌落特征及其他的生理生化特征）进行核对，以避免出现错误的鉴定。

【结果记录、报告和思考】

实验七　病原菌的分子生物学检测和其他检测技术

【目的和要求】

（1）熟悉病原菌的分子生物学检验方法。

（2）掌握聚合酶链式反应（PCR）的原理，认识其操作过程。

（3）了解其他检测技术对病原菌检测的意义。

【试剂与器材】

（1）试剂：生理盐水、40 g/L NaOH 溶液。

（2）其他器材：样本 DNA、微量加样器、PCR 检测仪（各种类型）、PCR 检测试剂盒（可根据具体情况选购）、高速离心机、标记笔、离心机、水浴箱等。

【实验内容】

一、病原菌的分子生物学检测技术简介

病原菌分子生物学检测是通过非培养技术对病原体进行鉴别和鉴定。主要对病原体的核酸（DNA 或/和 RNA）、基因信息进行检测，即通过对被检材料特定的基因或基因转录产物的检测来对病原体进行鉴定。

1. 分离、纯化核酸（DNA 或/和 RNA）的常用方法

（1）细胞裂解：核酸必须从细胞或其他生物物质中释放出来。细胞裂解可通过机械作用、化学作用、酶作用等方法实现。

（2）酶处理：在核酸提取过程中，可通过加入适当的酶使不需要的物质降解，以利于核酸的分离与纯化。如在裂解液中加入蛋白酶（蛋白酶 K 或链霉蛋白酶）可以降解蛋白质、灭活核酸酶（DNase 和 RNase），DNase 和 RNase 也用于去除不需要的核酸。

（3）分离纯化：核酸的高电荷磷酸骨架使其比蛋白质、多糖、脂肪等其他生物大分子物质更具亲水性，根据它们理化性质的差异，用选择性沉淀、层析、密度梯度离心等方法可将核酸分离、纯化。

其中，凝胶电泳技术是分离、鉴定和纯化 DNA 片段最常用的方法，具有所需设备低廉、操作简便、快速等优点。主要有琼脂糖凝胶电泳法、脉冲电场凝胶电泳法和聚丙烯酰胺凝胶电泳法，应用最广的当属聚丙烯酰胺凝胶电泳法，其优点有①分辨力高（相关 1 bp 的 DNA 分子可以分开）；②加样量大（最多 10 μg，也不影响分辨力）；③抽提纯度高（回收的 DNA 或用于要求最高的实验）。

2. 核酸（DNA 或/和 RNA）分析常用技术

（1）以核酸分子杂交为主，以及与限制性内切酶分析相结合建立的 Southern 印迹杂交、Northern 印迹杂交、点杂交、液相杂交、原位杂交等；可用放射性核素

标记（具有特异性强、敏感性高特点），也可用非放射性标记物，如地高辛、生物素等（无放射性污染、操作简便，但特异性、敏感性稍低）。

（2）利用体外酶促反应，模拟核酸复制的原理进行核酸扩增，而开发的基因检测技术（如 PCR），以及在此基础上研发的相关技术：如转录介导扩增试验（TMA）、依赖核酸序列的扩增（NASBA）、连接酶链式反应（LCR）、链替代扩增（SDA）、滚动循环扩增技术（RCAT）、分支链 DNA 信号扩增（bDNA）等。但国内还是 PCR 应用最多。

二、实验原理

1. PCR

PCR 的基本过程由"变性—退火—延伸"三个基本反应步骤构成。①模板 DNA 变性：模板或经 PCR 扩增形成的 DNA 经加热至 94 ℃左右一定时间后，双链之间氢键断裂，双股螺旋解链，变成两条单链，以便它与引物结合，为下轮反应做准备。②模板 DNA 与引物的退火（复性）：DNA 加热变性成单链后，当温度降至一定程度（55 ℃左右）时，引物即与模板 DNA 单链的互补序列配对结合。③引物的延伸：在 Taq DNA 聚合酶的作用下，DNA 模板上的引物以 dNTP 为原料，按 A－T、C－G 碱基配对与半保留复制原则，合成一条新的与模板 DNA 链互补的链。重复上述"变性—退火—延伸"的循环过程，每一循环获得的"半保留复制链"都可成为下次循环的模板。

2. 其他方法

通过非培养检查（核酸、基因成分或编码产物检测），根据各种病原体的核酸（如 G＋C 含量等）确定细菌等病原体的种类，可直接购买试剂盒按说明书进行检测。

三、实验方法（以实时荧光结核检测为例）

1. 标本采集

可以取痰液、活检组织、分枝杆菌的培养物、脑脊液、尿液、粪便等，但最多是痰液标本。

用一次性痰液收集器采集，最好留取早晨第一口痰液。痰液收集后应尽快送检。在痰液标本中加入两倍体积 40 g/L NaOH 溶液，吹打均匀后室温放置 60 分钟使之液化。

2. 检验程序

检验程序见图 3－7－1。

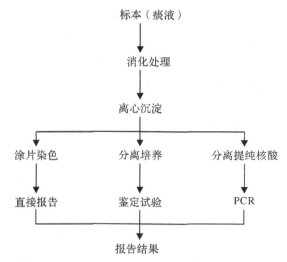

图 3-7-1　病原微生物检验程序

3. 检验方法

痰液的标本处理（试剂盒中的阳性对照、阴性对照可以不用处理）：各取 1 mL 液化后的痰液（冻存样本使用前在室温溶解，旋涡振荡 10 秒），15 000 rpm 离心 10 分钟，吸弃上清，保留沉淀，在沉淀中加 1 mL 生理盐水，旋涡振荡 10 秒，15 000 rpm 离心 10 分钟，吸弃上清，保留沉淀；再在沉淀中加 1 mL 生理盐水，旋涡振荡 10 秒，15 000 rpm 离心 10 分钟，吸弃上清，保留沉淀；在沉淀中加入 30 μL TB 核酸提取液，旋涡振荡 10 秒后 100 ℃沸水浴 10 分钟，15 000 rpm 离心 10 分钟，取上清液 2 μL 进行 PCR 扩增。

PCR 扩增（循环参数）：荧光仪的程序设置先在 37 ℃反应 2 分钟，然后 94 ℃保温 5 分钟，再按 94 ℃ 30 秒与 60 ℃ 60 秒循环 40 次。

4. 注意事项

（1）Taq DNA 聚合酶在使用时，要注意在冰上操作，并且可以将大包装分装成独立的小包装，减少污染机会。

（2）PCR 反应极其灵敏，痕量的 DNA 污染也可能会造成非特异性扩增，所以避免外部 DNA 污染是很重要的。

（3）PCR 反应中，DNA 扩增片段的增加随着循环次数的增加会出现停滞效应，即平台期，30 个左右的循环即可达到平台期，超过平台期的循环次数会引起非特异性扩增。

（4）无菌操作，注意生物安全。

【结果判断】

（1）Ct<16 的强阳性标本，报告为 TB DNA>10^{10} 拷贝/mL。

（2）16<Ct<38 的标本，按参比曲线计算浓度报告。

（3）当 Ct=40 或 0 时，报告为阴性。

【临床意义】

（1）应用 PCR 技术检测致病性细菌、病毒、支原体、衣原体、立克次体、螺旋体等病原体。比如可用于结核菌感染（如肺结核、结核菌性菌血症、结核性脑膜炎等）或病毒性感染的快速诊断，比传统检验（培养鉴定）节省时间。也可用于治疗（抗结核、抗病毒等）的疗效监测。

（2）PCR 还在检查寄生虫、在骨髓移植、法医学、优生学中也已经得到广泛的应用。

【结果记录、报告和思考】

利用分子生物学检验病原体能否完全取代传统检验方法（尤其是细菌性感染）？为什么？

扫码进入虚拟仿真模块

实验八 病原性真菌检验

【目的和要求】

（1）掌握皮肤丝状菌的检查方法。

（2）熟悉病原性真菌的分离培养方法及菌落特征。

（3）掌握白色念珠菌的鉴定方法。

（4）熟悉常见病原性真菌的形态特点。

【试剂与器材】

（1）标本：白色念珠菌（菌种）、皮肤丝状菌（病发、皮屑等）、新生隐球菌（脑脊液、尿液、痰液等）。

（2）培养基：沙氏葡萄糖琼脂平板、血平板、玉米粉吐温-80培养基（RFAT）。

（3）试剂：100 g/L KOH溶液、生理盐水、小牛血清、同化糖试剂等；革兰氏染色液、乳酸酚棉蓝染色液、印度（或优质）墨汁。

（4）器材：光学显微镜、清洁载玻片、盖玻片、接种环（针）、试管、染色夹、染色缸、酒精灯、火柴等。

【实验内容】

1. 标本采集

表皮癣菌：取患者毛发、皮屑、甲屑，将其剪碎；白色念珠菌：可取霉菌性阴道炎患者的白带或尿道分泌物标本；隐球菌：脑脊液由临床专科医师采集；尿液、痰液标本可由患者自己送检，离心沉淀取沉淀物检查。

2. 检验程序

检验程序见图3-8-1。

图3-8-1 病原性真菌检验程序

3. 检验方法

（1）浅部感染真菌。

取剪碎的病发或皮屑，置于清洁的玻片上，滴加100 g/L KOH溶液数滴，用酒精灯微微加温，至毛发或皮屑透明，再加一盖玻片（注意不可产生气泡），用镊子轻轻压实，置于低倍镜下找到菌丝或孢子，再换用高倍镜观察，根据菌丝及孢子形态初步确定真菌的种属。

如果标本不好观察，可在透明后沿盖玻片四周滴加下列其中一种染色液（如乳酸酚棉蓝染液、结晶紫液、复红液、亚甲蓝液）效果会更好。

（2）白色念珠菌。

1）直接观察：可取霉菌性阴道炎的白带标本，一部分标本直接涂片后用乳酸酚棉蓝染色液染色后观察。

2）培养鉴定：另外部分标本可用酒精或含青霉素的液体处理，再用无菌生理盐水冲洗后，接种于沙氏葡萄糖琼脂平板、血平板和玉米粉吐温－80 培养基（RFAT）置于 25 ℃培养 24～72 小时。

将玉米粉吐温-80 培养基上的菌落与培养基一同切下置于载玻片上，盖上盖玻片压平，置显微镜低倍镜或高倍镜下观察。可见较多壁厚、圆形的厚膜孢子，多位于假菌丝的顶端，称为厚膜孢子形成试验。

3）芽管形成试验：在无菌小试管中加入人或动物（兔、牛、羊）血清 0.25～0.5 mL，接种少量（菌量 10^6/mL）被检菌，充分振摇，混合数分钟后，置于 35 ℃孵育 1～3 小时（不超过 4 小时）。每隔 1 小时挑取 1 环含菌血清于清洁载玻片上，加盖玻片后镜检，连续检查 3 次。若在菌体上长出芽管，则芽管形成试验为阳性；否则为阴性。

4）糖同化试验：融化 20 mL 糖同化试验培养基冷至 48 ℃，将培养 24～72 小时被鉴定（白色）念珠菌株，混悬于 4 mL 无菌盐水中，调整浊度相当于 McFarland 4 号管，全部菌液加入培养基中，混匀倾注成平板，凝固后，将含各种碳水化合物纸片贴在平板表面，25～30 ℃孵育 10～24 小时，检查被检菌在纸片周围生长与否，如能围绕含糖纸片生长者，即为该糖同化阳性。如观察不清楚，可继续孵育 24 小时。

也可用同化试验生长图谱法（Auxanographic method）或商品试验卡进行检查。

（3）新型隐球菌：墨汁负染色。

取脑脊液、尿液标本离心沉淀物（1～2 滴)涂片，加优质墨汁或印度墨汁 1 滴，加盖玻片静置 3～5 分钟，先在低倍镜，再换高倍镜下观察（如果太浓加点生理盐水），黑色背景里看到周围绕以透光厚荚膜圈的圆形孢子，宽度与菌体直径相当，有时可看到芽生孢子（图 3－8－2）。

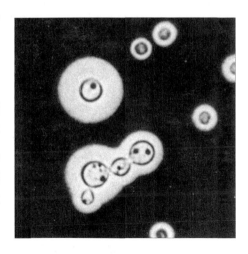

图 3－8－2 新型隐球菌（墨汁负染色）

4. 注意事项

（1）真菌标本直接镜检时，加盖玻片一定不能产生气泡，否则会误认为是孢子。皮屑组织较大或较厚，可用 200 g/L KOH 消化、透明。一次检查未检出菌丝或孢子，不能排出真菌感染的可能，对表皮癣菌菌种的鉴定，必须加做培养、生化反应和血清学试验（必要时），并综合临床资料具体分析。

（2）白色念珠菌鉴定中，还应该加做糖发酵试验，必要时用血清学试验加以区分。分离鉴定中温度一定要掌握好，不同的念珠菌生长温度不同。加做氯化三苯四氮唑（TTC）试验，白色念珠菌不使培养基变色或仅呈淡红色，而其他念珠菌或酵母可使培养基变为红色。

（3）隐球菌经过培养后，荚膜会减小或消失，必须再转种于小鼠体内（如脑），待发病后用脑脊液涂片才可观察到宽大荚膜。

（4）无菌操作，注意生物安全。

【鉴定依据】

1. 浅部感染真菌

镜下找到菌丝或孢子（细胞内或发内者临床价值更大）即可报告检出真菌菌丝或/和孢子。

2. 白色念珠菌

①镜下形态特点：镜下可以看到圆形或椭圆形的孢子（直径 $3\sim6\ \mu m$）或假菌丝。②菌落特点：在沙保琼脂上，24 小时可见菌落，菌落呈奶油色、光滑；在血平板上，35 ℃，48 小时有灰白色、瓷白色菌落；在玉米粉吐温-80 培养基上，72 小时内可见丰富的假菌丝，绝大部分菌株可在菌丝顶端有典型的单个、最多不超过两个厚膜孢子。在 30 ℃以上，不产生厚膜孢子，此点是与都柏林念珠菌重要的鉴别。③芽管形成试验：绝大部分白色念珠菌可产生典型手镜状芽管，其形态是萌出芽管的孢子呈圆形，芽管较细，为孢子直径的 1/3～1/2，其萌发连接点不收缩（称为箭状）。孵育时间不得超过 3 小时，不然其他产假菌丝的酵母也将发芽与芽管相混淆。④生化特性：能同化葡萄糖、麦芽糖、蔗糖（少数例外）、半乳糖、木糖、海藻糖，不能利用硝酸盐，尿素酶阴性。

3. 新型隐球菌

新型隐球菌的特征如下：①圆形或卵圆形的孢子，孢壁厚，边缘清晰，微调观察有双圈；②孢子周围有透亮的厚荚膜，孢子与荚膜之间的界限和荚膜的外缘都非常整齐、清楚；③孢子内有反光颗粒；④有的孢子生芽，芽颈甚细；⑤加 KOH 液后，菌体不破坏。

【临床意义】

（1）表皮癣菌种类较多，常常引起各种癣病，如发癣、甲癣、体癣、股癣等。

（2）白色念珠菌是临床上常见致病性真菌，占念珠菌感染的 $50\%\sim60\%$。皮肤黏膜附近感染的标本中经常可以检出。尤其是免疫力低下的患者，如应用皮质激素、肿瘤放射治疗、艾滋病、糖尿病、长期应用抗生素患者，更应该注意。

（3）新型隐球菌是一类深部感染真菌，与鸽子接触较多者易感染，主要经过呼吸道传染，播散至全身各处，损害以中枢神经系统为甚（脑膜炎）。该菌亦为条件致病性真菌（致病条件同白色念珠菌）。

【结果记录、报告和思考】

实验九　病毒的培养和形态学检查

【目的和要求】

（1）掌握四种常用的鸡胚接种途径。

（2）掌握细胞培养瓶上病毒的生长现象。

（3）掌握病毒包涵体的辨认。

【试剂与器材】

（1）材料：来亨鸡受精卵、组织细胞培养病毒标本、狂犬病毒包涵体示教片。

（2）接种材料：流感患者的含漱液 3000 r/min 离心 10 分钟，取上清液加入青霉素及链霉素。

（3）其他器材：照卵灯、碘酒、酒精棉球、镊子、注射器、石蜡、毛细吸管、无菌生理盐水等。

【实验内容】

一、实验原理

所有的病毒都是严格细胞内寄生的病原体，它们不能在无生命培养基中生长。因此病毒的分离培养须在动物体或活细胞内进行，通常采用动物接种法、鸡胚接种法、组织培养法。病毒在动物、鸡胚或细胞培养中的增殖情况，可通过观察细胞病变或其他方法检测鉴定。

二、实验方法

1. 鸡胚培养法

（1）鸡胚的准备：选择表面光泽干净、白色蛋壳（来亨鸡）的受精卵，置 38～39 ℃孵卵器内孵育，相对湿度 40%～70%，每日翻动鸡胚 1 次。第 4 天起，用照卵灯观察鸡胚发育情况，淘汰未受精卵。随后每天观察 1 次，随时淘汰濒死或已死亡的鸡胚。生长良好的鸡胚一直孵育到适当的胚龄。

（2）鸡胚接种。

步骤：照卵—标位—磨卵—消毒—接种—封口（图 3-9-1）。

接种方法有以下几种：

1）卵黄囊接种法（图 3-9-2）。

2）绒毛尿囊膜接种法（图 3-9-3）。

3）尿囊腔接种法（图 3-9-4）。

4）羊膜腔接种法（图 3-9-5）。

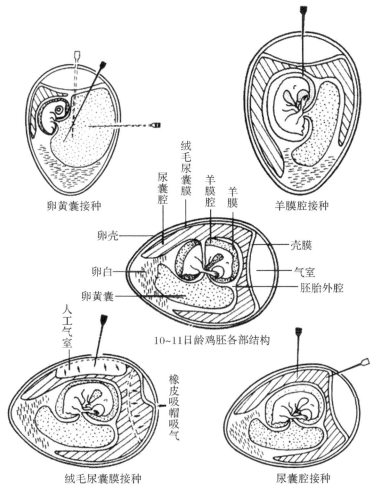

卵黄囊接种

绒毛尿囊膜
尿囊腔
羊膜腔
羊膜

羊膜腔接种

卵壳
卵白
卵黄囊

壳膜
气室
胚胎外腔

10～11日龄鸡胚各部结构

人工气室

橡皮吸帽吸气

绒毛尿囊膜接种

尿囊腔接种

图 3 - 9 - 1　鸡胚接种法

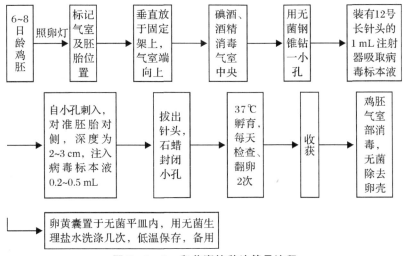

| 6～8日龄鸡胚 | 照卵灯 | 标记气室及胚胎位置 | 垂直放于固定架上，气室端向上 | 碘酒、酒精消毒气室中央 | 用无菌钢锥钻一小孔 | 装有12号长针头的1 mL注射器吸取病毒标本液 |

自小孔刺入，对准胚胎对侧，深度为2～3 cm，注入病毒标本液0.2～0.5 mL → 拔出针头，石蜡封闭小孔 → 37℃孵育，每天检查、翻卵2次 → 收获 → 鸡胚气室部消毒，无菌除去卵壳

卵黄囊置于无菌平皿内，用无菌生理盐水洗涤几次，低温保存，备用

图 3 - 9 - 2　卵黄囊接种法简易流程

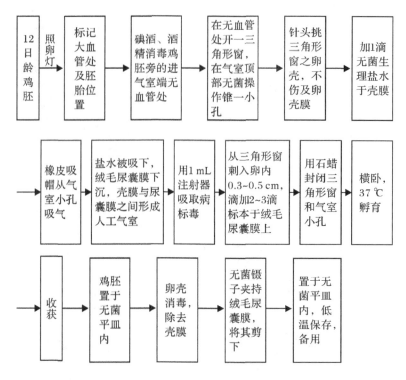

图 3 - 9 - 3 绒毛尿囊膜接种法

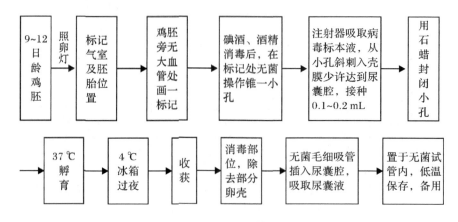

图 3 - 9 - 4 尿囊腔接种法

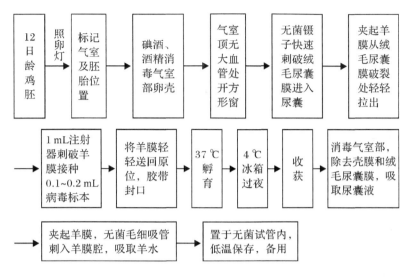

图 3 - 9 - 5 羊膜腔接种法

（3）注意事项。

1）鸡胚常用来亨鸡蛋，其特点是壳白而薄，易于观察卵内情况。若无来亨鸡蛋，一般鸡蛋也可。鸡蛋应新鲜（不超过15天，以10天内为佳），保存于5～10℃中备用。

2）用鸡胚培养病毒时，接种材料也可用生理盐水或亚甲蓝液练习接种，后者有颜色，可随后剖检证实接种部位是否准确。

3）绒毛尿囊膜接种法：病毒标本液接种后，将鸡胚横卧孵育时，不能翻动，以免人工气室移动。

4）羊膜腔接种法：病毒标本液接种后，将鸡胚进行直立孵育，不能翻动。

5）在收获尿囊液和羊水前，先将鸡胚放入4℃冰箱过夜，使血液凝固，以免由于操作不慎导致血管破裂，病毒吸附于红细胞上。

2. 组织细胞培养法

培养病毒常用的细胞有人胚细胞（如肾、肺、肌肉、皮肤、肝细胞等）、人羊膜细胞、动物胚细胞（鸡胚、猴肾、兔睾丸等）、传代细胞（多为癌细胞，如 Hela——人宫颈癌细胞，KB——口腔癌细胞等）。

（1）培养鉴定的一般程序：培养离体的组织或活细胞（细胞培养常用可置于显微镜下观察的柯氏瓶培养）—培养后检查，证实有病毒生长—血清学鉴定（如中和试验、补体结合试验、免疫荧光法、免疫酶法等）以确诊。

（2）培养后的检查：常见的方法有以下几种。

1）镜检：把培养瓶置于普通显微镜低倍镜或倒置显微镜下观察细胞的病变。

2）血凝试验：于培养液中加入红细胞，观察红细胞的凝集现象。

3) 空斑形成试验：用单层细胞接种病毒后盖上一层营养琼脂将病毒局限，培养后镜检。

3. 狂犬病毒包涵体的观察

取狂犬病毒感染的脑组织切片或压印片，经固定后用苏木素-伊红染色，用显微镜油镜观察。

【结果判断】

1. 鸡胚培养法

（1）鸡胚的观察：用照卵灯观察鸡胚发育情况时，受精卵可看出清晰的血管和鸡胚的暗影，随着鸡胚的转动，可见胚影活动。若出现胚动呆滞、胚影固定于卵壳或血管昏暗模糊者，表明鸡胚濒死或已死亡。

（2）鸡胚接种后的收获：接种后的鸡胚，每天从温箱取出经照卵灯检查，一般在接种后 1～2 天内死亡者，属非特异性死亡，应弃去，以后死亡者可能为感染病毒所致。根据病毒种类、接种途径和所需培养天数，进行收获。

2. 组织细胞培养法

（1）镜检：可观察到以下细胞病变。

细胞圆缩：可见于脊髓灰质炎病毒（猴肾细胞）。

细胞溶解：可见于疱疹病毒（人肾细胞）。

细胞肿胀变圆且细胞核增大：可见于巨细胞病毒（人纤维细胞）。

细胞葡萄状团聚：可见于腺病毒。

细胞融合成多核巨细胞：可见于麻疹病毒。

（2）血凝试验：有血凝素的病毒感染了培养细胞，此试验可呈阳性（如流感病毒）。

（3）空斑形成试验：病毒增殖可引起培养细胞破坏而形成坏死区即空斑（也称噬斑）。培养后镜检可见到空斑。

3. 狂犬病毒包涵体的观察

可在神经细胞的细胞质内找到染成红色的圆形或卵圆形包涵体。

【临床意义】

病毒缺乏完整的酶系统，无细胞器，不能独立进行代谢活动，故不能在无生命的培养基内生长繁殖，而只能寄生于活细胞内。分离培养病毒的方法除了动物培养、鸡胚培养外，还有组织细胞培养。组织细胞培养因可生长的病毒多，实验结果迅速、准确，并且节约经费，故是培养病毒常用的方法。病毒增殖可引起培养细胞破坏而形成空斑，一个空斑由一个病毒颗粒感染细胞形成，其出现不仅证明有病毒增殖，还可获得病毒纯种（类似菌落）、测定活病毒数量、选育变异株，是获得活疫苗病毒株的重要方法。

【结果记录、报告和思考】

（1）是否任何病毒都能用鸡胚培养？培养病毒的三种方法各有何优缺点？

（2）如何判断病毒是否在鸡胚或细胞内生长？

实验十　病毒的血凝试验与血凝抑制试验

【目的和要求】

掌握病毒血凝试验和血凝抑制试验的操作方法及结果判断。

【试剂与器材】

（1）病毒液：流感病毒鸡胚培养的尿囊液及羊水，3000 r/min 离心 15 分钟，取上清液。

（2）鸡红细胞悬液：用生理盐水洗涤 3 次后配成 0.5% 的浓度。

（3）其他器材：生理盐水、流感患者血清或流感病毒免疫血清、塑料反应板、试管架、试管、吸管等。

【实验内容】

一、实验原理

1. 血凝试验

某些病毒（如流感病毒）表面有血凝素（HA），能与某些物种（如鸡、豚鼠、O 型血人）体内红细胞上的血凝素受体结合，使红细胞出现凝集现象。

2. 血凝抑制试验

在病毒悬液中加入血清后，抗病毒血凝素的抗体与病毒血凝素结合，使病毒不能凝集红细胞，即为血凝抑制。

二、实验方法

1. 血凝试验

按表 3-10-1 加各种反应物—混合摇匀—室温放置 45 分钟—观察结果。

表 3-10-1　流感病毒血凝试验

试管号	1	2	3	4	5	6	7	8	9
生理盐水（mL）	0.9	0.25	0.25	0.25	0.25	0.25	0.25	0.25	0.25
流感病毒液（mL）	0.1	0.25	0.25	0.25	0.25	0.25	0.25	0.25（弃0.25）	
病毒稀释度	1∶10	1∶20	1∶40	1∶80	1∶160	1∶320	1∶640	1∶1280	
0.5%鸡红细胞悬液（mL）								各管 0.25	

（弃 0.25）

2. 血凝抑制试验

按表 3-10-2 加各种反应物—混合摇匀—室温放置 30 分钟、45 分钟各观察 1 次结果。

表 3 - 10 - 2 血凝抑制试验

试管号	1	2	3	4	5	6	7	8	9 病毒对照	10 血清对照
生理盐水（mL）	0.25	0.25	0.25	0.25	0.25	0.25	0.25	0.25	0.25	0.25
血清（mL）	0.25	0.25	0.25	0.25	0.25	0.25	0.25	0.25		0.25
			(1：5 稀释)					(弃 0.25)		(1：5 稀释)
血清稀释度	1：10	1：20	1：40	1：80	1：160	1：320	1：640	1：1280		
4 个血凝单位病毒液（mL）	0.25	0.25	0.25	0.25	0.25	0.25	0.25	0.25		
0.5％鸡红细胞悬液（mL）						各管 0.25				

【结果判断】

1. 血凝试验

结果判断如表 3 - 10 - 3。

表 3 - 10 - 3 血凝试验结果判断标准

管中所见	结果
一层血细胞均匀铺于管底，即 100％血细胞凝集	＋＋＋＋
血细胞虽铺于管底，但边缘不整，有下沉趋向，75％以上血细胞凝集	＋＋＋
血细胞于管底呈一环状，四周有小凝集块，50％以上血细胞凝集	＋＋
血细胞于管底呈一小团，边缘不光滑，周围有小凝集块，25％以上血细胞凝集	＋
血细胞于管底呈一小圆点，边缘光滑整齐，血细胞无凝集现象	－

注：以"＋＋"的病毒液最高稀释度作为血凝效价（滴度）报告。

2. 血凝抑制试验

观察结果时，以 45 分钟的结果为准，如果红细胞下滑，参考 30 分钟的结果。血凝抑制试验的判断标准与血凝试验相同，但本试验是以红细胞完全不凝集即"－"的血清最高稀释度作为血凝抑制效价（滴度）报告。

【注意事项】

1. 血凝试验

（1）观察结果时要轻拿，勿摇。

（2）温度应低于 30 ℃。若温度过高，达到 35～37 ℃时，流感病毒表面的神经氨酸酶可破坏红细胞上的血凝素受体，使病毒解离下来，已凝集的红细胞复散开而误为阴性。

（3）温度越低需时间越长，一般以对照组红细胞下滑完全时为准。若时间过长才观察结果，情况同温度在 37 ℃时一样，红细胞复离散。

（4）红细胞对照若凝集，说明试验用的红细胞自凝，应换另外的红细胞。

2. 血凝抑制试验

（1）观察结果时，以 45 分钟的结果为准，但如果红细胞下滑，参考 30 分钟的结果。

（2）为去除血清中的非特异性凝集物及非特异性抑制物对试验结果的影响，血清可进行如下处理：①对非特异性抑制物可用胰蛋白酶、白陶土、过碘酸钾、霍乱弧菌滤液等方法处理；②对非特异性凝集物可用洗涤过的浓鸡红细胞将其吸附掉。

【临床意义】

1. 血凝试验

血凝效价大于 1：10 判为阳性。说明待检液中有能凝集红细胞的病毒，为血凝抑制试验做准备。以血凝效价的稀释度作为 1 个血凝单位，做血凝抑制试验时需用 4 个血凝单位的病毒液。例如，血凝效价为 1：160 时，4 个血凝单位为 160/4＝40，即 1：40。因 4 个血凝单位的病毒液恰好出现＋＋＋＋，100％凝集。

2. 血凝抑制试验

试验中若用已知病毒的抗血清，可鉴定病毒型及亚型；若用已知病毒，则可测定患者血清中有无相应抗体。若后期（或恢复期）血清比早期（急性期）血清血凝抑制效价增高 4 倍或以上者，即有诊断价值。

【结果记录、报告和思考】

实验十一　病毒的免疫学检测和分子生物学检测技术

【目的和要求】

（1）掌握酶联免疫吸附试验（ELISA）原理、方法和结果判断。

（2）熟悉免疫荧光法原理、方法和结果判断。

（3）熟悉聚合酶链式反应（PCR）的原理、应用及结果判定。

（4）了解分子生物学诊断技术中常用核酸杂交技术，包括斑点杂交法（Dot blot）、Southern 印迹法（Southern blot）、Northern 印迹法（Northern blot）与原位分子杂交法（in situ hybridization，ISH）等。

【试剂与器材】

1. ELISA 法测定 HBsAg

（1）试剂：乙肝表面抗原酶标法试剂盒（商品试剂），一般包括：抗 HBs 包被的微孔反应板、酶标抗 HBs、洗涤液、底物液、终止液、HBsAg 阳性血清、HBsAg 阴性血清。

（2）其他：加样器、酶标检测仪、吸头等。

2. 免疫荧光法测定巨细胞病毒（CMV）pp65 抗原

（1）试剂：购买专用商品试剂盒。

（2）其他：荧光显微镜、湿盒等。

3. 快速 PCR 法检测 HBV DNA

（1）试剂：购买专用商品试剂盒。

HBV PCR①：HBV 裂解液。

HBV PCR②：PCR 反应混合液（冻干），含 PCR 缓冲液、dNTP、HBV PCR 引物，临用前加注射用水 90 μL 溶解与③混合。

HBV PCR③：Taq 聚合酶，临用前与②混合。

HBV PCR④：HBV DNA，阳性对照血清。

（2）6％聚丙烯酰胺凝胶：以配制 15 mL 为例，6％丙烯酰胺（丙烯酰胺：双丙烯酰胺 29：1，用 1×TAE 配制）15 mL；10％过硫酸铵（4 ℃冰箱保存 1～2 周）0.15 mL；TEMED 0.03 mL。将以上三种试剂混合后，轻摇 2～3 分钟（可防止胶内产生气泡）即可制备凝胶板。

（3）加样缓冲液：80％甲酰胺（V/V），0.1％溴酚蓝（W/V），用 50 mmol/L Tris（pH 8.0）、1 mmol/L EDTA 配制。

（4）其他：加样器、吸头、0.5 mL Eppendorf 超薄管、石蜡等。

【实验内容】

一、实验原理

1. ELISA 法测定 HBsAg

采用 ELISA 双抗体夹心法。将纯化的抗 HBs 包被固相载体，加入待测样品，若其中含有 HBsAg，则与载体上的抗 HBs 结合，再加入辣根过氧化物酶（HRP）标记的抗 HBs 抗体，加酶底物/色原显色。显色程度与 HBsAg 含量成正比。

2. 免疫荧光法测定巨细胞病毒（CMV）pp65 抗原

若待测标本（涂片或切片）中含有特异性抗原（或抗体）时，荧光素标记的抗体（或抗原）与之特异性结合。在荧光显微镜下，荧光素受紫外光或蓝紫光的照射激发而发出荧光。由此可鉴定抗原或抗体，以及抗原在细胞内或细胞表面的定位。本实验是将患者外周血多形核白细胞制成涂片，用抗 CMV pp65 单克隆抗体为一抗，异硫氰酸荧光素（FITC）标记的羊抗鼠 IgG 为二抗进行检测。

3. 快速 PCR 法检测 HBV DNA

PCR 的基本过程类似于 DNA 的天然复制，特异性依赖于与靶序列两端互补的寡核苷酸引物。整个过程由"变性—退火—延伸"三个基本反应步骤构成。重复"变性—退火—延伸"的循环过程，每一循环获得的产物又成为下次循环的模板，如此反复进行，DNA 的拷贝数呈几何级数增加。

二、实验方法

1. ELISA 法测定 HBsAg

（1）方法：具体操作因不同厂家的试剂而异。具体做法参照试剂盒说明书进行。一般操作步骤见图 3-11-1。

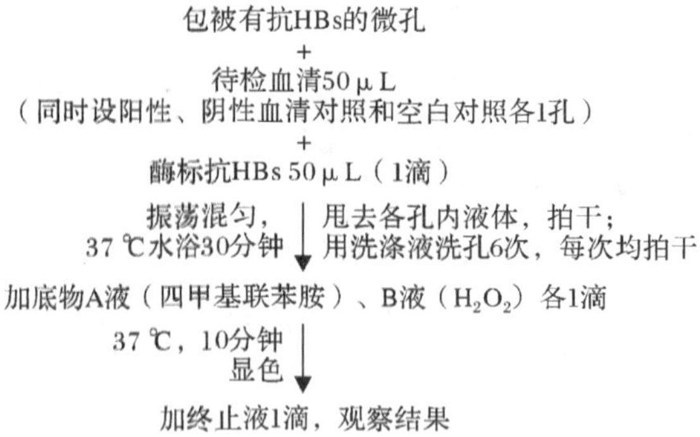

包被有抗HBs的微孔
\+
待检血清50μL
（同时设阳性、阴性血清对照和空白对照各1孔）
\+
酶标抗HBs 50μL（1滴）

振荡混匀，　　 甩去各孔内液体，拍干；
37℃水浴30分钟 ↓ 用洗涤液洗孔6次，每次均拍干

加底物A液（四甲基联苯胺）、B液（H_2O_2）各1滴

37℃，10分钟 ↓
显色

加终止液1滴，观察结果

图 3-11-1　ELISA 法测定 HBsAg 操作步骤

（2）注意事项。

1）具体操作有一步法（待检血清及酶标抗体同时加入到包被微孔一起反应后才洗涤）及二步法（加入待检血清与包被抗体反应后先洗涤再加入酶标抗体）。各步骤的时间及显色也因不同厂家的试剂而异。比如，以邻苯二胺为底物者最终显桔

黄色;以四甲基联苯胺为底物者则显蓝色。本试验介绍的是一步法的操作方法。

2)每次洗涤要尽量把孔内液体拍干或吸干,以防假阳性。

3)一步法简单快速,但有人提出此法对过高 HBsAg 不易检出。原因可能是若 HBsAg 浓度过高,酶标抗 HBs 被过量抗原饱和,不能与结合于包被抗 HBs 上的抗原结合而被洗去,导致假阴性(即前带现象)。克服的办法是使用二步法,先加待检抗原反应,洗净后再加酶标抗体。或者使用多孔性薄膜作为固相,能吸附大量的包被抗体,不致使待检抗原过剩而克服前带现象。

4)不同批号、不同厂家的试剂不能混用。试剂盒避光贮存于 2～8 ℃,使用时应恢复至室温。试剂盒应按含有传染性材料的生物危险品对待。

5)实验器材消毒:肝炎病毒对一般消毒剂不敏感,宜用 0.5% 的过氧乙酸消毒。对耐热物品,可用煮沸法,应煮沸 30～60 分钟,或用常规高压蒸汽灭菌法。

2. 免疫荧光法测定巨细胞病毒(CMV)pp65 抗原

参照试剂盒说明书进行操作,主要步骤如下。

(1)用 30 g/L dextran T 500 或 30 g/L 明胶,自 EDTA‑K$_2$(或肝素)抗凝血中分离多形核白细胞涂片,每片约 2×10^5 个细胞。干后用 4% 的中性多聚甲醛固定。

(2)用抗 CMV pp65 单克隆抗体(常为两种单抗混合物)滴加于细胞片上,37 ℃湿盒中反应 1 小时,洗片,晾干。

(3)在细胞膜片上滴加工作浓度的 FITC 标记的羊抗鼠 IgG,37 ℃湿盒避光反应 1 小时。洗片、晾干,于荧光显微镜下镜检。

注意:每批试验均应设阳性与阴性对照,同法进行测定。

3. 快速 PCR 法检测 HBV DNA

(1)方法。

1)于 Eppendorf 超薄管中加待检血清 3 μL,加入 HBV 23 μL 混匀后,加入液体石蜡封顶。

2)经 65 ℃、20 分钟,90 ℃、10 分钟后,加入 HBV 23 μL(含 Taq 聚合酶 1 μL),90 ℃、30 秒,60 ℃、45 秒,30 个循环。

3)PCR 扩增产物的检测:电泳液为 TAE(10×:0.4 mol/L Tris、0.5 mol/L NaAc、0.01 mol/L EDTA,pH 7.8),凝胶浓度为 6%,取 PCR 反应产物 10 μL 与 1～2 μL 加样缓冲液混合即可上样电泳。

(2)注意事项。

1)试剂配制一次配好,以保证体系的均一性。反应混合液应充分复融,平衡至室温后再取用,以保证取液量的准确性。Taq 聚合酶应在用前再从冰箱的冷冻室内取出,以保证酶的活性不降低。

2)请勿使用经洗刷的试管、吸管及微量加样吸头,以防污染。

3)微量加样器要求准确,酶加入量过大时常可造成非特异产物生成。

4）请注意待检样品不可溶血。使用抗凝剂时，可使用 EDTA 或枸橼酸钠，不能使用肝素。

【结果判断】

1. ELISA 法测定 HBsAg

试验孔应与阴、阳对照孔比较后判断。

（1）目测法：蓝或浅蓝色（比阳性对照孔颜色深）判为阳性。无色或极浅蓝色判为阴性。

（2）比色法：用酶标检测仪测 492 nm 吸光度，用空白孔调零，读取各孔吸光度值。

$$\frac{P（标本吸光度）}{N（阴性对照吸光度）}值 \geqslant 2.1 为阳性，< 2.1 为阴性。$$

2. 免疫荧光法测定巨细胞病毒（CMV）pp65 抗原

多形核白细胞细胞质中出现典型黄绿色荧光为 pp65 阳性细胞。以全片出现 $\geqslant 5$ 个 pp65 阳性细胞为阳性。

3. 快速 PCR 法检测 HBV DNA

可用 Hae III PGEM 或 Hae III PBR$_{322}$ 作为分子量标志，HBV - C 片断为 190 bp，于该处出现条带即为 HBV DNA，为阳性结果。

【临床意义】

1. ELISA 法测定 HBV 血清学标志物

临床意义见表 3 - 11 - 1。

表 3 - 11 - 1　HBV 血清学标志物的临床意义

感染模式	HBsAg	HBeAg	抗 HBc IgM	抗 HBc IgG	抗 HBe	抗 HBs	临床意义
1	+	−	−	−	−	−	急性乙肝潜伏期后期、携带者
2	+	+	−	−	−	−	急性乙肝早期或潜伏期
3	+	+	+	−	−	−	急性乙肝早期
4	+	±	+	+	−	−	急性乙肝后期
5	+	±	±	−	−	−	急性或慢性乙肝，有 HBV 复制
6	+	+	±	±	+	−	急性或慢性乙肝
7	+	−	±	+	+	−	急性期或无症状携带者、HBeAg 阴性慢性乙肝
8	+	−	−	+	+	−	慢性乙肝，无或低度 HBV 复制
9	−	−	−	+	−	+	乙肝恢复期、既往感染、隐匿性慢性乙肝
10	−	−	−	−	−	+	接种过乙肝疫苗

2. 免疫荧光法测定巨细胞病毒（CMV）pp65 抗原

pp65 是 CMV 复制早期产生的被膜蛋白，位于 CMV 衣壳与包膜之间。CMV 活动性感染时外周血多形核白细胞中 CMV 复制活跃，出现 pp65 抗原。

3. 快速 PCR 法检测 HBV DNA

PCR 为核酸体外扩增技术，具有敏感性高、特异性强、快速简便等特点，并可用于多种标本的检测，如血液、尿液及其他体液和组织细胞。特别适用于检测那些无法培养或增殖缓慢的病毒，如乙型肝炎病毒、丙型肝炎病毒、人乳头瘤病毒、巨细胞病毒、人免疫缺陷病毒等。

【结果记录、报告和思考】

（1）什么是乙肝"大三阳""小三阳"？

（2）做完肝炎实验后的工作台、手等，用常规的来苏尔或酒精消毒是否合适？

扫码进入虚拟仿真模块

第四章 微生物发酵工业的现代工科微生物学应用

发酵工程（Fermentation Engineering）指在最适发酵条件下，发酵罐中大量培养细胞和生产代谢产物的技术，属于生物技术的范畴，生物技术又称生物工艺学现代生物技术。作为一门新兴的高科技产业，发酵工程的生命力在于它对社会经济和发展的各个方面都带来了极大冲击和影响。发酵工程由于涉及生物催化剂，因而与化学反应有关。由于生物技术的最终目标是建立工业生产过程，为社会服务，因而该生产过程可称为生物反应过程（亦称为生化反应过程）。发酵技术一般包括微生物细胞或动植物细胞的悬浮培养，或利用固定化酶、固定化细胞所做的反应器加工底物（即有生化催化剂参加），以及培养加工后产物大规模的分离提取等工艺，主要研究在生物反应过程中各种所需的最适环境条件，如酸碱度、湿度、底物浓度、通气量以及保证无菌状态等内容。

经典的发酵产物来自微生物，土壤是微生物的大本营。生产菌株的选育源头都来自于自然界。如何从自然界中筛选目的微生物，可以根据目的微生物和产物的特性作为筛选条件进行筛选，提高筛选效率，从而有效地解决菌株从无到有的问题。

生物技术产品具有多样性，各个学校的教学资源和课时亦有不同，所进行的实验种类也有区别。本章实验内容根据具体条件进行安排。安排的思路是以最简洁有效的方式针对发酵过程的要素进行实验，便于学生对教学内容有较好的认识，理顺学习思路，为进行社会科学实践打下良好基础。

实验一 菌株的筛选

【目的和要求】

筛选一株能够合成分解淀粉的微生物。

【试剂与器材】

(1) 材料：蛋白胨，牛肉膏，NaCl，琼脂条，可溶性淀粉，碘液。

(2) 器材：牛皮纸、培养皿、试管、涂布棒、恒温培养箱、玻璃珠。

【实验内容】

一、实验原理

自然界微生物种类繁多，有些微生物能够以淀粉作为碳源进行生长繁殖是因为它们能够合成分泌淀粉酶，因此我们能够从自然界中定向分离出合成淀粉酶的微生物。当能合成淀粉酶的微生物在固体培养基中生长时，会将淀粉酶分泌到菌体周围，将菌落周围的淀粉水解成为小分子量的糊精、聚糖和单糖。这些水解物不能包裹单质碘从而在菌体周围形成透明圈。

二、实验方法

1. 筛选培养基的配制

可溶性淀粉 2 g，NaCl 5 g，牛肉膏 5 g，蛋白胨 10 g，琼脂 20 g，水 1000 mL。

2. 碘液的配制

称取 KI 2.0 g，用 50 mL 纯水溶解，迅速称取 I_2 0.5 g 并加入 KI 溶液中，用纯水定容到 100 mL，搅拌溶解后保存在棕色瓶中，橡皮塞封口。

3. 土样的采集

(1) 每大组取三种不同环境的土样并记录当时取样环境情况（每一小组以其中一个地方进行分离）。

(2) 以小组为单位进行稀释分离。取土样 1 g，加入 9 mL 无菌水，逐步稀释至 10^{-5}、10^{-6}、10^{-7}（每个梯度涂 2 个平皿）。

(3) 30 ℃恒温培养 48 小时。

(4) 产淀粉酶菌株的鉴定。挑选单菌落影印到无菌平皿上，同时用签字笔对各单菌落在底皿标号。标记接种过的培养皿 30 ℃培养 24 小时，取其中一皿喷洒稀碘液，记录有水解圈的单菌落，与此对应找出合成淀粉酶的菌株。

比透明圈＝透明圈直径（mm）/菌落直径（mm）

(5) 每小组挑取活性优良的菌株接入斜面试管保存，待下一次使用。

【结果记录、报告和思考】

1. 记录与结果

(1) 环境情况。

地点一：

地点二：

地点三：

（2）绘制出透明圈。

结果记录于表 4-1-1。

表 4-1-1　结果记录表

	地点一		地点二		地点三	
产酶菌落数						
比透明圈						

2. 思考

（1）为什么要用淀粉作为碳源？

（2）在观察结果的过程中为什么要及时观察？否则会有什么后果？

（3）为什么同样一个土样要稀释几个不同梯度进行涂平板？

（4）从不同地点获得的结果进行分析为什么会出现这样的差异？可以初步得出什么样的结论？

实验二　放线菌的筛选

【目的和要求】

筛选能够和亚甲蓝发生排斥反应的放线菌。

【试剂与器材】

（1）材料：葡萄糖，酵母粉，$(NH_4)_2SO_4$，K_2HPO_4，KH_2PO_4，$MgSO_4$，$ZnSO_4$，$FeSO_4$。

（2）器材：牛皮纸、培养皿、试管、涂布棒、恒温培养箱、玻璃珠。

【实验内容】

一、实验原理

放线菌目前是合成一些抗生素的主要微生物种群。亚甲蓝在酸性条件下带正电荷，个别放线菌在生长过程中可以释放出带正电荷的产物。两者在固体培养基中能够形成特殊的排斥圈。目前研究表明这种产物有可能是一种生物碱性物质，对其他菌体有良好的抑制和杀灭作用，可以作为药物的靶向载体和食品添加剂。放线菌一般生长条件在中性，而亚甲蓝在酸性条件下带正电荷，所以培养条件选择在中性偏酸性。在筛选过程中会有大量的杂菌生长从而影响筛选效果的观察和筛选分离，为此要在培养基中加入一些对杂菌有抑制作用但对放线菌抑制作用较小的化学物质——高锰酸钾。为了避免杂菌的影响要及时观察和分离。

二、实验方法

1. 筛选培养基的配制

（1）培养基成分：葡萄糖 50 g/L，酵母粉 5 g/L，$(NH_4)_2SO_4$ 10 g/L，K_2HPO_4 0.8 g/L，KH_2PO_4 1.36 g/L，$MgSO_4$ 0.05 g/L，$ZnSO_4$ 0.05 g/L，$FeSO_4$ 0.03 g/L，调节 pH 为 6.8，$1×10^5$ Pa 灭菌 30 分钟，酵母膏单独灭菌。

（2）高锰酸钾溶液的配制：称取 7.5 g $K_2Cr_2O_7$，用 100 mL 纯水溶解灭菌待用。

（3）亚甲蓝溶液配制：称取 0.2 g 亚甲蓝，用 100 mL 纯水溶解灭菌待用。

（4）在培养基冷却至 70～80 ℃时，分别加入高锰酸钾溶液和亚甲蓝溶液，使培养基中的含量分别为 75 mg/L 和 0.002 g/L。

2. 土样的采集和样品的处理

（1）每大组取三种不同环境的土样并记录当时取样环境情况（每一小组以其中一个地方进行分离）。

（2）以小组为单位进行稀释分离。取土样 1 g，加入 9 mL 无菌水，逐步稀释至 10^{-1}、10^{-2}、10^{-3}（每个梯度涂 2 个平皿）。

3. 培养

（1）30 ℃恒温培养 120 小时。

（2）三天后开始间隔 24 小时观察生长和形成透明圈情况。

【结果记录、报告和思考】

1. 记录与结果

（1）环境情况。

地点一：

地点二：

地点三：

（2）绘制出透明圈。

结果记录于表 4-2-1。

表 4-2-1 结果记录表

	地点一		地点二		地点三	
放线菌生长情况						
形成透明圈情况						

2. 思考

（1）从不同地点获得的结果进行分析为什么会出现这样的差异？你可以初步得出什么结论？

（2）为什么要加入重铬酸钾和亚甲蓝？

（3）在观察结果的过程中为什么要及时观察？否则会有什么后果？

（4）为什么同样一个土样要稀释几个不同梯度进行涂平板？

自主小实验——柠檬酸产生菌的分离

柠檬酸又名枸橼酸，它是存在于柠檬等水果中的一种有机酸。柠檬酸具有令人愉快的酸味，它入口酸爽，无后酸味，安全无毒，是发酵法生产的最重要有机酸。它在水中的溶解度极高，能被生物体直接吸收代谢。它的许多特殊优点使它在多个工业部门得到了广泛的应用。柠檬酸的盐类和衍生物也各具优点，用途广泛，在国民经济中占有重要地位。

【目的和要求】

（1）了解黑曲霉菌在工业生产中的不同作用。

（2）复习掌握从土壤中分离工业用微生物的原理及方法。

（3）掌握利用变色圈法筛选产酸菌的方法。

【实验内容】

一、实验原理

（1）新菌株的分离大致可分为采样、增殖（富集）培养、分离鉴定、性能测定等步骤。

（2）柠檬酸可由曲霉菌发酵糖类而生成，其中尤以黑曲霉产酸能力最强。目前工业生产中多以黑曲霉为柠檬酸产生菌。

（3）黑曲霉耐酸性较强，在 pH 1.6 时仍能良好生长。利用其产酸高、耐酸强的生理特性，使用 pH 1.6 的酸性营养滤纸分离该菌，简单易行，再加上用变色圈法进行初筛，使产柠檬酸的菌株更易被选出。

（4）黑曲霉产生的柠檬酸，可利用 Deniges 氏液鉴别；其产酸量可用 0.1 mol/L 氢氧化钠滴定。

二、实验方法

1. 柠檬酸产生菌的分离实验步骤

（1）土壤采样。

（2）准备稀释分离用的器材。

（3）将平皿、吸管包好后干热灭菌。

（4）配制察氏培养基。

（5）做成固体斜面。

（6）配成蓝色的察氏-多民培养基。

（7）湿热灭菌。

（8）摆斜面、倒平板。

（9）稀释土样。

（10）均匀涂布。

（11）倒置培养。

2. 柠檬酸产生菌的初筛实验步骤

（1）配制初筛发酵培养基并灭菌。

（2）观察菌落。

（3）挑选菌落变色圈，测量变色圈与菌落直径之比，取比值较大者。

（4）编号选好的菌株，接入斜面。同时采用倒置接种法在培养皿上点植接种。

（5）培养斜面和平皿。

（6）摇瓶发酵。

（7）柠檬酸鉴定。

（8）产酸量的测定。

【结果记录、报告和思考】

（1）简述从土壤中筛选产目的产物微生物菌种的过程。

（2）土壤采样时应注意哪些问题？

（3）黑曲霉柠檬酸产生菌菌株应考虑利用其哪些特点来进行富集？

实验三　菌株的诱变育种

微生物菌种的选育目的是防止菌种退化，解决生产实际问题，提高生产能力，提高产品质量，开发新产品。目前菌种选育的方法主要有自然选育、诱变育种、杂交育种、分子育种等手段。但诱变育种是菌种选育的主流，诱变育种根据诱变剂的种类可分为化学诱变和物理诱变。本实验以紫外线作为物理剂进行诱变。诱变过程一般包括诱变出发菌株的选择、诱变剂量的选择和诱变及其筛选。

【目的和要求】

通过对出发菌株进行不同剂量条件下的照射，找出最佳诱变剂量。

【试剂与器材】

（1）材料：选取一个出发菌株（如枯草芽孢杆菌），蛋白胨，牛肉膏，NaCl，无菌生理盐水，琼脂条，可溶性淀粉，碘液。

（2）器材：紫外灯、磁力搅拌器、报纸、红灯泡、灯口、电线、插座、平皿、无菌三角瓶（内含玻璃珠）、含有磁针的无菌平皿。

【实验内容】

一、实验原理

DNA 是遗传物质的基础，主要组成成分为脱氧核酸。DNA 在 260 nm 下有最大能量吸收峰，15 W 紫外灯在 30 cm 处的紫外线波长多数为 260 nm 左右。当菌体处在这样的波长条件下就会吸收大量能量，造成 DNA 分子发生断裂、分子结构形式发生改变。有些微生物由于 DNA 分子大面积损伤而死亡，有些因为菌体进行了修复而存活。在修复过程中有些虽然存活了，但 DNA 碱基发生了改变从而形成了突变菌株。突变菌株中有些发生了产量正突变有些发生负突变。通过筛选选择出实验要求的突变菌株，从而使野生型或出发菌株的性状得到改良。

二、实验方法

1. 培养基的配制

可溶性淀粉 2 g，NaCl 5 g，牛肉膏 5 g，蛋白胨 10 g，琼脂 20 g，水 1000 mL。

2. 出发菌株的制备（无菌条件下操作）

将出发菌株从试管中用 25 mL 生理盐水多次洗出，倒入含有玻璃珠的无菌三角瓶中，进行反复振荡 20 分钟。

3. 诱变条件选择（操作过程在红光或黑暗条件下进行）

吸出 5 mL 至含有磁针的无菌平皿中，置于磁力搅拌器上、距 15 W 紫外灯 30 cm 处，缓慢加速磁力搅拌器。然后打开平皿盖，再打开紫外灯照射并迅速计时，边搅拌边照射，剂量分别为 5 秒、10 秒、15 秒、20 秒、25 秒、30 秒、35 秒、

40 秒，可以累积照射，每个剂量吸取菌液进行涂平皿。照射完毕先盖平皿再关闭搅拌和紫外灯。

4. 涂平皿

（1）对照：将未进行辐射的菌悬液稀释适当倍数（10^{-5}，10^{-6}，10^{-7}），涂平皿。

（2）处理组：将进行辐射的菌悬液稀释适当倍数（10^{-3}，10^{-4}，10^{-5}），涂平皿。

5. 培养

30 ℃恒温培养 48 小时（培养物用黑布袋或报纸包裹严实进行培养）。

6. 计数并计算致死率

（1）计数：将培养 48 小时后的平皿取出进行细胞计数，根据平皿上菌落数，计算出对照品 1 mL 菌液中的活菌数。

（2）计算致死率：致死率＝（对照 1 mL 菌液中活菌数－处理后 1 mL 菌液中活菌数）/对照 1 mL 菌液中活菌数。

【结果记录、报告和思考】

1. 记录与结果

结果记录于表 4-3-1。

表 4-3-1　结果记录表

对照	稀释倍数	10^{-5}				10^{-6}				10^{-7}		
	菌落数											
处理组	处理时间	5 秒			10 秒			15 秒			20 秒		
	稀释倍数	10^{-3}	10^{-4}	10^{-5}	10^{-3}	10^{-4}	10^{-5}	10^{-3}	10^{-4}	10^{-5}	10^{-3}	10^{-4}	10^{-5}
	菌落数												
	致死率												
	处理时间	25 秒			30 秒			35 秒			40 秒		
	稀释倍数	10^{-3}	10^{-4}	10^{-5}	10^{-3}	10^{-4}	10^{-5}	10^{-3}	10^{-4}	10^{-5}	10^{-3}	10^{-4}	10^{-5}
	菌落数												
	致死率												

2. 思考

（1）绘制时间和致死率之间的关系，确定该诱变的最适诱变条件。

诱变剂量选择根据出发菌株的诱变史。一般来讲出发菌株为野生型第一进行诱变时都采用大剂量（致死率较高的计量），对于诱变史较为复杂的一般选用小剂量进行。

（2）外诱变的机理是什么？

（3）为什么要在黑暗或在红色光下进行诱变和培养工作？

实验四　正突变菌株的筛选

【目的和要求】

在最佳诱变剂量下选育发生淀粉酶产量发生正突变的菌株。

【试剂与器材】

（1）材料：选取一种出发菌株（如枯草芽孢杆菌），蛋白胨，牛肉膏，NaCl，无菌生理盐水，琼脂条，可溶性淀粉，碘液。

（2）器材：紫外灯、磁力搅拌器、报纸、红灯泡、灯口、电线、插座、平皿、无菌三角瓶（内含玻璃珠）、含有磁针的无菌平皿。

【实验内容】

一、实验原理

发生正突变的概率为 10^{-8} 左右，需要在大量的照射菌落中寻找发生正突变的菌株。如果从大量的待选辐照菌中进行定量或半定量筛选分析，工作量巨大，不切合实际。一般根据经验依据微生物的形态和高产菌的关系，或根据比透明圈与对照的比透明圈大小进行筛选。形成透明圈的大小不仅与遗传有关，还与培养条件有关。为了消除培养环境的误差，在此规定当比透明圈大于对照比透明圈 25％ 为正突变，小于 25％ 为负突变，在此 ±25％ 之间认为是没有发生突变。

二、实验方法

1. 培养基

可溶性淀粉 2 g，NaCl 5 g，牛肉膏 5 g，蛋白胨 10 g，琼脂 20 g，水 1000 mL。

2. 出发菌株的制备（无菌条件下操作）

将出发菌株从试管中用 25 mL 生理盐水多次洗出，倒入含有玻璃珠的无菌三角瓶中，进行反复振荡 20 分钟。

3. 紫外线诱变及初筛

选择合适辐照剂量对出发菌株进行诱变，接入摇瓶培养 2 小时后稀释涂布平板，用报纸包裹在黑暗条件下培养 48 小时，然后喷洒稀碘液记录比透明圈。

比透明圈＝透明圈直径（mm）/菌落直径（mm）

【结果记录、报告和思考】

（1）列出各组结果。

（2）各组进行对比分析在不同剂量条件的正突变发生率和发生正突变幅度和计量的关系，以及发生最大突变的幅度的剂量条件。

（3）统计不同剂量条件的正突变发生率和发生正突变幅度和剂量的关系，以及发生最大突变的幅度的剂量条件下的意义是什么？

（4）为什么最后把最佳诱变剂量用致死率和正突变率进行表示，而不用诱变时间进行描述？

实验五 高产菌株复筛

【目的和要求】

进一步对高产淀粉酶菌株进行筛选，定量地确定为高产淀粉酶生产菌。

【试剂与器材】

(1) 材料：选取 10 个出发菌株，蛋白胨，牛肉膏，NaCl，可溶性淀粉，葡萄糖（分析纯）、蒸馏水、DNS 液。

(2) 器材：三角瓶、容量瓶、吸管（1 mL，5 mL，25 mL）、烘箱、试管架、接种针、吸尔球、称量纸、分光光度计、烧杯、恒温水浴锅、离心机、记号笔、电炉、搪瓷缸。

【实验内容】

一、实验原理

通过琼脂平板活性测定方法可以简便、快速地进行初筛，节约大量的时间，但是难以得到确切的产量水平，只适合于初筛。初筛具有不稳定性，要进一步确定生产优良性状的菌株就有必要对其进行摇瓶复筛，定量地确定其生产水平，更为准确地确定优良性状的菌株。

二、实验方法

1. 摇瓶培养基的配制

可溶性淀粉 2 g，NaCl 5 g，牛肉膏 5 g，蛋白胨 10 g，琼脂 20 g，水 1000 mL。

2. 接种

取淀粉酶菌株斜面，倒入无菌液体培养基，用无菌接种针打散斜面上的菌苔，再倒回装有无菌培养基的三角瓶中进行培养 24 小时。24 小时后以 10% 接种量进行扩大培养 24 小时。

3. 离心

将发酵液 12 000 g 离心，取上清。

4. 淀粉酶活力的测定

比色法测定 α-淀粉酶的活力（具体测定流程见本章实验七）。

【结果记录、报告和思考】

1. 记录与结果

结果记录于表 4 - 5 - 1。

表 4 - 5 - 1　结果记录表

菌株编号								
酶活								

2. 思考

（1）为什么要进行复筛？

（2）确定最优生长性状的淀粉酶菌株。

实验六 高产生产菌株的稳定性

【目的和要求】

通过复筛获得的高产突变菌株进行遗传稳定性研究。

【试剂与器材】

（1）材料：选取 10 个出发菌株，蛋白胨，牛肉膏，NaCl，可溶性淀粉，葡萄糖（分析纯）、蒸馏水。

（2）器材：三角瓶、容量瓶、吸管（1 mL，5 mL，25 mL）、烘箱、试管架、电子天平、接种针、吸尔球、称量纸、分光光度计、烧杯、恒温水浴锅、离心机、记号笔、电炉、搪瓷缸。

【实验内容】

一、实验原理

由于高产酶诱变菌株在培养繁殖过程中容易出现回复突变或由于纯化不够彻底造成菌株的退化等现象。尤其是紫外诱发的多是碱基转换，在培养过程更容易发生再次转换从而造成回复突变。通过多次传代培养观察其产量变化情况，或通过连续培养观察其产量变化情况。

二、实验方法

1. 摇瓶培养基的配制

可溶性淀粉 2 g，NaCl 5 g，牛肉膏 5 g，蛋白胨 10 g，水 1000 mL。

2. 接种及连续传代培养

取淀粉酶菌株斜面，倒入无菌液体培养基，用无菌接种针打散斜面上的菌苔，再倒回装有无菌培养基的三角瓶中进行培养 8 小时。8 小时后以 10% 接种量进行扩大培养 8 小时，依次类推至 10 代。

3. 离心

将发酵液 12 000 g 离心，取上清。

4. 淀粉酶活力的测定

比色法测定 α-淀粉酶的活力（具体测定流程见本章实验七）。

【结果记录、报告和思考】

1. 记录与结果

结果记录于表 4-6-1。

表 4-6-1 结果记录表

代数	1	2	3	4	5	6	7	8	9	10
活力										

2. 思考

（1）传代培养的意义？

（2）传代培养的方法还有哪些？

实验七　酶活力测定

DNS 法

【目的和要求】

掌握 DNS 法测定还原糖和多糖的方法，并利用此法测定该工艺中淀粉酶的糖化力，以及酒精发酵过程中还原糖的测定，达到对发酵过程的控制的目的。

【试剂与器材】

(1) 试剂：葡萄糖（分析纯）、蒸馏水、NaOH、酒石酸钾钠、重苯酚、亚硫酸钠、3，5-二硝基水杨酸。

(2) 器材：容量瓶、吸管（1 mL，5 mL，25 mL）、烘箱、试管架、吸尔球、称量纸、分光光度计、烧杯、恒温水浴锅、离心机、记号笔、电炉、搪瓷缸。

【实验内容】

一、实验原理

3，5-二硝基水杨酸（DNS）与还原糖共热后被还原成棕红色的氨基化合物，在一定范围内还原糖的量和反应液的颜色深度成正比。因此，可利用分光光度计进行比色测定，求得样品的含糖量。该方法主要用于糖化淀粉酶活力测定。

二、实验方法

1. DNS 试液制备

将 6.3 g 的 3，5-二硝基水杨酸和 262 mL 2 mol/L 氢氧化钠，加到 500 mL 含有 182 g 酒石酸钾钠的热水溶液中，再加上 5 g 重苯酚和 5 g 亚硫酸钠，搅拌溶解，冷却后加水定容到 1000 mL，即制成 DNS 试剂，贮于棕色瓶中放置一周后备用。

2. 葡萄糖标准液吸光度测定

分别取葡萄糖标准液（1 mg/mL）0、0.2、0.4、0.6、0.8、1.0 mL 于 15 mL 试管中，用蒸馏水补足至 1.0 mL，分别准确加入 DNS 试剂 2 mL，沸水浴加热 2 分钟，流水冷却，用水补足到 15 mL。在 520 nm 波长下测定吸光度。

3. 样品液吸光度测定

样品液适当稀释，使糖浓度为 0.1~1.0 mg/mL，取稀释后的糖液 1.0 mL 于 15 mL 试管中，加 DNS 试剂 2.0 mL，沸水煮沸 2 分钟，冷却后用水补足到 15 mL，在 520 nm 波长下测定吸光度。从标准曲线查出葡萄糖质量数。求出样品中糖含量。

4. 标准曲线的制作

标准曲线的制作见表 4-7-1。

表 4-7-1 标准曲线的制作

管号	0	1	2	3	4	5
葡萄糖标准液（mL）	0	0.2	0.4	0.4	0.8	1.0
蒸馏水（mL）	2	1.8	1.6	1.4	1.2	1.0
DNS 试剂（mL）	1.5					
沸水浴（分钟）	5					
冷却	流水冷却					
蒸馏水（mL）	21.5					
A_{540}						

【结果记录、报告和思考】

以吸光度为横坐标，葡萄糖质量为纵坐标作图。并借助计算机计算出相关系数和曲线方程。

比色法测定 α-淀粉酶的活力

【目的和要求】

（1）了解 α-淀粉酶活力测定的原理。

（2）熟悉比色法测定 α-淀粉酶活力的方法步骤。

【试剂与器材】

（1）试剂：磷酸氢二钠，结晶碘，碘化钾，氯化钴，重铬酸钾，铬黑 T 指示剂，可溶性淀粉，去离子水。

（2）器材：三角瓶、容量瓶、吸管（1 mL，5 mL，25 mL）、烘箱、试管架、吸尔球、称量纸、分光光度计、烧杯、棕色瓶、电子天平、恒温水浴锅、比色板、移液管、比色管。

【实验内容】

一、实验原理

酶促反应速度大小可以作为酶活性的大小、或酶量多少的衡量标准，故可以从单位时间内一定条件下，酶促反应中底物的消耗量或产物的生成量来测定。

本实验采用快速比色法，即利用一定量的淀粉被淀粉酶水解后，不能与碘显蓝色所需要的时间来确定其活性，该方法简单、快速、经济。该方法主要用于液化淀粉酶活力的测定。

二、实验方法

1. pH 6.0，0.02 mol/L 磷酸盐缓冲液

（1）A 液〔0.02 mol/L 的 $Na_2HPO_4 \cdot 2H_2O$（相对分子质量 178.05）溶液〕：精确称取 3.56 g 磷酸氢二钠，用去离子水定容至 1000 mL。

（2）B 液〔0.02 mol/L 的 $NaH_2PO_4 \cdot H_2O$（相对分子质量 138.01）溶液〕：精确称取 2.76 g 磷酸氢二钠，用去离子水定容至 1000 mL。

取上述 A 液 12.3 mL，B 液 87.7 mL 混合再利用 A 液和 B 液使用酸度计调节混合液至 pH 6.0。

2. 原碘液的配制

称取结晶碘 2.2 g，碘化钾 4.4 g，先用少量去离子水使碘溶解后（注意不可加热，否则碘挥发），再用去离子水定容至 100 mL，贮存于棕色瓶，避光保存。

3. 稀碘液的配制

取上述原碘液 2 mL，加 20 g 碘化钾，用去离子水定容至 500 mL，贮存于棕色瓶，避光保存。

4. 标准终点色溶液的配制

（1）a 液：精确称取氯化钴（$CoCl_2 \cdot 6H_2O$）40.243 g 和重铬酸钾 0.488 g，用

去离子水定容至 500 mL。

（2）b 液：精确称取铬黑 T（$C_{20}H_{12}N_3NaO_7S$）40 mg，用去离子水溶解并定容至 100 mL，棕色瓶保存。

使用时 a 液 40 mL b 液 5 mL 混合，装棕色瓶中于冰箱保存，现用现配，使用 15 天后需要重新配制。

5. 2%可溶性淀粉溶液的配制

称取 2 g 可溶性淀粉，缓缓倒入煮沸的去离子水中，加热煮沸至溶液透明为止，冷却后定容至 100 mL。

6. 比色及酶活计算

（1）在 6 孔（12 孔）比色板中，一孔约加 0.5 mL 标准终点色溶液，作为比较颜色的标准；其余孔内用吸管加入约 0.5 mL 稀碘液，备用。

（2）在 25 mL 比色管中分别加入 2%淀粉溶液 20 mL 和 pH 6.0 磷酸盐缓冲液 5 mL，置 60 ℃恒温水浴锅中预热 4～5 分钟。

（3）用移液管吸取 1 mL 待测酶液，加入上述预热的装有 pH 6.0 的磷酸缓冲液和淀粉溶液的比色管中，充分混匀，同时立即用秒表开始记时。定时用吸管吸取反应液约 0.5 mL，迅速滴入预先含有比色稀释碘液的比色板孔内，不断取样至孔内颜色反应逐渐由紫色变为红棕色，与标准终点色相同时，即为反应终点，秒表停止记时，记录反应时间 t（分钟）。

（4）酶活计算。

酶活单位的定义：在 60 ℃，pH 6.0 的条件下，每毫升酶液每分钟水解可溶性淀粉的微摩尔数，即为一个酶活力单位，以 $\mu mol/(min \cdot mL)$ 或 μ/mL 表示。

计算公式：

$$酶活力 = \frac{20 \times 2\% \times n}{t \times V \times 淀粉分子量} \times 10^6$$

式中：

n：酶液稀释倍数

t：反应时间，min

V：酶液加量，mL

20：可溶性淀粉溶液的体积，mL

2%：可溶性淀粉溶液的浓度

10^6：将 g 换算为 μg。

【结果记录、报告和思考】

理论拓展　发酵工程培养条件优化核心技术概述

一、试验设计

在工业化发酵生产中，发酵培养基的设计是十分重要的，因为培养基的成分对产物浓度、菌体生长都有重要的影响。实验设计方法发展至今，可供人们根据实验需要来选择的余地也很大。

1. 单因素方法（One at a time）

单因素方法的基本原理是保持培养基中其他所有组分的浓度不变，每次只研究一个组分的不同水平对发酵性能的影响。这种策略的优点是简单、容易，结果很明了，培养基组分的个体效应从图表上很明显地看出来，而不需要统计分析。这种策略的主要缺点：①忽略了组分间的交互作用，可能会完全丢失最适宜的条件；②不能考察因素的主次关系；③当考察的实验因素较多时，需要大量的实验和较长的实验周期。但由于它的容易和方便，单因素方法一直以来都是培养基组分优化的最常用的方法之一。

2. 正交设计（Orthogonal design）

正交设计就是从"均匀分散、整齐可比"的角度出发，是以拉丁方理论和群论为基础，用正交表来安排少量的试验，从多个因素中分析出哪些是主要的，哪些是次要的，以及它们对实验的影响规律，从而找出较优的工艺条件。石炳兴等利用正交实验设计优化了新型抗生素 AGPM 的发酵培养基，结果在优化后的培养基上单位发酵液的活性比初始培养基提高了 18.9 倍。正交实验不能在给出的整个区域上找到因素和响应值之间的一个明确的函数表达式即回归方程，从而无法找到整个区域上因素的最佳组合和响应值的最优值。而且对于多因素多水平试验，仍需要做大量的试验，实施起来比较困难。

3. 均匀设计（Uniform design）

均匀设计是我国数学家方开泰等独创的将数论与多元统计相结合而建立起来的一种试验方法。这一成果已应用于我国许多行业。均匀设计最适合于多因素多水平试验，可使试验处理数目减小到最小程度，仅等于因素水平个数。虽然均匀设计节省了大量的试验处理，但仍能反映事物变化的主要规律。

4. 全因子设计（Full factorial design）

在全因子设计中各因素的不同水平间的各种组合都将被试验。全因子的全面性导致需要大量的试验次数。一般利用全因子设计对培养基进行优化试验都为二水平，是能反映因素间交互作用（排斥或协同效应）的最小设计。全因子试验次数的简单算法（以两因素为例）：两因素设计表示为 a×b，第一个因素研究为 a 个水平，第二个因素为 b 个水平。Thiel 等试验了两个因素：7 个菌株在 8 种培养基上，利用

7×8（56 个不同重复）。Prapulla 等试验了三个因素：碳源（糖蜜 4％、6％、8％、10％、12％），氮源（NH_4NO_3 0 g/L、0.13 g/L、0.26 g/L、0.39 g/L、0.52 g/L）和接种量（10％、20％），利用 5×5×2 设计（50 个不同重复）。

5. 部分因子设计（Fractional factorial design）

当全因子设计所需试验次数实际不可行时，部分重复因子设计是一个很好的选择。在培养基优化中经常利用二水平部分因子设计，但也有特殊情况，如 Silveira 等试验了 11 种培养基成分，每成分三水平，仅做了 27 组实验，只是 311 全因子设计 177147 组当中的很小一部分。二水平部分因子设计表示为 2^{n-k}，n 是因子数目，1/2k 是实施全因子设计的分数。这些符号告诉你需要多少次试验。虽然通常部分因子设计没有提供因素的交互作用，但它的效果比单因素试验更好。

6. Plackett-Burman 设计（Plackett-Burman design）

由 Plackett 和 Burman 提出，这类设计是二水平部分因子试验，适用于从众多的考察因素中快速、有效地筛选出最为重要的几个因素，供进一步详细研究。理论上讲 PB 试验应该应用在因子存在累加效应、没有交互作用因子的效应可以被其他因子所提高或削弱的试验上。实际上，倘若因子水平选择恰当，设计可以得到有用的结果。Castro 等利用 PB 试验对培养基中的 20 种组分仅进行了 24 次试验，使 γ-干扰素的产量提高了近 45％。

7. 中心组合设计（Central composite design）

中心组合设计由 Box 和 Wilson 提出，是响应曲面中最常用的二阶设计，它由三部分组成：立方体点、中心点和星点。它可以被看成是五水平部分因子试验，中心组合设计的试验次数随着因子数的增加而呈指数增加。

8. Box-Behnken 设计（Box-Behnken design）

由 Box 和 Behnken 提出。当因素较多时，作为三水平部分因子设计的 Box-Behnken 设计是相对于中心组合设计的较优选择。和中心组合设计一样，Box-Behnken设计也是二水平因子设计产生的。

二、最优化技术（实验统计）

目前，对培养基优化实验进行数学统计的方法很多，下面介绍几种目前应用较多的优化方法。

1. 响应曲面分析法（Response Surface Methodology）

Box 和 Wilson 提出了利用因子设计来优化微生物产物生产过程的全面方法，Box-Wilson 方法即现在的响应曲面法。RSM 是一种有效的统计技术，它是利用实验数据，通过建立数学模型来解决受多种因素影响的最优组合问题。通过对 RSM 的研究表明，研究工作者和产品生产者可以在更广泛的范围内考虑因素的组合，以及对响应值的预测，而均比一次次的单因素分析方法更有效。现在利用 SAS 软件可以很轻松地进行响应曲面分析。

2. 改进单纯形优化法 （Modified simplex method）

单纯形优化法是近年来应用较多的一种多因素优化方法。它是一种动态调优的方法，不受因素数的限制。由于单纯形法必须要先确定考察的因素，而且要等一个配方实验完后才能根据计算的结果进行下一次实验，因此主要适用于实验周期较短的细菌或重组工程发酵培养基的优化，以及不能大量实施的发酵罐培养条件的优化。

3. 遗传算法 （Genetic algorithm，GA）

该法是一种基于自然群体遗传演化机制的高效探索算法，它是美国学者 Holland 于 1975 年首先提出来的。它摒弃了传统的搜索方式，模拟自然界生物进化过程，采用人工进化的方式对目标空间进行随机化搜索。它将问题域中的可能解看作是群体的一个个体或染色体，并将每一个体编码成符号串形式，模拟达尔文的遗传选择和自然淘汰的生物进化过程，对群体反复进行基于遗传学的操作（遗传，交叉和变异），根据预定的目标适应度函数对每个个体进行评价，依据适者生存，优胜劣汰的进化规则，不断得到更优的群体，同时以全局并行搜索方式来搜索优化群体中的最优个体，求得满足要求的最优解。

实验八 正交设计法

【目的和要求】

掌握发酵工艺条件或参数的多因素实验设计和操作方法。

【试剂与器材】

(1) 菌株：复筛菌株斜面或培养液。

(2) 器材：高压锅、恒温摇床、振荡培养箱、酸度计、移液管、分光光度计、量筒、吸水纸、计数器、滴管、擦镜纸、培养瓶、纱布、棉塞。

【实验内容】

一、实验原理

发酵过程涉及数个工艺参数，每个参数有多个水平，每个因素之间还存在交互作用。采用正交试验设计方法进行多因素、多水平的试验，可以大大减少试验次数，并确定各因素之间的交互作用。试验次数可以减少为水平数的平方次。

在多因素试验中，随着试验因素的增多，处理数据呈几何级数增长。例如，2个因素各取 3 个水平的试验（简称 3^2 试验），有 $3^2=9$ 个处理，3 因素各取 3 个水平的试验（简称 3^3 试验），有 $3^3=27$ 个处理，4 因素各取 3 个水平的试验（简称 3^4 试验），有 $3^4=81$ 个处理……处理数太多，试验规模变大，会给试验带来许多困难。采用正交试验设计，可以大大减少试验次数。

正交试验设计是利用一套规格化的表格——正交表来安排试验，适用于多因素、多水平、试验误差大、周期长等的试验，是效率较高的一种试验设计方法。

二、实验方法

1. 培养基配方

基础培养基：蛋白胨 5 g，酵母粉/膏 2 g，超纯水补足 1 L，pH 中性。

2. 培养基配制

每组组号做序号相对应的实验，计算培养液体积：每个处理重复 3 次，每瓶装液体培养基 100 mL，计算培养液体积。称样后加入容器中，加少量水，搅拌并适当加热、加水溶解。用量筒分装在培养瓶中，每瓶装试验处理相应体积的培养液。用 8 层纱布或棉塞，贴上标签。

3. 高压蒸汽灭菌

0.1 MPa，20 分钟。冷却后出锅，取出，放入超净工作台中风冷，用紫外线照射 20 分钟。

4. 接种

用无菌的 5 mL 或 10 mL 无菌移液管，每瓶按照接种剂量等量接入菌种。封口，贴标签。

5. 培养

接种后的培养瓶放在振荡培养箱或恒温摇床上培养，相同温度条件下进行培养。

6. 测定

培养 16 小时后测定培养瓶中培养液的 OD 值。每次重复测定 3 次以上。计算平均值。

【结果记录、报告和思考】

1. 记录与结果

分组进行多个因素多个水平的多因素试验，测定试验结果。根据试验设备条件，本试验为 4 因素 3 水平试验，正交试验次数为 9 次，采用 L_9（3^4）正交设计表（表 4 - 8 - 1）。另外附加一个对照试验，共 10 个试验处理（表 4 - 8 - 2）。

表 4 - 8 - 1 试验因素水平设计表

序号	试验因素/剂量	水平 1	水平 2	水平 3
1	接种量/％	1	5	10
2	装瓶体积/mL	25	50	150
3	pH	6	7	8

表 4 - 8 - 2 L_9（3^4）正交试验因素设计与结果记录表

实验序号	接种量/％	pH	装瓶体积/mL	自由度	培养液 OD 值原始记载	平均值
1	1＝1％	1＝6	1＝25	1		
2	1＝1％	2＝7	2＝50	2		
3	1＝1％	3＝8	3＝150	3		
4	2＝5％	1＝6	2＝50	3		
5	2＝5％	2＝7	3＝150	1		
6	2＝5％	3＝8	1＝25	2		
7	3＝10％	1＝6	3＝150	2		
8	3＝10％	2＝7	1＝25	3		
9	3＝10％	3＝8	2＝50	1		

2. 思考

（1）进行直观分析得出的最佳条件是什么？

（2）进行方差分析得出的最佳条件是什么？

实验九　一次回归正交试验设计

【目的和要求】

掌握发酵工艺条件或参数的多因素试验设计和操作方法。

【实验内容】

一次回归正交试验设计方法选用二水平正交表，根据试验数据建立线性回归方程。安排试验时把正交表中的"1"和"2"分别改为"＋1"和"－1"，以使正交表中的任意两列对应元素之积的和等于零，使系数矩阵和相关矩阵为对角矩阵，从而使所求得的回归系数互不相关，这样可使回归分析计算和显著性检验过程大大简化。具体设计分析步骤如下。

1. 确定因素的变化范围

如果要研究 P 个因素 Z_1，Z_2，…，Z_p 与某项指标 y 的数量关系，首先要确定每个因素的变化范围。设 Z_{1j}，Z_{2j} 分别表示因素 Z_j 变化的下限和上限（j＝1，2，…，P），如果试验就在水平 Z_{1j} 和 Z_{2j} 上进行，那么 Z_{1j} 和 Z_{2j} 又分别称为因素 Z_j 的下水平和上水平，并称它们的算术平均值。

2. 对每个因素 Z_j 的水平进行编码

编码的目的是建立因素 Z_j 与 X_j 取值的对应关系，为此需做如下的线性变换。显然，当 $Z_j＝Z_{1j}$ 时，$X_{1j}＝-1$；$Z_j＝Z_{2j}$ 时，$X_{2j}＝1$；$Z_j＝(Z_{1j}+Z_{2j})/2＝Z_{0j}$ 时，$X_{0j}＝0$。变换后，若 Z_j 在区间 $[Z_{1j}，Z_{2j}]$ 内变化时，它的编码值 X_j 就在区间 $[-1，+1]$ 内变化。在对因素 Z_j 的水平进行编码以后，y 对 X_1，X_2，…，Z_p 的回归问题就转化为 y 对 X_1，X_2，…，X_p 的回归问题。

3. 选择正交表

一次回归正交设计选用二水平正交表，所选用的正交表应能容纳下所研究因素的个数。正交表确定后，用"－1"代换正交表中的"2"使正交表中的数字分别为"－1"和"＋1"，这既表示因素水平的不同状态，也表示因素水平变化数量的大小，为计算回归方程中的常数项，还需在正交表第一列前增加一列 X_0，该列数字全为"＋1"。以 $L_4 (2^3)$ 表为例，经上述变换后，其形式如表 4-9-1。

正交表变换后，原来各列的交互作用列可由新表的相应两列的对应元素相乘得到。如表中 X_1，X_2，X_3 列的任意两列对应元素的乘积均为剩余列的对应元素，因此剩余列就是那两列的交互作用列。

4. 安排试验

把要研究的因素安排在变换后正交表的适当列上，并把每一因素的上水平和下水平与正交表中的"1"和"－1"相对应，便可按正交表进行试验。

5. 回归系数的计算

设根据正交设计进行了 N 次试验，其试验结果为 y_1，y_2，$\cdots$，y_N。则一次回归的数学模型为：

$$y = \beta_0 + \beta_1 X_{i1} + \beta_2 X_{i2} + \cdots + \beta_p X_{ip} + c_i$$

回归系数的具体计算过程可归纳成 4-9-1。实际运算时可按该表进行。

表 4-9-1　一次回归正交设计计算表

试验号	X_0	X_1	X_2	$\cdots$	X_p	y
1	1	X_{11}	X_{12}	$\cdots$	X_p	y_1
2	1	X_{21}	X_{22}	$\cdots$	X_p	y_2
$\vdots$	$\vdots$	$\vdots$	$\vdots$	$\vdots$	$\vdots$	$\vdots$
N	1	X_{N1}	X_{N2}	$\cdots$	X_{Np}	
B	$\sum_i y_i$	$\sum_i X_{i1} y_i$	$\sum_i X_{i2} y_i$	$\cdots$	$\sum_i X_{ip} y_i$	$\sum_i y_i^2$
$b_j = B_0/N$	B_0/N	B_1/N	B_2/N	$\cdots$	B_p/N	
$Q_i = b_i B_i$	Q_0	Q_1	Q_2	$\cdots$	Q_p	

6. 方差分析及显著性检验

一次回归正交设计的方差分析及显著性检验可按表 4-9-2 进行。

表 4-9-2　方差分析及显著性检验

变异来源	自由度	平方和	均方	F 值
回归	$df_{回} = m(m+1)/2$	$SS_{回} = Q_1 + Q_2 + \cdots\cdots + Q_{m-1m}$	$SS_{回}/df_{回}$	$\dfrac{SS_{回}/df_{回}}{SS_{离}/df_{离}}$
离回归	$df_{离} = df_{总} - df_{回}$	$SS_{离} = SS_{总} - SS_{回}$	$SS_{离}/df_{离}$	
总	$df_{总} = n-1$	$SS_{总} = \sum y_\alpha^2 - B_0^2/n$		
X_1	1	$Q_1 = B_1^2/n$	Q_1	$\dfrac{Q_1}{SS_{离}/df_{离}}$
X_m	1	$Q_m = B_m^2/n$	Q_m	$\dfrac{Q_m}{SS_{离}/df_{离}}$
$X_1 X_2$	1	$Q_{12} = B_{12}^2/n$	Q_m	$\dfrac{Q_{12}}{SS_{离}/df_{离}}$
$X_{m-1} X_m$	1	$Q_{m-1m} = B_{m-1m}^2/n$	Q_m	$\dfrac{Q_{m-1m}}{SS_{离}/df_{离}}$

这里需要指出的是，偏回归平方和（即偏回归平方和 Q_j）与相应的回归系数 b_j 的平方成正比。这表明，回归正交设计所求得的回归方程中，回归系数 b_j 的绝对值的大小反映了对应的变量 X_j 的作用程度。b_j 的绝对值越大，X_j 对 y 的影响越大。因此，当对回归分析的精度要求不高时，也可省略方差分析，而且直接把回归系数接近于零的因素从回归方程中剔除。其余实验方法同正交试验方法（表 4 - 9 - 3，表 4 - 9 - 4）。

表 4 - 9 - 3　一次回归正交设计实施方案

试验号	试验设计			实施方案		
	X_1	X_2	X_3	氮源	无机盐	碳源
1	1	1	1	7	0.025	15
2	1	1	−1	7	0.025	21
3	1	−1	1	7	0.05	15
4	1	−1	−1	7	0.05	21
5	−1	1	1	14	0.025	15
6	−1	1	−1	14	0.025	21
7	−1	−1	1	14	0.05	15
8	−1	−1	−1	14	0.05	21
9	0	0	0	10	0.0375	18
10	0	0	0	10	0.0375	18
11	0	0	0	10	0.0375	18
12	0	0	0	10	0.0375	18

表 4 - 9 - 4　计算回归系数

试验号	试验设计							y（产量）
	X_0	X_1	X_2	X_3	X_1X_2	X_1X_3	X_2X_3	
1	1	1	1	1	1	1	1	94.4
2	1	1	1	−1	1	−1	−1	95.7
3	1	1	−1	1	−1	1	−1	88.6
4	1	1	−1	−1	−1	−1	1	89.7
5	1	−1	1	1	−1	−1	1	72.1
6	1	−1	1	−1	−1	1	−1	90.8
7	1	−1	−1	1	1	−1	−1	73.8
8	1	−1	−1	−1	1	1	1	75.9
9	1	0	0	0	0	0	0	83

试验号	试验设计							y（产量）
	X_0	X_1	X_2	X_3	X_1X_2	X_1X_3	X_2X_3	
10	1	0	0	0	0	0	0	85.9
11	1	0	0	0	0	0	0	90.5
12	1	0	0	0	0	0	0	89.2
$Bi=\sum Xy$	1029.6	55.8	25	-23.2	-1.4	18.4	-16.8	
$di=\sum X^2$	12	8	8	8	8	8	8	
$bi=Bi/di$	85.8	6.975	3.125	-2.9	-0.175	2.3	-2.1	
$Qi=biBi$		389.205	78.125	67.28	0.245	42.32	35.28	
$y=85.8+6.975X_1+3.125X_2-2.9X_3-0.175X_1X_2+2.3X_1X_3-2.1X_2X_3$								

显著性检验如下。

$$\begin{cases} SS_y=\sum y2-（\sum y)^2/n=691.22 \\ df_y=12-1=11 \end{cases}$$

$$\begin{cases} SS_R=Q_1+Q_2+Q_3+Q_{12}+Q_{13}+Q_{23} \\ df_R=6 \end{cases}$$
$$\begin{cases} SS_r=SS_y-SS_R=78.77 \\ df_y=df_y-df_R=5 \end{cases}$$

$$\begin{cases} SS_e=\sum_{a=9}^{12} y_a{}^2-（\sum_{a=9}^{12} y_a)^2/4=34.12 \\ df_e=4-1=3 \end{cases}$$

$$\begin{cases} SS_{Lf}=SS_r-SS_e=44.56 \\ df_{Lf}=df_r-df_e=2 \end{cases}$$

（1）失拟性检验。

$F_{Lf} = MS_{Lf}/MS_e = (44.56/2)/(34.21/3) = 1.954^{ns} < F 0.05 (2, 3) = 9.55$

（若显著，可考虑二次回归设计）

（2）回归方程显著性检验。

$F_R = MS_{Lf}/MS_r = (612.45/6)/(78.77/5) = 6.479^*$

$[F_{0.05(6,5)} = 4.95, \quad F_{0.01(6,5)} = 10.7]$

（3）回归系数显著性检验。

还原。

【结果记录、报告和思考】

实验十　发酵过程

【目的和要求】

了解淀粉酶生产菌的生长规律和产淀粉酶的代谢规律。

【试剂与器材】

（1）菌株：高产淀粉酶菌株斜面或培养液。

（2）器材：高压灭菌锅、恒温摇床、振荡培养箱、显微镜、分光光度计、量筒、培养瓶、移液管、吸水纸、计数器、滴管、擦镜纸、纱布、棉塞。

【实验内容】

一、实验原理

淀粉酶作为产生菌的代谢产物，与菌体的生长有关联作用。

二、实验方法

1. 培养基配方

最优培养条件。

2. 培养基配制

每组配制 1000 mL 培养液。每组以 4 人计，每人做 2～3 瓶，共 10 瓶，每瓶装液体培养基 100 mL，共 1000 mL。称样后加入容器中，加少量水，搅拌并适当加热加水溶解。用量筒分装在培养瓶中，每瓶装 95 mL 培养液。用 8 层纱布、棉塞或聚丙烯薄膜封口。标签。

3. 高压蒸汽灭菌

0.1 MPa，20 分钟。冷却后出锅，取出，放入超净工作台中风冷，用紫外线照射 20 分钟。

4. 接种

用无菌的 5 mL 或 10 mL 小量筒或移液管接种，每瓶等量接入 5 mL 菌种。封口，贴标签。

5. 培养

接种后的培养瓶放在振荡培养箱或恒温摇床上培养，温度为 30 ℃，150 r/min。

6. 测定

定时测定培养瓶中培养液的 OD 值。每次重复测定 3 次以上。计算平均值。

7. 绘制生长曲线

计算生长曲线方程（表 4－10－1）。

表 4-10-1 生长曲线测定

时间 /小时	菌悬液 OD 值	平均 OD 值	淀粉酶活力	备注
0				
2				
4				
6				
8				
10				
12				
14				
16				
18				
20				
22				
24				
36				
48				
60				
72				
96				
120				
148				

【结果记录、报告和思考】

（1）绘制淀粉酶活力曲线。

（2）绘制生长曲线。

（3）比较淀粉酶活力和生长曲线说明二者之间的关系。

实验十一 生物发酵罐的操作实验

【目的和要求】

了解生物发酵罐的基本结构和操作方法。

【实验内容】

发酵罐是最常见和常用的生物反应器，已经实现生物发酵各种工艺参数的在位测定和自动控制。

发酵罐的基本结构（见附图4-1）：生物发酵罐系统＝罐体系统＋控制机箱＋空气压缩机＋蒸汽发生器。

操作流程：开机—空罐灭菌—加入培养液—实罐灭菌—冷却—接种—工艺参数设定—运行；发酵＋通气—终点；放料—清洗—关机。

【结果记录、报告和思考】

（1）记录生物发酵罐的详细结构。

（2）说明生物发酵罐的操作方法。

（3）说明生物发酵罐操作的注意事项。

扫码进入虚拟仿真模块

实验十二　流加培养酵母菌及其动力学参数的检测

【目的和要求】

认识高密度培养酵母细胞的方法，掌握流加培养的基本原理。

【试剂与器材】

（1）菌种：酵母菌种（使用前活化）。

（2）器材：生化培养箱，摇床，自控发酵罐，离心机，分光光度计。

【实验内容】

一、实验原理

酵母菌生长与代谢不仅取决于是否有氧，而且与糖的浓度有关。由于酵母具有 Crabtree 效应，当培养基中糖含量高时，即使在有氧条件下，酵母在生长的同时，也会产生大量的乙醇，从而使酵母对糖的得率（$Y_{x/s}$）下降。为了得到较高的酵母得率，就必须控制培养液中糖的浓度。不同的酵母菌种，其 Crabtree 效应的强弱不同。一般来说酿酒酵母的 Crabtree 效应较强，而假丝酵母等的 Crabtree 效应相对较弱。因此，要想获得较高的酵母得率，在培养酿酒酵母时需要控制较低的糖浓度。实验表明在足够氧浓度条件下培养酿酒酵母，当糖浓度高于 50 g/L 时，将有 50％ 的以上的糖用于生产乙醇；当培养液中的糖的浓度为 1 g/L 左右时，大约有 5％ 的糖用于生产乙醇；只有当培养液中的糖浓度低于 0.3 g/L 时，所有的糖才用来合成酵母细胞，此时酵母细胞得率达到最大值。

如果采用一次性投料的方法生产酵母，若培养液糖浓度低，虽然可以获得较高的酵母得率，但培养浓度太低，例如当投糖浓度为 1％ 时，最终酵母浓度最大为 0.4％，这样设备利用率太低。若培养液糖浓度高，虽然可获得较高的酵母浓度，但酵母得率较低，例如当投料糖浓度大于 5％ 时，在氧气足够的情况下酵母对糖的得率一般为 25％ 左右。由此可见酵母的高密度培养采用一次性投料的分批培养是不行的，而采用流加培养的方法可望得到满意的结果。在流加培养过程中，培养液中的糖的浓度可按照工艺要求控制在较低的水平。在培养过程中根据酵母的耗糖情况流加浓糖溶液，酵母利用多少，就补加多少，流加速率等于酵母的耗糖速率，在培养液中糖的浓度保持在较低的含量。这样酵母处于低糖条件下生长，而酵母的得率较高；随着流加培养过程的进行酵母的浓度也就越来越高。这就是酵母高浓度培养普遍采用流加培养的原因。

二、实验方法

1. 一级种子

100 mL 三角瓶（20 个），装有 20 mL 培养液（1％葡萄糖）；接新近活化的斜面菌种 1～2 环，30 ℃静止培养 24～36 小时。细胞浓度达到 $8.0×10^8$ 个/mL 以上，无杂菌、无死细胞。

2. 二级种子

500 mL 三角瓶（24 个），装有 80 mL 培养液（1%葡萄糖，酵母膏 0.5%，硫酸铵 0.2%，磷酸二氢钾 0.1%，pH 5.5～6.0）；每一瓶接一级种子液约 8 mL，30 ℃摇瓶培养 12～16 小时，细胞浓度达到 $1.5×10^8$ 个/mL 以上，无杂菌，无死细胞。

3. 培养基准备

（1）流加浓糖液：6000 mL，250 g/L 蔗糖或葡萄糖溶液，灭菌待用。

（2）营养盐：硫酸铵 150 g，磷酸二氢钾 30 g，硫酸镁 18 g，自来水配置成 600 mL，110 ℃，灭菌 15 分钟。

（3）消泡剂，新鲜食用油。

（4）碱液：10%碳酸钠溶液，400 mL×3。

（5）基液 8400 mL，装入自控发酵罐，121 ℃，实罐灭菌 20～30 分钟。

4. 流加培养

（1）接种：实罐灭菌后，待温度降到 30 ℃后，接入二级种子约 3000 mL，打开搅拌和通风，开始流加培养。

（2）糖液流加：开始糖流加速度可以控制在 180 mL/h 左右，1 小时后每小时取样测定还原糖，并根据测定结果调整糖液流加速度。开始由于种子培养液中带有残糖，糖浓度控制在 0.5%～1.0%，3 小时后糖浓度控制在 0.1%左右，16～20 小时全部糖液流加完毕，可发酵性糖浓度逐渐降低为零。

（3）营养盐：接种后，加营养盐 60 mL，以后每小时加一次，至 9 小时全部加完。

（4）温度：开始时 30 ℃，12 小时后逐步提高，至发酵结束时控制温度为 35 ℃左右。

（5）溶解氧：调节通风量与搅拌速度，控制溶氧浓度为饱和溶氧浓度的 19%～25%。

（6）细胞浓度：每 2 小时测定一次细胞浓度。流加过程中细胞浓度可采用分光光度计测定，取发酵液 3 mL，离心，再用蒸馏水洗涤两次，加水定容至 6 mL，以蒸馏水作为参比液，测定 540 nm 下的吸光度，再通过预先绘制的标准曲线计算其细胞浓度；最终发酵液的细胞浓度采用干重法测定。

（7）发酵周期：视酵母生长快慢而定，一般为 16～20 小时。

（8）最终发酵液体积为 18 000 mL。

5. 数据的处理

（1）根据生产过程的检测和记录的数据，绘制流加培养过程中糖液流加曲线和细胞浓度曲线，并对此流加生产过程的耗糖情况和细胞生长情况进行分析。

（2）细胞对糖的得率：

$$Y_{x/s} = \frac{Vx - V_0 x_0}{V_1 c_1 - V_0 c_0}$$

式中：V——最终发酵液总体积，L；

x——最终发酵液的细胞浓度，g/L；

V_0——接种液体积，L；

x_0——种子细胞浓度，g/L；

c_0——种子液中可发酵性糖浓度，g/L；

V_1——流加糖液总体积，L；

c_1——流加糖液中可发酵性糖浓度，g/L。

（3）细胞平均生长速率：

$$\frac{dx}{dt} = \frac{Vx - V_0 x_0}{T} \; [g/(L \cdot h)]$$

式中：T——流加培养时间，h。

三、活性干酵母制备

1. 制备流程

活性干酵母制备流程：离心—洗涤—加入保护剂—干燥（包括喷雾干燥、冷冻干燥、真空干燥）—评价。

在干燥前，往鲜酵母内加入某些种类的乳化剂可以改善干酵母的再水化性能，增强酵母对热干燥的抵抗能力，减少发酵力的损失。通常采用的乳化剂有单硬脂酸山梨糖醇酐、蔗糖酯和柠檬酸酯等，添加量为酵母干物质量的 $0.5\% \sim 2.0\%$。为防止干酵母的氧化，亦可添加少量的抗氧化剂如丁酰羟基苯甲醚等，添加量为 0.1%。由于这些化合物的添加，使活性干酵母的贮藏稳定性大为改善。

2. 试验设计

（1）离心力对收率及细胞存活率的影响。

设计不同离心力进行离心检测对收率的影响，通过复活试验说明不同离心条件对存活的影响，综合考虑得到最适的离心条件（表 4-12-1）。

表 4-12-1 实验设计表

离心系数	g			g			g			g		
时间												
细胞收率												
存活率												

细胞收率采用分光光度计法；存活率采用涂平板法（没有处理前活细胞的浓度）。

（2）保护剂的影响。

1）保护剂的种类。

2）保护剂添加量。

（3）制粉对干酵母活性的影响。

1）冷冻干燥。

2）喷雾干燥：喷雾的黏度（或细胞浓度）、喷雾的频率、喷雾的温度。

（4）优化工艺条件下活性干酵母的得率及活性。

【结果记录、报告和思考】

（1）为什么说酵母细胞产品的生产不适宜采用一次性投料的一般分批培养？

（2）根据流加培养过程中的细胞生长曲线，分阶段计算酵母细胞的比生长速率，分析培养过程中比生长速率逐渐下降的原因。

（3）一般情况下，酵母细胞对糖的得率系数可达 0.4，如果生产结果得率系数较低，试分析其可能的原因。

扫码进入虚拟仿真模块

实验十三　k$_L$a 的测定方法（亚硫酸钠氧化法）

【目的和要求】

在非发酵情况下，用亚硫酸钠氧化法来测定发酵罐通气或搅拌时的体积传质系数，从而考察通气、搅拌等因素对发酵罐内气液接触过程的体积传质系数 K$_L$a 的影响。

【试剂与器材】

发酵罐（搅拌或气升式），时钟，碘量瓶（4 只），刻度吸管（5 mL 1 支，10 mL 1 支），烧杯（100 mL、2000 mL 各 1 个），0.1 mol/L 碘液（每组每次实验消耗约 350 mL），0.1 mol/L 硫代硫酸钠（Na$_2$S$_2$O$_3$）溶液（每组每次实验消耗约 500 mL），无水亚硫酸钠（每组每次实验消耗约 50 g），硫酸铜（每组每次实验消耗约 0.5 g）。

【实验内容】

一、实验原理

以 Cu 为催化剂，溶解于水中的 O$_2$ 能立即将水中的 SO$_3{}^{2-}$ 氧化为 SO$_4{}^{2-}$，其氧化反应的速度几乎与 SO$_3{}^{2-}$ 浓度无关。实际上是 O$_2$ 一经溶入液相，立即就被还原掉。这种反应特性使溶氧速率成为控制氧化反应的因素。其反应式如下：

$$2Na_2SO_3 + O_2 \xrightarrow{Cu^{2+}} 2Na_2SO_4$$

剩余的 Na$_2$SO$_3$ 与过量的碘作用：

$$Na_2SO_3 + I_2 + H_2O \longrightarrow Na_2SO_4 + 2HI$$

剩余的 I$_2$ 用标准 Na$_2$S$_2$O$_3$ 溶液滴定：

$$I_2 + 2Na_2S_2O_3 \longrightarrow Na_2S_4O_6 + 2NaI$$

$$\Delta O_2 \sim \Delta Na_2SO_3 \sim \Delta I_2 \sim \Delta Na_2S_2O_3$$
$$1 \qquad\quad 2 \qquad\quad 2 \qquad\quad 4$$

可见，每溶解 1 mol O$_2$，将消耗 2 mol Na$_2$SO$_3$，将少消耗 2 mol I$_2$，将多消耗 4 mol Na$_2$S$_2$O$_3$。因此可根据两次取样滴定消耗 Na$_2$S$_2$O$_3$ 的摩尔数之差，计算体积溶氧速率。公式如下：

$$N_V = \frac{\Delta VM}{4\Delta t V_0} \times 3600 = \frac{900\Delta VM}{\Delta t V_0}$$

式中：N_V：两次取样滴定消耗 Na$_2$S$_2$O$_3$ 体积之差，

M：Na$_2$S$_2$O$_3$ 浓度，

Δt：两次取样时间间隔，

V_0：取样分析液体积。

将上述 N_V 值代入公式 $k_La=\dfrac{N_V}{C^*-C}$ 即可计算出 k_La。

由于溶液中 SO_3^{2-} 在 Cu^{2+} 催化下瞬间把溶解氧还原掉，所以在搅拌作用充分的条件下整个实验过程中溶液中的溶氧浓度 $C=0$。

在 0.1 MPa（1 atm）下，25 ℃时空气中氧的分压为 0.021 MPa，根据亨利定律，可计算出 $C^*=0.24$ mmol/L，但由于亚硫酸盐的存在，C^* 的实际值低于 0.24 mmol/L，因此一般规定 $C^*=0.21$ mmol/L，所以 $k_La=N_V/0.21$。

亚硫酸钠氧化法的优点是不需专用的仪器，适用于摇瓶及小型试验设备中 k_La 的测定。缺点是测定的是亚硫酸钠溶液的体积溶氧系数 k_La，而不是真实的发酵液中的 k_La。

二、实验方法

1. 发酵罐准备

发酵罐清洗，试运转，确定其最佳装液量。

2. 装罐实验

准确称取 31.5 g 亚硫酸钠，放置烧杯中，用 1 L 水溶解，待亚硫酸钠全部溶解后，倒入发酵罐中；准确称取 0.5 g 硫酸铜并溶解少量水中，将硫酸铜溶液倒入发酵罐中；在室温下，开动搅拌通气，调节搅拌转速 n 和通气量 Q 于一定值；开始计时反应，每隔一定时间（5分钟）取样 1 mL，分析测定其中的亚硫酸钠含量（每组实验共取 5 个样）。调节通气量或搅拌转速，重复上面的实验做另一组实验。根据考察搅拌转速或通气量对 k_La 的影响，进行改变实验条件，做 3 组条件实验。

【结果记录、报告和思考】

（1）根据发酵罐的大小和形式，确定装液量和各物料加入量。

（2）根据分析原理和实验提供的分析试剂的浓度，确定分析方法和步骤，确定取样量和分析样品的用量。

（3）根据提供的实验装置或设备的具体情况，确定实验条件。

扫码进入虚拟仿真模块

第五章　微生物生物信息学实验技术

随着人类基因组计划（HGP）的实施，生物信息学应运而生，成为 21 世纪自然科学的核心领域，同时推动生物信息学的建立。微生物因其分布广、种类多、易繁殖和变异、遗传基因多样性等特点，被广泛用作"模式生物"来研究，极大地促进了生物信息学的发展。人们深入研究自然环境中微生物群落、结构、功能与动态，研究污染环境中的微生物生态、通过环境微生物学的方法和原理进行环境监测与评价，研究并阐明微生物、污染物与环境三者之间的相互关系与作用规律，对保护环境、造福人类社会具有十分重要的意义。

实验一　核酸序列的检索

【目的和要求】

（1）掌握核酸序列检索的操作方法。

（2）熟悉 GenBank 数据库序列格式及其主要字段的含义。

（3）了解 EMBL 数据库序列格式及其主要字段的含义。

（4）熟悉 GenBank 数据库序列格式的 FASTA 序列格式显示与保存。

【实验内容】

（1）使用 Entrez 信息查询系统检索核酸序列 BC060830 和 NM ＿000230，连接提取该序列内容，阅读序列格式的解释，理解其含义。

（2）GenBank 数据库序列格式的 FASTA 序列格式显示与保存。

（3）使用 SRS 信息查询系统检索核酸序列 BC060830，连接提取该序列内容，阅读序列格式的解释，理解其含义。

【结果记录、报告和思考】

（1）在 GenBank 数据库中查询核酸序列 NM ＿000230、下载（以两种格式保存：GenBank 与 Fasta）、写出 GenBank 格式主要字段含义。

（2）在 EMBL 数据库中查询核酸序列 BC060830、下载（以两种格式保存：complete entries 与 Fasta）、写出 complete entries 格式主要字段含义。

实验二　核酸序列分析

【目的和要求】

（1）掌握已知或未知序列接受号的核酸序列检索的基本步骤。

（2）掌握使用 BioEdit 软件进行核酸序列的基本分析。

（3）熟悉基于核酸序列比对分析的真核基因结构分析（内含子/外显子分析）。

（4）了解基因的电子表达谱分析。

【实验原理】

针对核酸序列的分析就是在核酸序列中寻找基因，找出基因的位置和功能位点的位置，以及标记已知的序列模式等过程。在此过程中，确认一段 DNA 序列是一个基因需要有多个证据的支持。一般而言，在重复片段频繁出现的区域里，基因编码区和调控区不太可能出现；如果某段 DNA 片段的假想产物与某个已知的蛋白质或其他基因的产物具有较高序列相似性的话，那么这个 DNA 片段就非常可能属于外显子片段；在一段 DNA 序列上出现统计上的规律性，即所谓的"密码子偏好性"，也是说明这段 DNA 是蛋白质编码区的有力证据；其他的证据包括与"模板"序列的模式相匹配、简单序列模式如 TATA Box 等相匹配等。一般而言，确定基因的位置和结构需要多个方法综合运用，而且需要遵循一定的规则：对于真核生物序列，在进行预测之前先要进行重复序列分析，把重复序列标记出来并除去；选用预测程序时要注意程序的物种特异性；要弄清程序适用的是基因组序列还是 cDNA 序列；很多程序对序列长度也有要求，有的程序只适用于长序列，而对 EST 这类残缺的序列则不适用。

1. 重复序列分析

对于真核生物的核酸序列而言，在进行基因辨识之前都应该把简单的大量的重复序列标记出来并除去，因为很多情况下重复序列会对预测程序产生很大的干扰，尤其是涉及数据库搜索的程序。

2. 数据库搜索

把未知核酸序列作为查询序列，在数据库里搜索与之相似的已有序列是序列分析预测的有效手段。在理论课中已经专门介绍了序列比对和搜索的原理和技术。但值得注意的是，由相似性分析做出的结论可能导致错误的流传；有一定比例的序列很难在数据库里找到合适的同源伙伴。对于 EST 序列而言，序列搜索将是非常有效的预测手段。

3. 编码区统计特性分析

统计获得的经验说明，DNA 中密码子的使用频率不是平均分布的，某些密码子会以较高的频率使用而另一些则较少出现。这样就使得编码区的序列呈现出可察觉的统计特异性，即所谓的"密码子偏好性"。利用这一特性对未知序列进行统计学分析可以发现编码区的粗略位置。这一类技术包括：双密码子计数（统计连续两个密码子的出现频率）；核苷酸周期性分析（分析同一个核苷酸在 3，6，9，... 位置上周期性出现的规律）；均一/复杂性分析（长同聚物的统计计数）；开放可读框架分析等。

4. 启动子分析

启动子是基因表达所必需的重要序列信号，识别出启动子对于基因辨识十分重要。有一些程序根据实验获得的转录因子结合特性来描述启动子的序列特征，并依次作为启动子预测的依据，但实际的效果并不十分理想，遗漏和假阳性都比较严重。总的来说，启动子仍是值得继续研究探索的难题。

5. 内含子/外显子剪接位点

剪接位点一般具有较明显的序列特征，但是要注意可变剪接的问题。由于可变剪接在数据库里的注释非常不完整，因此很难评估剪接位点识别程序预测剪接位点的敏感性和精度。如果把剪接位点和两侧的编码特性结合起来分析则有助于提供剪接位点的识别效果。

6. 翻译起始位点

对于真核生物，如果已知转录起始点，并且没有内含子打断 5′非翻译区的话，"Kozak 规则"可以在大多数情况下定位起始密码子。原核生物一般没有剪接过程，但在开放阅读框中找正确的起始密码子仍很困难。这时由于多顺反操纵子的存在，启动子定位不像在真核生物中起关键作用。对于原核生物，关键是核糖体结合点的定位，可以由多个程序提供解决方案。

7. 翻译终止信号

PolyA 和翻译终止信号不像起始信号那么重要，但也可以辅助划分基因的范围。

8. 其他综合基因预测工具

除了上面提到的程序之外，还有许多用于基因预测的工具，它们大多把各个方面的分析综合起来，对基因进行整体的分析和预测。多种信息的综合分析有助于提高预测的可靠性，但也有一些局限：①物种适用范围的局限；②对多基因或部分基因，有的预测出的基因结构不可靠；③预测的精度对许多新发现基因比较低；④对序列中的错误很敏感；⑤对可变剪接、重叠基因和启动子等复杂基因语法效果不佳。

9. tRNA 基因识别

tRNA 基因识别比编码蛋白质的基因识别简单，目前基本已经解决了用理论方法预测 tRNA 基因的问题。tRNAscan－SE 工具中综合了多个识别和分析程序，通过分析启动子元件的保守序列模式、tRNA 二级结构的分析、转录控制元件分析和除去绝大多数假阳性的筛选过程，据称能识别 99％的真 tRNA 基因。

【实验内容】

（1）使用 Entrez 或 SRS 信息查询系统检索瘦素（leptin）的 mRNA、基因组 DNA、外显子和 5′调控区（promoter）等核酸序列，连接提取该序列内容，阅读序列格式的解释，理解其含义。

（2）使用 BioEdit 软件对上述核酸序列进行碱基组成、碱基分布、序列变换以及限制性酶切分析等基本分析，并从 BioEdit 软件的"help"栏了解该软件的其他功能。

（3）使用 BioEdit 软件对瘦素的 mRNA 序列进行可读框架分析。

（4）使用 NCBI 查询系统进行瘦素的基因组序列分析和基因的电子表达谱分析。

（5）使用 Blast2 进行瘦素 mRNA 序列与其外显子或基因组序列的比对分析。

【实验方法】

（1）进入 NCBI 主页：http：//www. ncbi. nlm. nih. gov/，或者直接在地址栏输入 Entrez 网址：http：//www. ncbi. nlm. nih. gov/Entrez。

（2）在输入栏输入 homo sapiens leptin。

（3）在选择栏中选择 nucleotide 进行搜索。

（4）在显示序列结果中查找 Homo sapiens leptin（LEP），mRNA 序列（提示：NM_000230），点击序列接受号后显示序列详细信息。

（5）将序列转为 FASTA 格式保存（sequence1）。

（6）根据从 NM_000230 了解的基因定位信息查找瘦素的基因组 DNA（Contig）的序列识别号，点击序列识别号显示序列详细信息（提示：在 NM_000230 序列信息中查找 geneID，点击 3952 进入瘦素的基因信息页面）。

（7）查询瘦素基因组的序列分析和 5′调控区序列信息（提示：在 NM_000230 序列信息中查找 HGNC，点击 6553，进入 HUGO Gene Nomenclature Committee（HGNC）页面，点击 GENATLAS—LEP 可显示瘦素基因信息及物理图谱。进一步点击 10 kb 5′upstream gene genomic sequence study 可获得 5′调控区序列）。

（8）查询瘦素基因的电子表达谱分析（提示：在 UniGene 中查询 NM_000230）。

（9）查找瘦素外显子序列（exon），将序列转为 FASTA 格式保存（sequence2）。

（10）按上述步骤用 SRS 信息查询系统检索瘦素的 mRNA、基因组 DNA、外显子和 5′调控区等核酸序列。

（11）瘦素 mRNA 序列与其外显子或基因组序列的比对分析：回到 NCBI 主页点击右边栏目 BLAST—打开 BLAST 页面后点击 Align—将瘦素 mRNA 和外显子的 FASTA 格式序列分别输入 sequence2 和 sequence1 分析框或将瘦素 mRNA 和基因组序列的版本号或 GI 号输入 sequence2 和 sequence1 的分析框—点击 BLAST 后

显示两序列比对的详细信息—查找 mRNA 序列上各外显子的位置。

（12）将上述核酸序列输入 BioEdit 软件进行序列基本分析。

1）打开 BioEdit 软件，点击"help"栏，阅读"contents"。

2）将瘦素的 mRNA 序列载入 BioEdit 软件进行合算序列分析：打开 BioEdit 软件—将瘦素 mRNA 的 FASTA 格式序列输入分析框—点击选中左侧序列说明框中的序列号—点击 sequence 栏—选择 nucleic acid—点击需要分析的项目〔如 Nucleotide Composition（核苷酸组成）、Complement（互补）、Translate（翻译）、Find Next ORF（寻找下一个开放读码框架 ORF）、Restriction Map（限制性内切酶图谱）等〕。

【结果记录、报告和思考】

（1）归纳对瘦素的核酸序列分析的结果，列出主要的分析结果。

（2）总结核酸序列分析的基本步骤，相互对比结果，指出应注意的事项。

实验三　PCR 引物设计及评价

【目的和要求】

（1）掌握引物设计的基本要求，并熟悉使用 Primer premier 5.0 软件进行引物搜索。

（2）掌握使用软件 Oligo 6.0 对设计的引物进行评价分析。

【实验原理】

一、引物设计原则

聚合酶链式反应（polymerase chain reaction）即 PCR 技术，是一种在体外快速扩增特定基因或 DNA 序列的方法，故又称基因的体外扩增法。PCR 技术已成为分子生物学研究中使用最多、最广泛的手段之一，而引物设计是 PCR 技术中至关重要的一环，使用不合适的 PCR 引物容易导致实验失败：表现为扩增出目的带之外的多条带（如形成引物二聚体带），不出带或出带很弱等等。现在 PCR 引物设计大都通过计算机软件进行，可以直接提交模板序列到特定网页，得到设计好的引物，也可以在本地计算机上运行引物设计专业软件。引物设计原则如下。

（1）引物应在序列的保守区域设计并具有特异性。引物序列应位于基因组 DNA 的高度保守区，且与非扩增区无同源序列。这样可以减少引物与基因组的非特异结合，提高反应的特异性。

（2）引物的长度一般为 15~30 bp。常用的是 18~27 bp，但不应大于 38 bp，因为过长会导致其延伸温度大于 74 ℃，不适于 Taq DNA 聚合酶进行反应。

（3）引物不应形成二级结构。引物二聚体及发夹结构的能值过高易导致产生引物二聚体带，并且降低引物有效浓度而使 PCR 反应不能正常进行。

（4）引物序列的 GC 含量一般为 40%~60%。过高或过低都不利于引发反应。上下游引物的 GC 含量不能相差太大。

（5）引物所对应模板位置序列的 Tm 值在 72 ℃左右可使复性条件最佳。Tm 值的计算有多种方法，如按公式 Tm＝4（G＋C）＋2（A＋T）。

（6）引物 5′端序列对 PCR 影响不太大，因此常用来引进修饰位点或标记物。可根据下一步实验中要插入 PCR 产物的载体的相应序列而确定。

（7）引物 3′端不可修饰。引物 3′端的末位碱基对 Taq 酶的 DNA 合成效率有较大的影响。不同的末位碱基在错配位置导致不同的扩增效率，末位碱基为 A 的错配效率明显高于其他 3 个碱基，因此应当避免在引物的 3′端使用碱基 A。

（8）引物序列自身或者引物之间不能在出现 3 个以上的连续碱基，如 GGG 或 CCC，也会使错误引发概率增加。

（9）G 值指 DNA 双链形成所需的自由能，该值反映了双链结构内部碱基对的相对稳定性。应当选用 3′端 G 值较低（绝对值不超过 9），而 5′端和中间 G 值相对较高的引物。引物的 3′端的 G 值过高，容易在错配位点形成双链结构并引发 DNA 聚合反应。

值得一提的是，各种模板的引物设计难度不一。有的模板本身条件比较困难，例如 GC 含量偏高或偏低，导致找不到各种指标都十分合适的引物；在用作克隆目的的 PCR 因为产物序列相对固定，引物设计的选择自由度较低，在这种情况只能退而求其次，尽量去满足条件。

二、引物设计软件 Primer premier 5.0 及 Oligo 6.0

"Premier"的主要功能分四大块，其中有三种功能比较常用，即引物设计、限制性内切酶位点分析和 DNA 基元（motif）查找。"Premier"还具有同源性分析功能，但并非其特长，在此略过。此外，该软件还有一些特殊功能，其中最重要的是设计简并引物，另外还有序列"朗读"、DNA 与蛋白序列的互换、语音提示键盘输入等等。有时需要根据一段氨基酸序列反推到 DNA 来设计引物，由于大多数氨基酸（20 种常见结构氨基酸中的 18 种）的遗传密码不只一种，因此，由氨基酸序列反推 DNA 序列时，会遇到部分碱基的不确定性。这样设计并合成的引物实际上是多个序列的混合物，它们的序列组成大部分相同，但在某些位点有所变化，称之为简并引物。遗传密码规则因物种或细胞亚结构的不同而异，比如在线粒体内的遗传密码与细胞核是不一样的。"Premier"可以针对模板 DNA 的来源以相应的遗传密码规则转换 DNA 和氨基酸序列。软件共给出八种生物亚结构的不同遗传密码规则供用户选择，有纤毛虫大核（Ciliate Macronuclear）、无脊椎动物线粒体（Invertebrate Mitochondrion）、支原体（Mycoplasma）、植物线粒体（Plant Mitochondrion）、原生动物线粒体（Protozoan Mitochondrion）、一般标准（Standard）、脊椎动物线粒体（Vertebrate Mitochondrion）和酵母线粒体（Yeast Mitochondrion）。

对引物进行分析评价的软件中，"Oligo"是最著名的。它的使用并不十分复杂，Oligo 6.0 的界面是三个图，Tm 图、ΔG 图和 Frq 图。"Oligo"的功能比"Premier"还要单一，就是引物设计。但它的引物分析功能强大，所以引物设计的最佳搭配是"Premier"进行引物搜索，"Oligo"对引物分析评价。

【实验内容】

（1）使用 Primer premier 5.0 软件进行瘦素（leptin）mRNA 引物的设计。

（2）使用 Oligo 6.0 对引物进行评价分析。

【实验方法】

一、引物搜索

（1）打开 Primer premier 5.0 软件，调入瘦素基因序列：点击"file""open"" DNA sequence"；或者直接点击"file""new""DNA sequence"，弹出一对话框（图 5-3-1），然后将序列瘦素基因复制在空白框（图 5-3-2）。

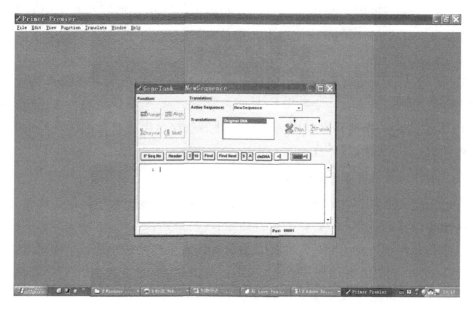

图 5 - 3 - 1　引物搜索界面 1

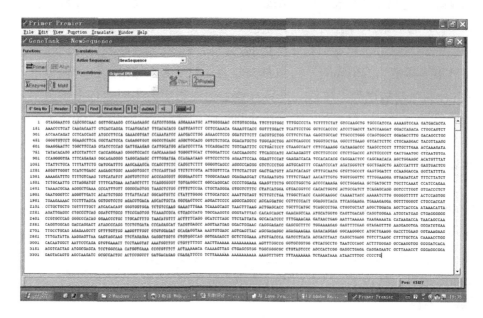

图 5 - 3 - 2　引物搜索界面 2

（2）序列文件显示如图，点击"Primer"（图 5 - 3 - 3）。

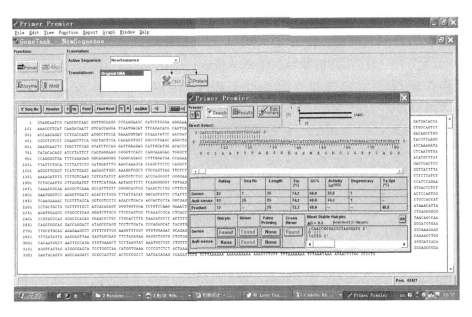

图 5 - 3 - 3　引物定位

（3）进一步点击"search"按钮，出现"search criteria"窗口，有多种参数可以调整（图 5 - 3 - 4）。搜索目的（Search For）有三种选项，PCR 引物（PCR Primers），测序引物（Sequencing Primers），杂交探针（Hybridization Probes）。搜索类型（Search Type）可选择分别或同时查找上、下游引物（Sense/Anti - sense Primer，或 Both），或者成对查找（Pairs），或者分别以适合上、下游引物为主（Compatible with Sense/Anti - sense Primer）。另外还可改变选择区域（Search

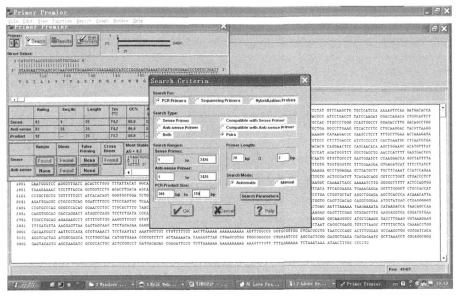

图 5 - 3 - 4　参数设置

Ranges），引物长度（Primer Length），选择方式（Search Mode），参数选择（Search Parameters）等等。使用者可根据自己的需要设定各项参数。我们将 Product Size 设置 300～350，其他参数使用默认值。

然后点击"OK"，随之出现的 Search Progress 窗口中显示 Search Completed 时，再点击"OK"（图 5-3-5）。

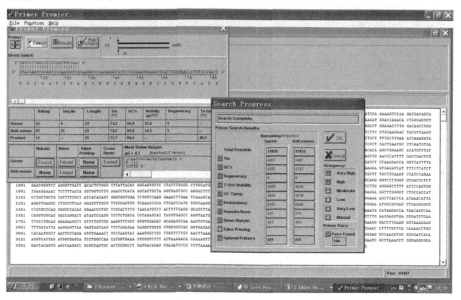

图 5-3-5 引物搜索

（4）这时搜索结果以表格的形式出现，有三种显示方式：上游引物（Sense），下游引物（Anti-sense），成对显示（Pairs）。默认显示为成对方式，并按优劣次序（Rating）排列，满分为 100，即各指标基本都能达标（图 5-3-6）。

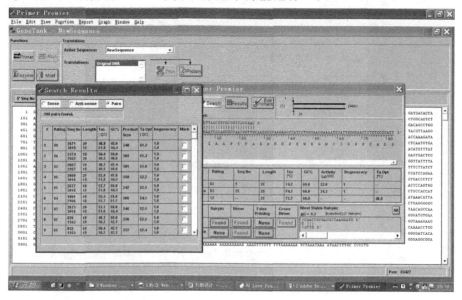

图 5-3-6 拟配对引物展示

（5）按照搜寻结果显示，在主窗口中检查该引物对的二级结构情况，逐条分析，依次筛选。下面进行序列筛选：点击其中一对引物，如第 21♯ 引物，在"Pei-mer Premier"主窗口，如图 5-3-7 所示：该图分三部分，最上面是图示 PCR 模板及产物位置，中间是所选的上下游引物的一些性质，最下面是四种重要指标的分析，包括发夹结构（Hairpin），二聚体（Dimer），错误引发情况（False Priming），及上下游引物之间二聚体形成情况（Cross Dimer）。当所分析的引物有这四种结构的形成可能时，按钮由"None"变成"Found"，点击该按钮，在左下角的窗口中就会出现该结构的形成情况。一对理想的引物应当不存在任何一种上述结构，因此最好的情况是最下面的分析栏没有"Found"，只有"None"。值得注意的是中间一栏的末尾给出该引物的最佳退火温度，可参考应用。

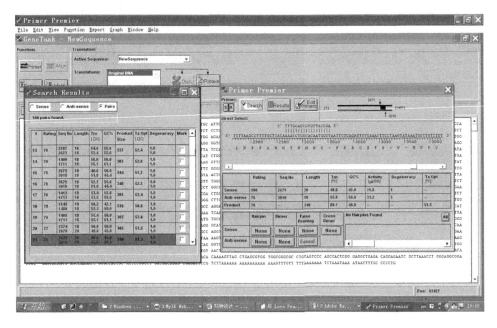

图 5-3-7 选定引物

二、引物分析

（1）打开 Oligo 的页面，如图 5-3-8。

（2）单击 file 菜单再点 open 或点击"打开"快捷图标或者用快捷键"Ctrl+O"可弹出一对话框，然后选择序列瘦素基因，出现以下窗口（图 5-3-9）。

（3）点击"window"再点击"Tile"，出现以下窗口（图 5-3-10），图中显示的三个指标分别为 Tm、ΔG 和 Frq，因为分析要涉及多个指标，起动窗口的 cascade 排列方式不太方便，可从 windows 菜单改为 tile 方式。如果觉得太拥挤，可去掉一个指标。

ΔG 值反映了序列与模板的结合强度，最好引物的 ΔG 值在 5′ 端和中间值比较高，而在 3′ 端相对低。

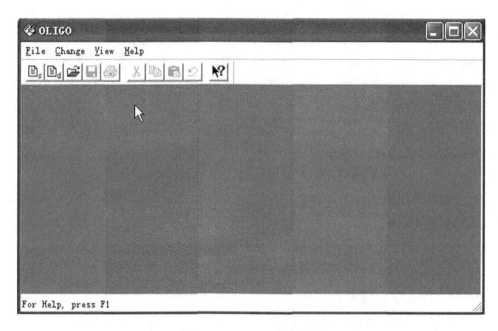

图 5 - 3 - 8　Oligo 软件页面

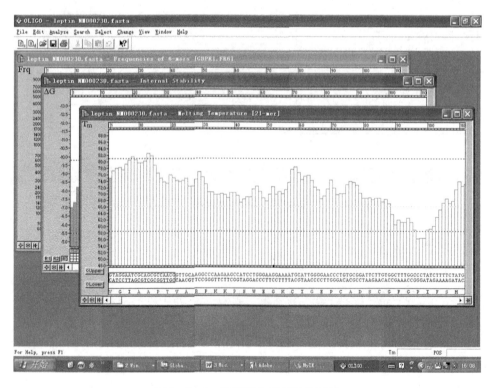

图 5 - 3 - 9　序列退火温度整体展示

　　Tm 值曲线以选取 72 ℃附近为佳，5′到 3′的下降形状也有利于引物引发聚合反应。

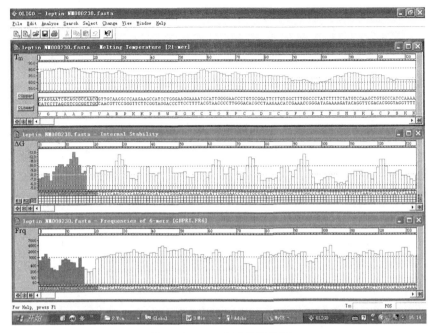

图 5 - 3 - 10　序列参数选取

Frq 曲线为 "Oligo 6.0" 新引进的一个指标，揭示了序列片段存在的重复概率大小。选取引物时，宜选用 3′端 Frq 值相对较低的片段。

(4) 在设计时，可依据图上三种指标的信息选取序列，如果觉得合适，可点击 Tm 图块上左下角的 Upper 按钮，选好上游引物，此时该按钮变成红色，表示上游引物已选取好。下游引物的选取步骤基本同上，只是按钮变成 Lower（图 5 - 3 - 11）。

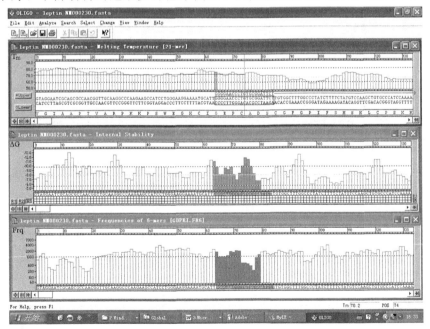

图 5 - 3 - 11　确定上下游引物

　　（5）当上下游引物全选好以后，需要对引物进行评价（图 5 - 3 - 12）。可以用 "Analyse" 菜单分析引物，比如有无引物二聚体、发卡结构等等。首先检查引物二聚体尤其是 3′ 端二聚体形成的可能性。需要注意的是，引物二聚体有可能是上游或下游引物自身形成，也有可能是在上下游引物之间形成（cross dimer）。二聚体形成的能值越高，越不符合要求。一般的检测（非克隆）性 PCR，对引物位置、产物大小要求较低，因而应尽可能选取不形成二聚体或其能值较低的引物。第二项检查是发夹结构（hairpin）；与二聚体相同，发夹结构的能值越低越好。一般来说，这两项结构的能值以不超过 4.5 为好。当然，在设计克隆目的的 PCR 引物时，引物两端一般都添加酶切位点，必然存在发夹结构，而且能值不会太低。这种 PCR 需要通过灵活调控退火温度以达到最好效果，对引物的发夹结构的检测就不应要求太高。第三项检查为 GC 含量，以 45% ～ 55% 为宜。有一些模板本身的 GC 含量偏低或偏高，导致引物的 GC 含量不能被控制在上述范围内，这时应尽量使上下游引物的 GC 含量以及 Tm 值保持接近，以有利于退火温度的选择。

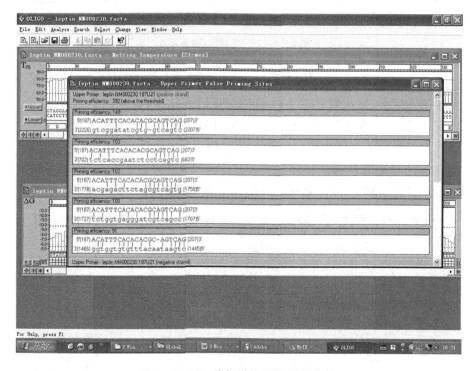

图 5 - 3 - 12　分析引物 PCR 不利参数

　　当结束以上三项检测，按 Alt＋P 键弹出 PCR 窗口，其中总结性地显示该引物的位置、产物大小、Tm 值等参数，最有用的是还给出了推荐的最佳退火温度和简单的评价。

【结果记录、报告和思考】

　　（1）提交使用 Primer premier 5.0 及 Oligo 6.0 软件进行瘦素 mRNA 引物的设

计结果。

1）使用引物设计软件 Primer premier 5.0 进行瘦素 mRNA 引物搜索结果截图（包括 S 链和 A 链截图）。

2）Oligo 6.0 分析此对引物的结果（包括 Duplex formation、Hairpin formation、False Priming Sites 截图）。

3）综合 Primer premier 5.0 与 Oligo 6.0 的引物设计结果为：

sense：　　$5'$－XXXXXXXXXXXXXXXXXXX－$3'$（? bp）

antisense：$5'$－XXXXXXXXXXXXXXXXXXX－$3'$（? bp）

注意：在填 antisense 时要注意 $3'$ 到 $5'$ 翻转成 $5'$ 到 $3'$。

（2）总结引物设计应注意的关键事项。

实验四　微生物基因家族的多序列比对分析

【目的和要求】

（1）了解多序列比对的原理和用途。

（2）掌握 ClustalX 和 ClustalW 软件的使用。

【实验原理】

多序列比对（Multiple Sequence Alignment，MSA）就是把两条以上可能有系统进化关系的序列进行比对的方法，它能识别具有功能、结构重要性的局部保守区，同时还可以辅助检查一个序列家族中的全局相似性和进化亲缘关系。因此多序列比对是对遗传和进化研究具有重要意义的生物信息学序列分析方法。

多序列比对的应用：①用于描述一组序列之间的相似性关系，以便了解一个基因家族的基本特征，寻找序列模式（motif）、保守区域等；②用于描述同源基因之间的亲缘关系的远近，应用到分子进化分析中；③其他应用，如构建 profile、打分矩阵等。

根据比对原理，多序列比对分全局比对和局部比对两种。全局比对常用的工具有 Clustal 系列软件等，局部比对常用工具如 T - coffee 等。

Clustal 是一个单机版的基于渐进比对的多序列比对工具，由 Higgins D. G. 等开发。有应用于多种操作系统平台的版本，包括 Linux 和 DOS 版的 ClustalW，Windows 版的 ClustalX 等（图 5 - 4 - 1），当前的最新版本是 ClustalW（X）2。

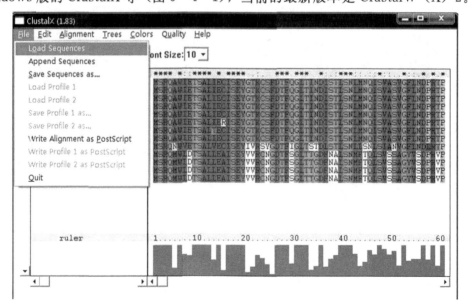

图 5 - 4 - 1　ClustalX 序列比对界面

Clustal 是一种渐进的比对方法，先将多个序列两两比对构建距离矩阵，反映序列之间两两关系；然后根据距离矩阵计算产生系统进化指导树，对关系密切的序列进行加权；然后从最紧密的两条序列开始，逐步引入临近的序列并不断重新构建比对，直到所有序列都被加入为止。

Clustal 的工作原理：输入多个序列，首先进行快速的序列两两比对，计算序列间的距离，获得一个距离矩阵；然后用邻接法（Neighbor Joining，NJ）构建一个引导树；最后根据引导树，渐进比对多个序列。

Clustal 的输入输出格式：输入序列的格式比较灵活，可以是前面介绍过的 FASTA 格式，还可以是 PIR、SWISS - PROT、GDE、Clustal、GCG/MSF、RSF 等格式。输出格式也可以选择，有 ALN、GCG、PHYLIP 和 NEXUS 等，用户可以根据自己的需要选择合适的输出格式。

【实验内容】

1. ClustalX（Windows 环境）

（1）运行 ClustalX。

（2）Ctrl＋O 打开包含 FASTA 格式的序列文件 at _ 微生物 _ cds. fa。

（3）在菜单中选取 Alignment→Output Format Options 设置输出文件格式。

（4）在菜单中选取 Alignment→ Alignment Parameters → Multiple Alignment Parameters 设置序列比对参数。

（5）在菜单中选取 Alignment→Do complete alignment，弹出对话框中设定好输出文件名后，点击 OK 按钮开始多序列比对。

2. ClustalW（Linux 环境）

（1）在个人目录下新建目录 alignment，并进入该目录：

    cd

    mkdir alignment

    cd alignment

（2）将公共目录下的序列文件拷贝到 alignment 目录（当前目录）中：

    cp /home/pub/alignment/ ＊. 注意最后的 "."。

（3）用 clustalW2 进行多序列比对（两种方法）：

    clustalW2 at _ 微生物 _ cds. fa 利用默认参数进行比对。

    clustalW2 交互式，可以修改参数和输出格式。

【结果记录、报告和思考】

（1）记录运行环境（包括操作系统和软件），实验步骤，结果文件。

（2）实验中遇到的问题是如何解决的？

实验五　微生物基因家族的分子进化分析

【目的和要求】

（1）了解贝叶斯方法推断系统发生树的原理。

（2）掌握软件 MrBayes 的使用方法。

【实验原理】

MrBayes 程序所采用的贝叶斯推理法是从贝叶斯定理（Bayes' theorem）衍生而来的。贝叶斯定理用于估算某一事件在另一相关联的事件发生以后将会发生的概率，即后验概率（posterior probability）。在系统发生分析中，贝叶斯推理法通过对一定数量进化树的后验概率分布情况进行分析，从而对系统发生事件做出判断。分析时需要采用马可夫链-蒙特卡罗（Markov chain Monte Carlo，MCMC）数据模拟技术来估算后验概率。

1. 文件格式

文件输入，输入格式为 Nexus file（ASCII，a simple text file）：

或者还有其他信息：

interleave＝yes 代表数据矩阵为交叉序列。

Nexus 文件可由 Clustal W、MacClade 或者 Mesquite 生成。但 Mrbayes 并不支持完整的 Nexus 标准。

同时，Mrbayes 像其他许多系统软件一样允许模糊特点，如：如果一个特点有两个状态 2、3，可以表示为：（23），（2，3），｛23｝或者｛2，3｝。但除了 DNA ｛A，C，G，T，R，Y，M，K，S，W，H，B，V，D，N｝、RNA ｛A，C，G，U，R，Y，M，K，S，W，H，B，V，D，N｝、Protein ｛A，R，N，D，C，Q，E，G，H，I，L，K，M，F，P，S，T，W，Y，V，X｝、二进制数据 ｛0，1｝、标准数据（形态学数据）｛0，1，2，3，4，5，6，5，7，8，9｝外，并不支持其他数据或者符号形式。

2. 执行文件

execute＜filename＞或缩写 exe＜filename＞，注意：文件必须在程序所在的文件夹（或者指明文件具体路径），文件名中不能含有空格，如果执行成功，执行窗口会自动输出文件的简单信息。

3. 选定模型

通常至少需要两个命令：lset 和 prset，lset 用于定义模型的结构，prset 用于定义模型参数的先验概率分布。在进行分析之前可以执行 showmodel 命令检查当前矩阵模型的设置，或者执行 help lset 检查默认设置。

Nucmodel 用于指定 DNA 模型的一般类型。我们通常选取标准的核苷酸替代模型（nucleotide substitution model），即默认选项 4by4。另外，Doublet 选项用于核糖体 DNA 成对茎区（paired stem regions of ribosomal DNA）的分析，Codon 选项用于 DNA 序列的密码子（DNA sequence in terms of its codons）的分析。

替代模型的一般结构一般由 Nst 设置决定。默认状态下，所有的置换比率相同，对应于 F81 模型（JC model）。一般选用 GTR 模型，即 Nst＝6。

Code 设置只有在 DNA 模型设置为 codon 的情况下才能使用。Ploidy 设置无须设置。

Rates 通常设置为 invgamma 或 Ngammacat，一般采用默认选项 4。通常这个设置已经足够，增加该选项设置的数量可能会增加似然计算的精确性，但所用时间也成比例增加，大多数情况下，由增加该数值对结果的影响可以忽略不计。

余下的选项中，只有 Covarion 和 Parsmodel 与单核苷酸模型相关，保留默认状态。

在对矩阵做了以上修改后，重新输入 help lset 命令，可以查看变化后的设置。

4. 设置先验参数（prior）

至此，可以为模型设置先验参数了。模型有 6 种类型的参数：

the topology

the branch lengths

the four stationary frequencies of the nucleotides

the six different nucleotide substitution rates

the proportion of invariable sites

the shape parameter of the gamma distribution of rate variation

默认参数在大多数分析中都已足够，通常不需修改，如需立即使用，这部分可以跳过。

通过输入 help prset 可以获得模型的各参数默认设置列表。

5. 分析及设置

由 mcmc 命令设置参数并开始分析。

在设置前可以输入 help mcmc 命令查看默认设置。

Seed 是随机数产生器随机输出的一个种子数值。Swap seed 是单独的用于产生随机交换序列的随机数产生器。除非特别指定，这两个值由系统时钟生成。

Ngen（number of generations）设置分析对应代数。通常可以先设置较少的代数以确认分析的各项设置正常，并可以估计一个较长的分析所要用的时间和代数。如果要设置 ngen 值但不想立即开始分析，可以使用 mcmcp 命令，如 mcmcp ngen ＝10 000。

默认状态下，bayes 会同时运行两个（Nruns＝2）完全独立的但由不同的随机树开始的分析。一般采取默认设置。

检查 Mcmc diagn 参数是否设置为 yes，Diagnfreq 是否设置为一个合适的值，如默认的每第 1000 代（可以更改）。这样 bayes 会在每第 1000 代计算各种运行（分析）的诊断，并把它们保存在一个＜filename＞.mcmc 的文件中。最重要的诊断，不同分析中树取样（the tree samples）的相似性的衡量，也会在每 1000 代输出到屏幕上。每一次诊断完成，一个固定数量（burnin）或者比例（burninfrac）的样品会被丢弃。Relburnin 参数定义是使用固定数量（relburnin＝no）还是百分比（relburnin＝yes）。默认状态为（relburnin＝yes and burninfrac＝0.25），即每个诊断完成，25％的样品被丢弃。

默认状态下，bayes 会使用 Metropolis coupling 提高目标分布的 mcmc 采样。Swapfreq，Nswaps，Nchains 和 Temp 四个参数一起控制 Metropolis coupling 行为。

Nchains 设置为 1，不使用 heating。设置为 n，n－1 个热链（heated chains）被使用。默认 n＝4，表示 bayes 会使用 3 个热链和 1 个冷链（cold chain）。根据经验，heating 对于大于 50 个类群（序列）的分析是很重要的。增加热链数量对于分析大的困难的数据集可能有帮助，但分析时间也会随着链的增加成比例增加。MPI 版本的程序要好些，时间影响较小。

Bayes 使用一种增值的热方案（an incremental heating scheme），该方案下，通过增加其后验概率，链 i 被 heated 到 the power $1/(1+i\lambda)$，其中 λ 是由 Temp 参数控制。Heating 的作用是保持后验概率平稳（flatten out the posterior probability），以便热链可以轻松找到后验概率中的峰（isolated peaks），帮助冷链快速通过这些峰。每一代会从两条链中随机抽取并交换它们的状态。默认参数对大多数分析已足够，但如果采用了不止 3 个热链，可以增加交换数量（Nswaps，number of swaps），默认设置为每次链停交换一次。

Samplefreq 定义对链取样的频率。默认状态下，每第 100 代，对链取样一次。如果分析量较小，也许想尽快使其收敛，可设置为每 10 代取样一次。改变该参数 mcmcp samplefreq＝10。

每次对链取样的参数会被保存在文件中。替代模型参数会保存在 filename.p 文件中，每个独立的分析有各自的参数文件 filename.nex.run1.p 和 filename.nex.run2.p。拓扑和枝长被保存在 filename.t 文件中，即 filename.run1.t 和 filename.run2.t 中。

Printfreq 参数定义链的状态输出到屏幕上的频率。默认为每 100 代输出一次。

默认状态下，bayes 自动把枝长保存在树文件中 filename.。

利用 Startingtree 命令，可以自定义起始树，默认状态下是随机选择起始树。

6. 运行分析

用于分析的各项参数都设置好后（mcmcp），就可以开始分析了。输入 mcmc 命令，窗口会显示用于本次分析的模型和后验概率的一些设置情况。

提议可能性可以用 props 命令进行修改，但最好默认，不适当的修改可能使分析失败。

然后分析就开始运行,窗口会输出每 100 代链的状态信息。

其中第 1 栏为代数,2~5 为其中一个分析的 4 个链的对数似然值,中括号为冷链。

如果运行良好的话,冷链会不断变动位置,表示冷链成功地和热链交换了位置。如果冷链停滞不动,则高通量耦合运行效率低或无,需要延长分析时间或者将热冷链间的温度差值降低。

最后一栏为运行剩余时间,在运行初始,该值可能偏大,逐渐平稳而代表真实剩余时间。

7. 停止分析

当要求的代数已经运行完毕,窗口会提示询问是否继续运行,如果回答 yes,会要求输入继续运行的代数。在回答之前,我们一般要先检查分裂频率的平均标准差的值,该值代表两个独立分析当前的相似性程度,越接近 0 越好。虽然我们推荐聚敛诊断(convergence diagnostic),比如上面的分裂频率标准偏差,来决定运行时间,但其实有更简单但可能不是非常有效的方法来决定分析的停止与否。最简单的是检查冷链的对数似然值,在分析初始,该值变化较大,当该值逐渐平稳而不变化,而且两个独立的分析中的该值相等或几乎相等时,可以停止分析,但这个方法不如聚敛诊断精确。

8. 总结样品替代模型参数

在运行过程中,每代的替代模型参数样本(Samples of Substitution Model Parameters)已经被写入 filename. p 文件中。

方括号中第一个数字,是可以知道这个取样来源的随机生成的 ID 号,第 2 行为标题,从左到右依次为:①代数(Gen);②冷链对数似然值(LnL);③树长(TL);④6 个 GTR 比率参数 [r (A<->C), r (A<->G) 等];⑤4 个核苷酸发生频率 [pi (A), pi (C) 等];⑥比率变化伽马分布的形状参数(alpHa);⑦不变位点的比例(pinvar)。如果数据集使用了一个不同的模型,文件内容也会有所不同。

Sump 命令用于总结取样参数值(summarize the sampled parameter values),如 sump burnin=250,默认状态下,该命令总结 filename. p 文件中最近形成的 25% 取样参数信息。

Sump 命令会首先生成一个代数和对数似然值的关系图。如果分析已足够的话,图看起来很平稳,没有上升或者下降的趋势。

如果有任何上升或者下降的趋势,可能需要延长分析时间以获得充分的后掩盖率分布取样。

在下面,有一个总结取样参数值的表,列举了各参数的平均值、方差、95% 可靠间区的最高最低值、中间值和 PSRF(the Potential Scale Reduction Factor)。各参数就是 filename. p 中的各参数。PSRF 也是一种聚敛诊断方式,如果分析较彻底，该值应接近 1.0。

9. 总结样品树和枝长

树和枝长输出到 filename.t 文件中，为 nexus 格式的树文件。

总结树和枝长信息，输入命令 sumt，如 sumt burnin=250。

Sumt 命令会输出分类群二部分类汇总统计，一个具有枝长可信度（posterior probability）的树和一个系统演化树（如果枝长已经保存的话）。数据总结以"点-星"形式描述每一枝，点和枝分别代表两个分枝部分。后面列出了分枝的取样数（♯obs），分枝的概率，分枝发生频率标准差（the standard deviation of the partition frequency），枝长的平均值〔Mean（v）〕和变化 variance〔Var（v）〕和 PSRF，最后是改枝取样所在的独立分析，即分析 1 或者分析 2。

进化枝信誉树（clade credibility tree）给出每一分枝的可信度，系统演化树给出枝长。

10. 系统演化树

Sumt 命令还产生 3 个附加文件：filename.parts 文件，包含二部分类表与其后验概率，以及与之有关的枝长。枝长值是基于包含相关两分枝的树的。Filename.con 文件包含两棵一致树，第 1 棵同时包含了枝的后验概率（以内部结点标签的形式）和枝长，可由 treeview 读取。第 2 棵仅包含枝长，可由多种软件读取，如 MacClade Mesquite 等。第 3 个 filename.trprobs 文件包含了 mcmc 搜索过程中找到的树，由后验概率分类。

【实验内容】

1. 将 /home/pub/mrbayes/ 目录拷到个人目录下

```
cd
cp - r /home/pub/mrbayes/.
cd mrbayes
```

2. 运行 MrBayes

mb 若找不到命令，检查环境变量路径，将 /usr/local/bin 添加到路径。

3. 读入 .nex 文件

```
> execute primates.nex。
```

4. 设置分析所用模型

```
>lset nst=6 rates=invgamma。
```

5. 运行分析

```
>mcmc ngen=10 000 samplefreq=10。
```

6. 停止分析

如果分裂频率的标准偏差（standard deviation of split frequencies）小于 0.01，选择 no 停止分析；否则选择 yes，并输入继续运行的代数。

7. 总结样品替代模型参数（sump）

```
> sump burnin=250
```

8. 总结样品树和枝长 （sumt）

> sumt burnin＝250

9. 查看输出的结果文件

.con 是输出的一致树文件，可以用 treeview 等软件查看，结果见图 5－5－1。

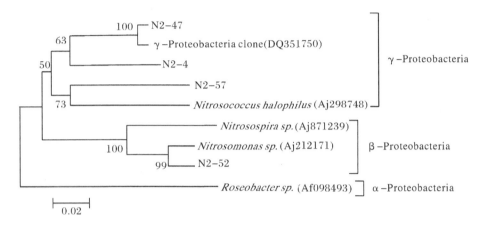

图 5－5－1 微生物系统演化关系图

【结果记录、报告和思考】

（1）记录运行环境（包括操作系统和软件），实验步骤，结果文件。

（2）实验中遇到的问题是如何解决的？

实验六　多重序列比对及系统发生树的构建

【实验目的】

（1）熟悉构建分子系统发生树的基本过程，熟悉不同建树方法、建树材料和建树参数对建树结果影响的正确认识。

（2）掌握使用 Clustalx 进行序列多重比对的操作方法。

（3）掌握使用 Phylip 软件构建系统发生树的操作方法。

【实验原理】

在现代分子进化研究中，根据现有生物基因或物种多样性来重建生物的进化史是一个非常重要的问题。一个可靠的系统发生的推断，将揭示出有关生物进化过程的顺序，有助于了解生物进化的历史和进化机制。

对于一个完整的进化树分析需要以下几个步骤：

（1）要对所分析的多序列目标进行比对（alignment）。

（2）要构建一个进化树（phyligenetic tree）。构建进化树的算法主要分为两类：独立元素法（discrete character methods）和距离依靠法（distance methods）。所谓独立元素法指进化树的拓扑形状是由序列上的每个碱基/氨基酸的状态决定的（例如：一个序列上可能包含很多的酶切位点，而每个酶切位点的存在与否是由几个碱基的状态决定的，也就是说一个序列碱基的状态决定着它的酶切位点状态，当多个序列进行进化树分析时，进化树的拓扑形状也就由这些碱基的状态决定了）。而距离依靠法指进化树的拓扑形状是由两两序列的进化距离决定的。进化树枝条的长度代表着进化距离。独立元素法包括最大简约性法（maximum parsimony methods）和最大可能性法（maximum likelihood methods）；距离依靠法包括除权配对法和邻位相连法（Neighbor-joining）。

（3）对进化树进行评估，主要采用 Bootstraping 法。进化树的构建是一个统计学问题，所构建出来的进化树只是对真实的进化关系的评估或者模拟。如果采用了一个适当的方法，那么所构建的进化树就会接近真实的"进化树"。模拟的进化树需要一种数学方法来对其进行评估，不同的算法有不同的适用目标。一般来说，最大简约性法适用于符合以下条件的多序列：①所要比较的序列的碱基差别小；②对于序列上的每一个碱基有近似相等的变异率；③没有过多的颠换/转换的倾向；④所检验的序列的碱基数目较多（大于几千个碱基）；⑤用最大可能性法分析序列则不需要以上的诸多条件，但是此种方法计算极其耗时。如果分析的序列较多，有可能要花上几天的时间才能计算完毕。除权配对法假设在进化过程中所有核苷酸/氨基酸都有相同的变异率，也就是存在着一个分子钟。这种算法得到的进化树相对来说不是很准确，现在已经很少使用。邻位相连法是一个经常被使用的算法，它构建的进化树相对准确，而且计算快捷。其缺点是序列上的所有位点都被同等对待，而且所分析的序列的进化距离不能太大。另外，需要特别指出的是，对于一些特定多序列对象来说可能没有任何一个现存算法非常适合它。

ClustalX 和 Phylip 软件能够实现上述的建树步骤。ClustalX 是 Windows 界面下的多重序列比对软件。Phylip 是多个软件的压缩包，功能极其强大，主要包括五个方面的功能软件：①DNA 和蛋白质序列数据的分析软件；②序列数据转变成距离数据后，对距离数据分析的软件；③对基因频率和连续的元素分析的软件；④把序列的每个碱基/氨基酸独立看待（碱基/氨基酸只有 0 和 1 的状态）时，对序列进行分析的软件；⑤按照 DOLLO 简约性算法对序列进行分析的软件；⑥绘制和修改进化树的软件。

【实验内容】

1. 使用 ClustalX 软件对已知八条 DNA 序列（如下）进行多重序列比对

M. _ mulatta　AAGCTTTTCT GGCGCAACCA TCCTCATGAT TGCTCACGGA CTCACCTCTT

M. _ fascicu　AAGCTTCTCC GGCGCAACCA CCCTTATAAT CGCCCACGGG CTCACCTCTT

M. _ sylvanu　AAGCTTCTCC GGTGCAACTA TCCTTATAGT TGCCCATGGA CTCACCTCTT

Homo _ sapie　AAGCTTCACC GGCGCAGTCA TTCTCATAAT CGCCCACGGG CTTACATCCT

Gorilla　AAGCTTCACC GGCGCAGTTG TTCTTATAAT TGCCCACGGA CTTACATCAT

Pongo　AAGCTTCACC GGCGCAACCA CCCTCATGAT TGCCCATGGA CTCACATCCT

Saimiri _ sc　AAGCTTCACC GGCGCAATGA TCCTAATAAT CGCTCACGGG TTTACTTCGT

Lemur _ catt　AAGCTTCATA GGAGCAACCA TTCTAATAAT CGCACATGGC CTTACATCAT

2. 使用 Phylip 软件包构建上述 DNA 分子系统发生树

【实验方法】

一、用 ClustalX 软件对已知 DNA 序列做多序列比对

操作步骤如下。

（1）以 FASTA 格式准备 8 个 DNA 序列 test. seq（或 txt）文件（图 5－6－1）。

（2）双击进入 ClustalX 程序，点 FILE 进入 LOAD SEQUENCE，打开 test. seq（或 txt）文件（图 5－6－2）。

（3）点 ALIGNMENT，在默认 alignment parameters 下，点击 Do complete Alignment。在新出现的窗口中点击 ALIGN 进行比对，这时输出两个文件（默认输出文件格式为 Clustal 格式）：比对文件 test. aln 和向导树文件 test. dnd（图 5－6－3）。

（4）点 FILE 进入 Save sequence as，在 format 框中选 Phylip，文件在 Phylip 软件目录下以 test. phy 存在，点击 OK。

（5）将 Phylip 软件目录下的 test. phy 文件拷贝到 EXE 文件夹中。用记事本方式打开的 test. phy 文件的部分序列如下（图 5－6－4）。

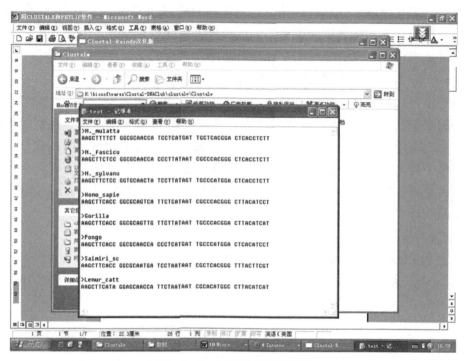

图 5 - 6 - 1　txt 文本的序列格式

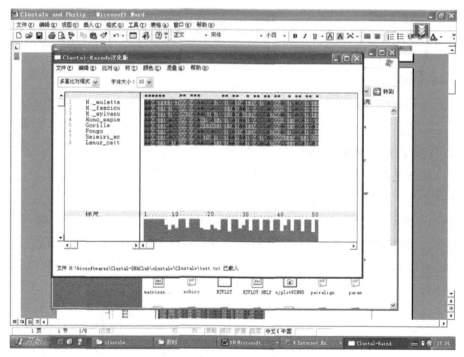

图 5 - 6 - 2　ClustalX 程序主界面

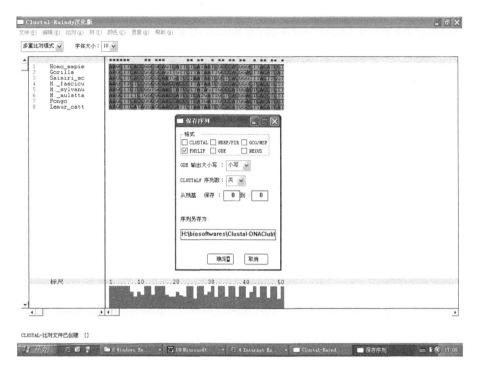

图 5 - 6 - 3　多序列比对

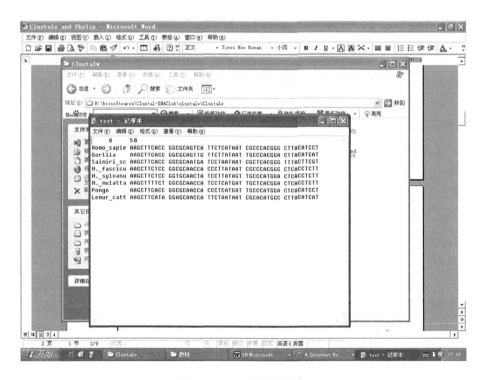

图 5 - 6 - 4　序列的输出

注：图中的 8 和 50 分别表示 8 个序列和每个序列有 50 个碱基

二、用 Phylip 软件推导进化树

（1）进入 EXE 文件夹，点击 SEQBOOT 程序输入 test. phy 文件名，回车（图5-6-5）。

图 5-6-5　Phylip 软件程序界面

图中的 D、J、R、I、O、1、2 代表可选择的选项，键入这些字母，程序的条件就会发生改变。D 选项无须改变。J 选项有三种条件可以选择，分别是 Bootstrap、Jack-knife 和 Permute。上面提到用 Bootstrap 法对进化树进行评估，所谓 Bootstraping 法就是从整个序列的碱基（氨基酸）中任意选取一半，剩下的一半序列随机补齐组成一个新的序列。这样，一个序列就可以变成了许多序列。一个多序列组也就可以变成许多个多序列组。根据某种算法（最大简约性法、最大可能性法、除权配对法或邻位相连法）每个多序列组都可以生成一个进化树。将生成的许多进化树进行比较，按照多数规则（majority-rule）就会得到一个最"逼真"的进化树。Jackknife 则是另外一种随机选取序列的方法。它与 Bootstrap 法的区别是不将剩下的一半序列补齐，只生成一个缩短了一半的新序列。Permute 是另外一种取样方法，其目的与 Bootstrap 和 Jack-knife 法不同，这里不再介绍。R 选项让使用者输入复制（replicate）的数目。所谓replicate 就是用 Bootstrap 法生成的一个多序列组。根据多序列中所含的序列的数目的不同可以选取不同的 replicate，此处选 200，输入 Y 确认参数并在随机数种子的下面输入一个奇数（比如 3）。当设置好条件后按回车，程序开始运行，并在 EXE 文件夹中产生一个文件 outfile，outfile 用记事本打开如下（图5-6-6）：这个文件包括了 200个 replicate。

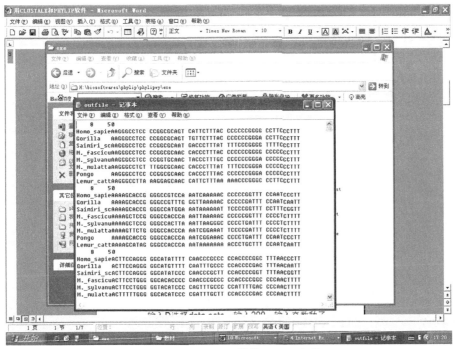

图 5-6-6　Phylip 软件 Outfile 文档

（2）文件 outfile 改为 infile。点击 DNADIST 程序。选项 M 是输入刚才设置的 replicate 的数目，输入 D 选择 data sets，输入 200（图 5-6-7）。

图 5-6-7　Phylip 软件 Outfile 文档输出-输入性质变更

设置好条件后，输入 Y 确认参数（图 5-6-8）。程序开始运行，并在 EXE 文件夹中产生 outfile，部分内容如下：将 outfile 文件名改为 infile，为避免与原先 infile文件重复，将原先文件名改为 infile1。

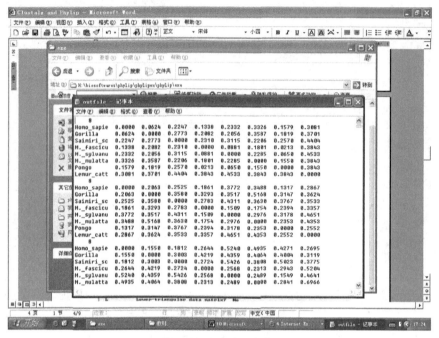

图 5 - 6 - 8　确认参数

（3）EXE 文件夹中选择通过距离矩阵推测进化树的算法，点击 NEIGHBOR 程序（图 5 - 6 - 9）。输入 M 更改参数，输入 D 选择 data sets。输入 200。输入奇数种子 3。

图 5 - 6 - 9　选择适宜算法建树

输 Y 确认参数。程序开始运行，并在 EXE 文件夹中产生 outfile 和 outtree 两个结果输出。outtree 文件是一个树文件，可以用 treeview 等软件打开。outfile 是一个分析结果的输出报告，包括了树和其他一些分析报告，可以用记事本直接打开。部分内容如下（图 5 - 6 - 10）。

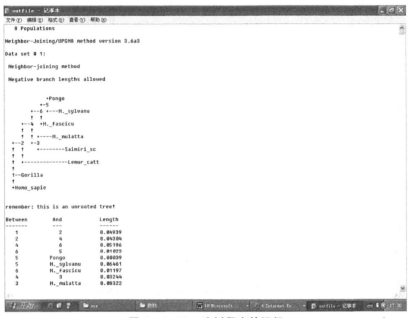

图 5 - 6 - 10　建树程序的运行

（4）将 EXE 文件夹中原有的 outfile 改为其他名，新生成的 outfile 和 outtree 文件名改为 infile、intree。点击 CONSENSE 程序。输入 Y 确认设置。EXE 文件夹中新生成 outfile 和 outtree。Outfile 文件用记事本打开，内容如下（图 5 - 6 - 11）。

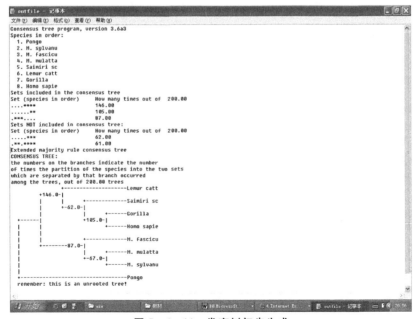

图 5 - 6 - 11　发育树初步生成

（5）将 EXE 文件夹中原有的 outfile 和 outtree 改为其他名，新生成的 outfile 和 outtree 改为 infile 和 intree。点击 DRAWTREE 程序，输入 font1 文件名，作为参数。输 Y 确认参数。程序开始运行，并出现 Tree Preview 图（图 5-6-12）。

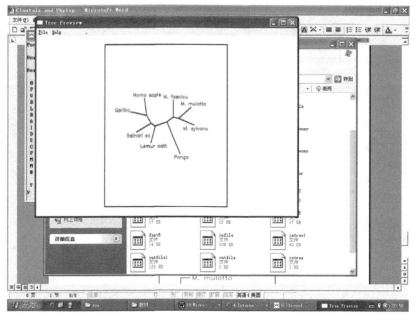

图 5-6-12　Tree Preview 图预览

（6）点击 DRAWGRAM 程序，输入 font1 文件名，作为参数。输 Y 确认参数。程序开始运行，并出现 Tree Preview 图（图 5-6-13）。

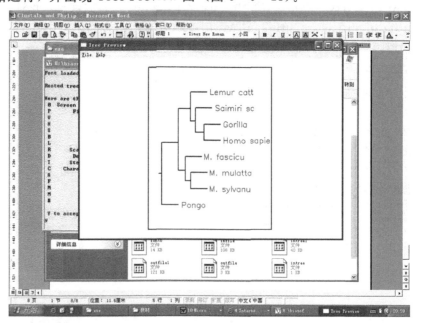

图 5-6-13　Tree Preview 图生成

【结果记录、报告和思考】

（1）采用以上例子给出的 DNA 序列进行系统发育树的构建结果（包括序列比对结果及最终生成的树）。

（2）选择适宜的微生物蛋白质序列，使用以上方法构建系统发育树（包括序列比对结果及最终生成的树）。

（3）以上构建系统进化树的方法为 N-J 法，请总结采用蛋白质序列构建系统进化树与采用 DNA 序列构建系统进化树所选用的程序的区别。

实验七　微生物蛋白的结构分析

【目的和要求】

（1）了解蛋白质结构表示方法。

（2）掌握软件 RasMol 的使用方法。

【实验原理】

组成自然界中各类生命的最重要的物质是蛋白质，而核酸是揭示生命遗传与变异的主要物质。它们是生命科学与生物化学中最重要的两类生物分子。了解蛋白质与核酸的三维结构及其与功能的关系，对一个生物化学家来说是非常重要的。RasMol 正是这样的一个软件，它利用计算化学与分子图形学以及信息产业的同步高速发展的成果，使一个普通的科研工作人员，在自己的个人电脑上，就可以从Internet 上的各种免费数据库中，下载所需观察与研究的分子坐标文件，进而通过RasMol 以各种模式、各种角度，甚至按照自己的意愿旋转、观察此分子神秘的微观三维立体结构，进而了解化合物分子结构和各种微观性质与宏观性质之间的定量关系。

RasMol 是一个观看分子三维立体结构的软件，其作者是 Glaxo Wellcome 公司研发中心的科学家 Roger Sayle。它有适用于不同机器、不同操作系统的各种版本。从 PC 机到 Macintosh（苹果）机，从 DOS 到 WINDOWS 到 UNIX 系统，均有不同的运行版本。同时，作者与 Glaxo Wellcome 公司做出了一个非常了不起的决定，将软件与程序源代码免费发布给大家，便于大家共同使用与改进此软件，进而提高计算机在生物化学方面的应用。

RasMol 最大的特点是界面简单，基本操作简单，运行非常迅速，对机器的要求较低，对小的有机分子与大分子（如蛋白质、DNA 或 RNA），均能适用，且显示模式非常丰富。以前同类的分子图形软件，对计算机硬件的要求非常高，常常要求的硬件环境为图形工作站，虽然功能较多，但作为商业软件，自身价格极为昂贵，所以只能为少数拥有大量科研经费的科研单位的科研人员所用。RasMol 则克服了这些缺点，使任何一个人，应用普通廉价的计算机，为了科研、出版、教育的目的，就可以方便地显示一个分子的微观三维立体结构。

【实验内容】

1. 蛋白质结构数据下载

PDB 数据库（http：//www. pdb. org/pdb/home/home. do）包含大量蛋白质结构信息，下载 .pdb 文件后，可以用 RasMol 打开分析（图 5 - 7 - 1）。

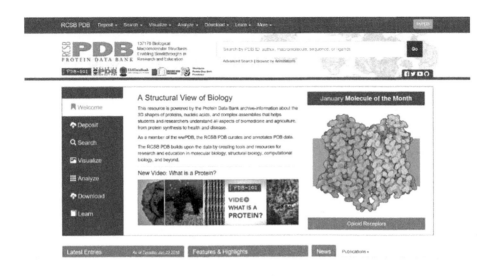

图 5 - 7 - 1　蛋白质预测 PDB 数据库主页

2. 运行 RasMol

安装好以后，从开始—程序中打开。

3. 分析蛋白质结构

File—Open 打开下载的蛋白质结构文件，改变并比较显示的方式和颜色。

【结果记录、报告和思考】

（1）记录运行环境（包括操作系统和软件），实验步骤，结果文件。

（2）实验中遇到的问题是如何解决的？

实验八　生物信息学数据库和软件的搜索

【目的和要求】

熟练掌握上网搜索生物信息学数据库和软件的方法及技能。

【实验内容】

1. 搜索生物信息学数据库或者软件

数据库是生物信息学的主要内容，各种数据库几乎覆盖了生命科学的各个领域。

核酸序列数据库有 GenBank，EMBL，DDB 等。

蛋白质序列数据库有 SWISS-PROT，PIR，OWL，NRL3D，TrEMBL 等。

蛋白质片段数据库有 PROSITE，BLOCKS，PRINTS 等。

三维结构数据库有 PDB，NDB，BioMagResBank，CCSD 等。

与蛋白质结构有关的数据库还有 SCOP，CATH，FSSP，3D-ALI，DSSP 等。

与基因组有关的数据库还有 ESTdb，OMIM，GDB，GSDB 等。

文献数据库有 Medline，Uncover 等。

另外一些公司还开发了商业数据库，如 MDL 等。

生物信息学数据库覆盖面广，分布分散且格式不统一，因此一些生物计算中心将多个数据库整合在一起提供综合服务，如 EBI 的 SRS（Sequence Retrieval System）包含了核酸序列库、蛋白质序列库、三维结构库等 30 多个数据库及 ClustalW、Prositesearch 等强有力的搜索工具，用户可以进行多个数据库的多种查询。

2. 搜索生物信息学软件

生物信息学软件的主要功能有：分析和处理实验数据和公共数据，加快研究进度，缩短科研时间；提示、指导、替代实验操作，利用对实验数据的分析所得的结论设计下一阶段的实验；寻找、预测新基因及预测其结构、功能；蛋白高级结构预测。如：核酸序列分析软件 BioEdit、DNAClub 等；序列相似性搜索软件 BLAST；多重系列比对软件 ClustalX；系统进化树的构建软件 Phylip、MEGA 等；PCR 引物设计软件 Primer premier 6.0、Oligo 6.0 等；蛋白质二级、三级结构预测及三维分子浏览工具等。

【结果记录、报告和思考】

（1）搜索生物信息学数据库或者软件。搜索出的数据库包括网址、该数据库的介绍、数据库网页截屏。如果搜索的是软件则包括该软件的用途、使用方法、软件图标（以上搜索的数据库或软件至少完成 8 个以上）。

（2）对生物信息学这门课的建议或感想。

创新导读 新工科背景下微生物实验研究前沿进展

一、微生物＋人工智能：新一代生物制造的开启

2018年6月，中国科学院微生物研究所的吴边团队通过使用人工智能计算技术，构建出一系列的新型酶蛋白，实现了自然界未曾发现的催化反应；并在世界上首次通过完全的计算指导，获得了工业级微生物工程菌株，取得了人工智能驱动生物制造在工业化应用层面的率先突破。成果发表在学术期刊《自然·化学生物学》杂志上。该项研究不仅降低了传统化学合成中对反应条件的苛刻要求，更重要的是解决了化学合成带来的污染问题。这是人工智能技术在工业菌株设计方向的成功案例，验证了其科学理论基础，也将为人工智能与传统生物产业的互作融合打开新局面。

现代生物制造已经成为全球性的战略性新兴产业，在化工、材料、医药、食品、农业等诸多重大工业领域得到了广泛的应用，根据OECD预测，到2030年约有35%的化学品和其他工业产品来自生物制造。美国、日本等发达国家都将绿色生物制造确立为战略发展重点，并分别制订了相应的国家规划。我国正处于建设创新型国家与加快生态文明体制改革的决定性阶段，紧随并引领世界科技前沿，发展新型绿色生物制造技术，支撑传统产业升级变革，关乎资源、环境、健康，符合国家重大战略需求。

近年来，人工智能技术迅猛发展，其影响开始推广到绿色生物制造领域，尤其是在其核心元件蛋白质的设计方面，发挥了巨大的作用。通过人工智能技术，预测蛋白质结构、设计蛋白质功能，可以极大地扩展人工改造生命体的应用场景，变革性地推动绿色生物制造的发展。蛋白质的工程改造正在经历从传统实验进化到计算机虚拟设计的演变过程，计算机辅助蛋白结构预测以及新功能酶设计策略得到了前所未有的重视和发展，成为了生物学、化学、物理学、数学等多学科交叉的热点前沿领域。

1. 人工智能"计算"新酶已成为国际热点

酶是生物催化技术中的核心"发动机"，其本质是一种蛋白质。蛋白质的生物学功能很大程度上由其三维结构决定，结构预测是了解酶功能的一种重要途径。*Science*杂志将蛋白质折叠问题列为125个最为重大的科学问题之一。

近年来，随着计算机科学、计算化学、生物信息学等多学科的联合进步，这一问题的解决看到了曙光。尤其是在CASP竞赛推动下，蛋白质结构预测方法和新功能酶计算设计策略得到了迅猛的发展。

设计蛋白质一方面可以揭示蛋白质结构与功能关系的规律，另一方面可以创造具有潜在应用价值的蛋白质。2016年，*Nature*杂志发表了题为《全新蛋白质设计

时代来临》的重要综述。同年，*Science* 杂志也将蛋白质计算机设计遴选为年度十大科技突破之一。2017 年，美国化学会将人工智能设计新型蛋白质结构列为化学领域八大科研进展之首。多个来自美国、瑞士等国的科研团队活跃在这个领域，文章发表在 *Nature*、*Science* 等顶级学术期刊上。

2. 我国在工业化应用上率先获得突破

目前，全球微生物酶制剂市场主要由几家跨国企业垄断。与之相比，国内企业在市场竞争中仍然处于不利的位置，以大宗普通微生物催化剂（如淀粉酶、糖化酶）为主，行业呈现出竞争白热化的态势。但我国已经注意到这个问题，并着力改善。2017 年 5 月，《"十三五"生物技术创新专项规划》在坚持创新发展、着力提高发展质量和效益层面，提出拓展产业发展空间、支持人工智能技术等具有重大产业变革前景的颠覆性技术发展要求。

在此规划的指引下，我国的多个研究团队在该领域取得了不俗成绩。例如，中国科学院微生物研究所的吴边团队通过人工智能计算技术，赋能传统微生物资源，在世界上首次完成了工业级工程菌株的计算设计，获得人工智能驱动生物制造工业化的率先突破。该团队不仅设计了 β-氨基酸这一类具备特殊生物活性的非天然氨基酸的最优合成途径，还借助人工智能计算手段，成功设计出一系列的 β-氨基酸合成酶，并据此构建出能够高效合成 β-氨基酸的工程菌株。

不仅如此，微生物研究所还积极推进成果的落地转化。通过与企业的合作，已经建成千吨级的生产线，相关产品潜在市场规模超过 30 亿，有望在紫杉醇、度鲁特韦与马拉维若等抗癌与艾滋病治疗药物的生产过程中大幅度降低生产成本。中国科技大学的刘海燕团队则提出了一种新的统计能量模型，为搭建具有高"可设计性"的蛋白质主链结构提供了可行性解决方案。2017 年，该团队与中科院脑科学与智能技术卓越创新中心杨弋团队合作，设计出了新一代细胞代谢荧光蛋白质探针，并将其应用于活体动物成像与高通量药物筛选，相关成果发表于《自然·方法学》。

除此之外，中国科学院天津工业生物技术研究所的江会锋团队，通过使用人工智能技术进行关键合成酶的发掘，在国际上首次实现了重要中药活性成分灯盏花素的人工生物合成，相关成果发表于《自然·通讯》，引起强烈反响。

3. 建立适合人工智能驱动生物技术的科研环境

开展人工智能设计元件的核心算法与策略研究。人工智能技术应用于生物制造领域最为基础的部分是核心算法与设计策略的创造。考虑到基础研究的难度与特点，建议选拔一批在该领域的拔尖科学家，提供相对稳定的支持，让他们潜心研究、长期攻关、实现更多原创发现，提出更多原创理论，开辟更多领域发展方向。将人工智能技术与蛋白质结构与功能理论、合成化学理论、量子化学理论有机交叉融合，发展新型算法，搭建"高可设计性"系统策略，把控底层核心技术源头，力争实现人工智能关键技术驱动生物制造的国际领跑地位。

拓展人工智能设计元件在生物制造领域的应用场景。在发展算法的基础上，我国还应积极推进人工智能设计在生物制造领域的应用拓展。建议由优势单位组织重大项目，协同全国相关单位联合攻关；发展系统、科学的新型化学应用拓展策略，利用新型生物催化反应改造和优化现有自然生物体系，从头创建合成可控、功能特定的人工生物体系，在创造研究工具和技术方法的基础上，推动化学、生物、材料、农业、医学等多学科的实质性交叉与合作，为天然化学品与有机化工原料摆脱对天然资源的依赖，促进可持续经济体系形成与发展奠定科学基础，全面提升我国生物制造产业的核心竞争力。

推进人工智能驱动生物制造技术的产业发展。创新驱动发展战略需要落实创新成果，创造新的经济增长点。人工智能驱动的生物制造技术的最终价值也应该体现在实实在在的产业活动上，如果没有与上下游的良好生态，再出色的技术或产品也只能是死路一条。建议在技术发展与市场需求的耦合驱动下，坚持产、学、研多方位的开放联合，消除成果转化过程执行层面仍然广泛存在的种种屏障；重视资本对于技术和产业发展的催化作用，探索设立专项产业发展基金等市场调控手段；在国家层面，协调沟通行业监管机构，破除不合时宜的陈旧政策限制，尽快建立有利于新兴生物技术的政策法规体系；实现资源、能源的节约与替代，加快转变经济增长模式，加速推进绿色与高效低碳生物经济的产业基础格局。

二、肠道微生物组学研究

肠道是人体最大的消化和排毒器官，其回旋盘转的结构被形象地称为人体第二大脑。肠道中寄生着数以亿计的细菌，它们是人体内最重要的一种外环境，各种微生物按一定比例组合，相互制约，相互依存，在质和量上形成一种生态平衡。然而肠道菌群并不都是人类的朋友，按特性来讲，它们可分为3大类，即好菌、坏菌和中性菌。当人体肠道中好菌比例下降而坏菌数量上升时，人体免疫力下降，极易导致多种疾病的发生。研究表明，肠道菌群紊乱与多种疾病的发生密切相关，如消化系统疾病、内分泌系统疾病、精神系统疾病、自身免疫性疾病以及一些感染性疾病。

1. *Cell*：肠道细菌有望延缓衰老，提高动物寿命（doi：10. 1016/j. cell. 2017. 05. 036）

利用源自肠道细菌的补充物延缓衰老过程可能有朝一日是可行的。来自美国贝勒医学院和德克萨斯大学休斯顿健康科学中心的研究人员在秀丽隐杆线虫中鉴定出延长寿命、也延缓肿瘤进展和β-淀粉样蛋白堆积的细菌基因和化合物。β-淀粉样蛋白是一种与阿尔茨海默病相关联的化合物。相关研究结果发表在2017年6月15日的*Cell*期刊上，论文标题为"Microbial Genetic Composition Tunes Host Longevity"。为了探究单个细菌基因对秀丽隐杆线虫寿命的影响，Wang与贝勒医学院分子与人类遗传学副教授Christophe Herman博士和专门开展细菌遗传学研究的其他同事们合作开展研究。他们采用了一种完整的大肠杆菌基因缺失文库；一组大肠杆菌集合，每种大肠杆菌缺失将近4000个基因中的一个。Wang说："我们给秀丽隐杆线虫喂食每种突变细菌，然后研究这些线虫的寿命。在我们测试的将近 4000 个细菌基因中，29 个基因当缺失时会增加这些线虫的寿命。12 种突变细菌也会阻止这些线虫发生肿瘤生长和 β-淀粉样蛋白堆积。"进一步的实验表明，一些突变细菌通过作用于这些线虫中的一些已知与衰老相关的过程增加寿命。其他的突变细菌通过过量产生荚膜异多糖酸（colanic acid）增加这些线虫的寿命。当这些研究人员给秀丽隐杆线虫提供纯化的荚膜异多糖酸时，这些线虫也活得更长。荚膜异多糖酸也在实验室果蝇和在实验室培养的哺乳动物细胞中表现出类似的影响。

2. *Nat Med*：通过肠道微生物群可干预肥胖 （doi：10. 1038/ nm. 4358）

上海交通大学医学院附属瑞金医院王卫庆教授团队以中国汉族青少年为研究对象，首次揭示中国肥胖人群的肠道菌群组成，发现一个能抑制肥胖的肠道微生物——多形拟杆菌 （*Bacteroides thetaiotaomicron*），并阐述了其对代谢物氨基酸水平的影响，该研究成果以 "Gut microbiome and serum metabolome alterations in obesity and after weight–loss intervention"（肥胖及减肥干预后肠道菌群和血清代谢物改变）为题于 2017 年 6 月 19 日在线发表在 *Nature Medicine* 上。上海交通大学医学院附属瑞金医院刘瑞欣博士、洪洁教授、顾燕云博士、华大基因徐晓强、冯强博士、张东亚为论文的共同第一作者，瑞金医院的王卫庆教授、宁光院士和华大基因的 Karsten Kristiansen 教授为该研究的通讯作者。上海交通大学医学院附属瑞金医院王卫庆教授团队聚焦青少年肥胖人群的肠道菌群研究，建立较大规模、高质量青少年肥胖-正常体重人群队列 （GOCY 研究），与华大基因合作开展肠道菌群宏基因组测序并进行深度解析，首次揭示中国青少年肥胖的肠道菌群组成，发现一系列丰度显著异于正常人群的肠道共生菌，其中多形拟杆菌丰度在肥胖人群明显下降，进一步通过代谢组学分析血清代谢物水平，发现肥胖人群中谷氨酸的含量显著高于正常体重人群，并且其含量与多形拟杆菌数量呈反比。进一步通过小鼠灌胃实验研究证明多形拟杆菌能够降低小鼠血清谷氨酸浓度，增加脂肪细胞的脂肪分解和脂肪酸氧化过程，从而降低脂肪堆积，延缓体重增长速度、降低肥胖度。为了进一步证明多形拟杆菌在减肥获益中的作用，研究团队进一步分析了接受减重手术（袖状胃切除术）的肥胖患者手术前后的肠道菌群改变，发现肥胖患者肠道内下降的多形拟杆菌在减重手术 3 月后即明显升高，恢复至正常体重人群水平，同时，术后血清谷氨酸水平亦明显下降至接近正常体重人群水平。这些研究结果提示，多形拟杆菌水平的恢复可能有助于肥胖患者的减重过程。这项研究结合队列人群、动物及临床干预等多层次证据，证明多形拟杆菌有望成为新的益生菌研发靶点，用于减肥药物或食品研发；该工作为未来针对中国人减肥药物的研究提供了全新的方向和候选菌株。

3. *Science*：肠道微生物决定着食物对肠道的影响 （doi：10. 1126/science. aag2770）

日前，哈佛大学的研究人员报道，除了肠道微生物本身，它们的基因同时还会编码各种酶，这些酶的存在扩大了肠道微生物可消化物质的"名单"。例如现在研究较多的碳水化合物活性酶，包括糖苷水解酶和碳水化合物酯酶等，可以帮助我们消化复杂的糖类，让我们的身体不再需要额外进化出能够降解饮食中各种多糖所需的复杂酶系统。我们每天吃的食物都需要肠道微生物来处理，从中"提取"营养物质和能量。每个人对食物中成分的转化和吸收有很大的"个体差异"，这大致是由于肠道微生物及相关酶的不同。有些人的肠道中有一种产粪甾醇真细菌 (*Eubacterium coprostanoligenes*)，它能将胆固醇分解为不能被吸收的粪甾醇，随着粪便排出体外，粪甾醇的比例能达到 50%。这就意味着，肠道内有产粪甾醇真细菌的人吃下高胆固醇食物后吸收的部分比其他人要少一半。除此之外，我们熟知的烤肉致癌也和肠道微生物脱不了关系。在烤制过程中，会产生一类统称为杂环胺的致突变（致癌）物质，它能够诱导基因突变、DNA 断裂或染色体畸变等。而有研究发现，我们肠道中大肠杆菌携带的 uidA 基因可以编码 β-葡萄糖醛酸糖苷酶，这个酶的存在会使杂环胺的毒性提高 3 倍！而 uidA 突变后的大肠杆菌则无法产生这种酶，降低了杂环胺致癌的可能性。

4. Science：在肠道上皮内，罗伊氏乳杆菌诱导促进耐受性的 T 细胞产生 (doi：10.1126/science. aah5825)

免疫细胞在肠道中巡逻，确保隐藏在我们吃的食物中的有害细菌不会入侵人体。能够触发炎症的免疫细胞与促进免疫耐受性的免疫细胞处于平衡，从而在不会让敏感组织遭受损伤的情形下保护人体。当这种平衡过于偏向炎症时，炎症性肠病就会产生。如今，在一项新的研究中，来自美国华盛顿大学医学院和普林斯顿大学的研究人员在肠道中携带一种特定细菌的小鼠体内发现一类促进耐受性的免疫细胞。再者，这种细菌需要色氨酸来触发这些免疫细胞的出现。相关研究结果于 2017 年 8 月 3 日在线发表在 *Science* 期刊上，论文标题为 "Lactobacillus reuteri induces gut intraepithelial CD4＋CD8αα＋T cells"。这些研究人员发现当小鼠从一出生就在无菌环境下生活时，因缺乏肠道微生物组，它们不会产生这类促进耐受性的免疫细胞。当将罗伊氏乳杆菌引入到这些无菌小鼠的体内时，这些免疫细胞就产生了。为了理解罗伊氏乳杆菌如何影响免疫系统，这些研究人员在液体中培养罗伊氏乳杆菌，随后将少量的这种含细菌的液体转移到从小鼠体内分离出的未成熟的免疫细胞内，即 CD4＋T 细胞。这些未成熟的免疫细胞通过下调转录因子 ThPOK 变成促进耐受性的免疫细胞，即 CD4＋CD8αα＋双阳性上皮内 T 细胞（CD4＋CD8αα＋double-positive intraepithelial T lymphocytes，简称 DP IEL），并且这些 DP IEL 细胞具有调节功能。当从这种液体中纯化出活性组分时，他们证实它是色氨酸代谢的一种副产物，即 3-吲哚乙酸。当这些研究人员将小鼠食物中的色氨酸数量增加一倍时，DP IEL 细胞的数量增加大约 50%。当色氨酸水平下降一半时，DP IEL 细胞的数量也下降一半。

5. Science：揭示膳食纤维如何有助肠道保持健康 (doi：10.1126/science. aam9949)

在一项新的研究中，来自美国加州大学戴维斯分校的研究人员发现肠道细菌消化膳食纤维产生的副产物如何作为合适的燃料协助肠道细胞维持肠道健康。这项研究是比较重要的，这是因为它鉴定出一种让肠道菌群再次恢复平衡的潜在治疗靶标，同时让人们进一步了解肠道菌群和膳食纤维之间的复杂相互作用。相关研究结果发表在 2017 年 8 月 11 日的 *Science* 期刊上，论文标题为 "Microbiota – activated PPAR – γ signaling inhibits dysbiotic Enterobacteriaceae expansion"。发表在同期 *Science* 期刊上的一篇标题为 "Gut cell metabolism shapes the microbiome" 的观点类型（Perspectives）论文将肠道细菌描述为体内抵抗潜在传染因子（如沙门氏菌）的防御系统中的"搭档"。肠道细菌代谢可消化的膳食纤维，产生短链脂肪酸，这就指示大肠肠道内壁上的细胞最大化消耗氧气，因而限制扩散到肠腔（肠道内与被消化的食物直接接触的开放空间）中的氧气数量。论文第一作者、加州大学戴维斯分校医学院医学微生物与免疫学助理教授 Mariana X. Byndloss 说："令人关注的是，能够降解膳食纤维的有益肠道细菌不能在富含氧气中的环境中存活下来，这意味着我们的肠道菌群和肠道细胞一道形成一种维持肠道健康的良性循环。"这项新的研究鉴定出宿主受体过氧化物酶体增殖物激活受体 γ（peroxisome proliferator receptor gamma，PPARg）是负责维持这种保护循环的调节物。

6. *Nature*：肠道菌群分泌药物分子可调节肠道与免疫系统健康（doi：10.1038/ nature24661）

根据最近发表在 *Nature* 杂志上的一篇文章，作者通过阻断产孢梭菌降解色氨酸的功能，发现小鼠血液中一种特定的分子的水平受到了影响。进一步，作者发现小鼠的免疫系统以及肠道的稳态发生了显著变化。作者发现产孢梭菌能够降解色氨酸产生 IPA。他们总共鉴定出了 12 种出现在这一过程中的分子，其中 9 种在血液中有积累，而其中仅仅有三种是由细菌分泌的。进一步，作者发现了产孢梭菌进行色氨酸代谢活动的必需基因——fldC。之后，作者给无菌小鼠接种野生型或 IPA 缺陷突变体的产孢梭菌。结果显示，野生型细菌定植能够导致小鼠血液中 IPA 的浓度上升到 80 μM，而突变体细菌定植则检测不到任何细菌。最后，作者发现 IPA 浓度的下降会导致免疫细胞数量的上升，包括中性粒细胞、单核细胞、记忆 T 细胞等等。此外作者发现突变体细菌定植会导致小鼠产生肠道炎症反应。

7. *Science*：肠道细菌影响免疫疗法抵抗上皮性肿瘤的效果（doi：10.1126/science. aan3706）

在一项新的研究中，来自法国的一个研究团队分析了 249 名接受了抗 PD-1 免疫治疗的肺癌、肾癌等多种上皮性肿瘤的患者，其中有 69 名患者在免疫治疗开始之前或刚开始时，接受了抗生素治疗。他们发现这些接受抗生素治疗的患者对这种免疫治疗药物产生原发耐药性，很快就出现癌症复发，而且具有更短的存活期。这就说明抗生素治疗极大地影响免疫治疗的效果：抗生素抑制这种免疫治疗药物给晚期癌症患者带来的临床益处，而且这种原发性耐药是由于异常的肠道微生物组组成导致的。相关研究结果于 2017 年 11 月 2 日在线发表在 *Science* 期刊上，论文标题为"Gut microbiome influences efficacy of PD－1－based immunotherapy against epithelial tumors"。为了寻找其中的因果机制，这些研究人员对这种免疫疗法做出反应的癌症患者和未做出反应的癌症患者的肠道微生物组进行比较。他们发现一种被称作 *Akkermansia muciniphila* 的有益细菌的相对丰度与癌症患者对这种免疫疗法做出的临床反应相关联。在此之前，人们已发现这种细菌具有预防肥胖和糖尿病的作用。在这项新的研究中，他们发现它能够增强这种免疫疗法的效果。随后，这些研究人员将来自对这种免疫疗法做出反应的癌症患者和未做出反应的癌症患者的粪便微生物组移植到无菌的或者接受抗生素治疗的小鼠体内，发现那些接受来自对这种免疫疗法做出反应的癌症患者的粪便微生物组移植的小鼠对这种免疫疗法做出的反应得到更好的改善。此外，那些接受未做出反应的癌症患者的粪便微生物组移植的小鼠口服这种有益细菌补充剂后也能够通过将 CCR9＋CXCR3＋CD4＋T 细胞招募到肿瘤床中，以一种依赖于 IL－12 的方式恢复对这种免疫疗法做出的反应。这些结果再次表明肠道微生物组调节着癌症免疫疗法的效果。

8. Science：肠道细菌调节黑色素瘤对免疫疗法做出的反应（doi：10.1126/science. aan4236）

在一项新的研究中，来自美国德州大学 MD 安德森癌症中心的研究人员报道生活在人肠道中的细菌能够如何影响癌症对免疫疗法做出的反应，这为改进治疗的研究开辟新的途径。相关研究结果于 2017 年 11 月 2 日在线发表在 *Science* 期刊上，论文标题为"Gut microbiome modulates response to anti－PD－1 immunotherapy in melanoma patients"。通过分析转移性黑色素瘤患者的粪便样品来评估这些患者的肠道微生物组，这些研究人员发现如果这些患者含有更加多样化的肠道细菌群体或者大量的某些细菌，那么他们接受抗 PD1 免疫检查点阻断治疗后能够在更长的时间内控制他们的疾病。免疫检查点阻断药物会激活人体自身的免疫系统来攻击癌细胞，从而让大约 25％ 的转移性黑色素瘤患者受益，但是这些免疫治疗反应并不总是持久的。为了评估肠道微生物组的影响，Wargo 和同事们分析了接受抗 PD1 免疫治疗的患者的粪便样品和口腔拭子（buccal swab），其中口腔拭子是来自脸颊内的组织样品，而抗 PD1 免疫治疗阻断 T 细胞表面上的对免疫系统起着抑制作用的 PD1 蛋白。他们开展 16S rRNA 测序和全基因组测序来确定口腔拭子和粪便微生物组的多样性、组成和功能潜力。结果表明对抗 PD1 免疫治疗做出反应的患者（肠道中具有较高的有益的梭菌/瘤胃球菌水平）具有更多的 T 细胞进入到肿瘤中和更高水平的杀死异常细胞的循环 T 细胞。那些具有更高拟杆菌水平的患者具有更高水平的循环调节性 T 细胞、髓源抑制性细胞（myeloid derived suppressor cells）和减弱的细胞因子反应，从而抑制抗肿瘤免疫反应。最后，这些研究人员通过粪便微生物组移植（fecal microbiome transplant，FMT）将来自对抗 PD1 免疫治疗做出反应的患者和不做出反应的患者的粪便微生物组移植到无菌的小鼠中。那些接受来自做出反应的患者的粪便微生物组移植的小鼠具有显著下降的肿瘤生长和更高水平的有益 T 细胞和更低水平的免疫抑制性细胞。当接受免疫检查点阻断治疗时，它们也具有更好的治疗结果。

9. *Cell*：揭示肠道微生物组与自身免疫疾病存在关联（doi：10.1016/j. cell. 2017.09.022）

如今，在一项新的研究中，Santamaria 和卡明医学院的 Kathy McCoy 博士及其团队揭示出肠道微生物组中的一种调节促炎性细胞和抗炎性细胞的新机制。McCoy 说："我们发现由被称作拟杆菌（Bacteroides）的肠道细菌表达的一种蛋白快速地招募白细胞来杀死一种导致炎症性肠病（inflammatory bowel disease，IBD）的免疫系统细胞，从而阻止 IBD 发生。我们认为这种机制可能有助阻止大多数人患上 IBD。"然而，这种被称作整合酶（integrase）的蛋白招募白细胞的方法有一个缺点。Santamaria 说："在一些人中，这些白细胞对导致 IBD 的细菌的存在做出过度反应。导致 IBD 等问题的原因不是这些细菌本身，而是这种蛋白触发免疫系统产生的严重反应。这些相同的过度活化的白细胞也是导致糖尿病等其他的自身免疫疾病的细胞。这一发现证实了肠道微生物组对免疫系统的影响，并发现了肠道微生物组变化能够增加自身免疫疾病风险的新机制。尽管我们专门研究 IBD，但是肠道中的多种蛋白可能通过类似的机制促进其他的自身免疫疾病产生。"

10. *Nature*：利用定量微生物组谱计算健康（doi：10.1038/nature24460）

代谢疾病和炎性疾病与肠道微生物组的组成和代谢潜力发生变化相关联。到目前为止，基于测序的肠道菌群研究已从微生物组组成的比例变化角度描述了这些肠道菌群失调（dysbiotic）状态。然而，在一项新的研究中，比利时鲁汶大学的 Jeroen Raes 教授和他的团队发现，当涉及肠道细菌含量及其与健康的关系时，不仅肠道细菌的比例比较重要，而且它们的数量也比较重要。他们还证实他们研发出的一种新方法能够快速、准确地确定粪便样品中的细菌载量。相关研究结果于 2017 年 11 月 15 日在线发表在 *Nature* 期刊上，论文标题为 "Quantitative microbiome profiling links gut community variation to microbial load"。Raes 教授说："我们研发出的这种方法是对粪便样品中的细菌细胞平行开展微生物组测序和流式细胞计数。这两种工作流程的结合使我们能够产生真实的以每克样品中含有的细菌细胞数量而不是它们所占的比例进行表达的定量微生物组谱（Quantitative Microbiome Profiling）。"Raes 教授说："到目前为止，比例分析方法一直是微生物组研究的标准方法。然而，如果缺乏定量数据，比例数据不能够告诉你一种特定的细菌在特定条件下是否真正地变得更加丰富。比例增加可能也只是提示着这种感兴趣的细菌物种仅是维持它的初始水平，而所有其他分类学中的细菌都在下降。这就使得将微生物组数据与定量健康参数相关联在一起并推断疾病机制比较困难。通过定量微生物组谱，我们朝解决这个问题的目标又接近了一步。"

11. *Nature*：揭秘肠道菌群与人类细胞对话机制有望帮助开发多种人类疾病的新型疗法（doi：10.1038/nature23874）

我们与居住在体内数以万亿计的微生物菌群之间有一种奇妙的共生关系，彼此之间互相帮助，这些微生物菌群甚至会说同一种语言。近日，一项刊登在国际杂志 *Nature* 上的研究报告中，来自洛克菲勒大学及西奈山伊坎医学院的研究人员通过研究发现了一些特殊的共性，或能帮助科学家们对肠道菌群进行改造来帮助研发治疗人类多种疾病的新型疗法。研究人员研发的方法涉及配体的锁钥关系，配体能够与人类细胞表面的细胞膜上的受体进行结合来产生特殊的生物学效应，在这种情况下，由细菌产生的特殊分子就能够模拟人类的配体，与一系列名为 GPCRs 的受体分子进行结合（GPCRs：G 蛋白偶联受体）。很多 GPCRs 与多种机体代谢疾病的发生直接相关，同时其也是很多药物疗法的常用靶点，通常 GPCRs 存在于胃肠道中，当然胃肠道中也是肠道菌群的栖息地，研究者认为，如果你想要和细菌对话，那么胃肠道就是绝佳的地方。这项研究中，研究者 Cohen 及其同事对肠道菌群进行工程化操作使其产生特殊配体 N-酰胺，这种配体能够与名为 GPR119 的特殊人类受体分子结合，GPR119 主要参与人类机体中葡萄糖和食欲的调节，此前研究者也发现该受体能够作为治疗糖尿病和肥胖的特殊靶点分子。研究者表示，他们所研发的细菌配体几乎与人类配体结构完全相同。

12. *Science*：吃季节性的食物，肠道微生物也会季节性变化（doi：10.1126/science.aan4834）

根据一项对一个目前尚存的狩猎采集者群体的研究，我们肠道里的微生物会随季节发生变化。来自非盈利项目 Human Food Project 的 Jeff Leach 正在着手研究微生物在人类健康中的角色，他的团队花费了超过一年的时间从 350 个住在坦桑尼亚的哈扎人（Hadza）处收集粪便样品。他们发现，哈扎人的肠道微生物多样性比西方世界居民多 30%。事实上，哈扎人的肠道菌群多样性程度，跟过去所报道的拥有世界上最丰富的微生物多样性的委内瑞拉亚诺玛米人（Yanomami）相近。这两个群体的肠道微生物多样性并不足为奇，因为他们几乎从未摄入过抗生素和加工食品。但是 Leach 的团队仍然发现了哈扎人的肠道微生物是呈季节性变化的，以年为周期循环改变。多样性的峰值在旱季，也就是当普氏菌属变得特别丰富的时候。另外，表现出最大年度波动的细菌往往不存在于在西方生活方式的人的肠道中。这些肠道微生物的年度变化可能是由于哈扎人的饮食的周期性变换。在坦桑尼亚的旱季，哈扎人食用很多肉类和块茎类蔬菜，以及猴面包树的果实，但是在雨季，他们会食用更多的蜂蜜和浆果。普氏菌特别善于分解植物组织，因此在旱季显得特别有用。

13. *Nature*：接种有益肠道细菌可预防新生儿败血症（doi：10.1038/nature23480）

根据一项新的临床试验的结果，简单的合生素（synbiotic，也译作合生元）——作为一种益生菌（probiotic）的植物乳杆菌（*Lactobacillus plantarum*）与益菌素（prebiotic）果寡糖（fructooligosaccharide）的组合使用——在新生儿中能够有助预防有时是致命性的败血症和降低下呼吸道感染。相关研究结果发表在2017年8月24日的 *Nature* 期刊上，论文标题为 "A randomized synbiotic trial to prevent sepsis among infants in rural India" 美国内布拉斯加大学的 Pinaki Panigrahi 教授和他的同事们治疗了印度奥里萨邦村庄的4556名足月新生儿，在这些村庄里，存在着较高的婴儿死亡率和传染病发生率。他们发现这种合生素组合使用（每次治疗仅花费1美元）降低新生儿败血症和死亡40%：在安慰剂组中，发生率为9%，而在接受这种合生素实验性治疗的新生儿组中，这一数字为5.4%。

14. *Science*：肠道细菌与膳食类黄酮联手抵抗流感病毒感染造成的肺部损伤（doi：10.1126/science.aam5336）

生活在肠道中的细菌不只是会消化食物，它们也对免疫系统产生深远的影响。如今在一项新的研究中，来自美国华盛顿大学医学院和俄罗斯圣彼得堡国立信息技术大学的研究人员证实一种特定的肠道细菌能够阻止小鼠遭受严重的流感病毒感染，而且可能是通过降解在黑茶、红酒和蓝莓等食物中经常发现的天然化合物——类黄酮（flavonoids）来实现的。这项研究也表明当在流感病毒感染之前这种相互作用发生时，这种策略可有效地抑制这种感染导致的严重损伤。它也可能有助解释人体对流感病毒感染做出的免疫反应存在着广泛的差异。相关研究结果发表在2017年8月4日的 *Science* 期刊上，论文标题为 "The microbial metabolite desaminotyrosine protects from influenza through type I interferon"。作为这项研究的一部分，Stappenbeck 和 Steed 对人肠道细菌进行筛选以便寻找一种能够代谢类黄酮的肠道细菌。这些研究人员鉴定出这样的一种肠道细菌，他们猜测它可能抵抗流感病毒感染导致的损伤。这种被称作 *Clostridium orbiscindens* 的肠道细菌降解类黄酮，从而产生一种增强干扰素信号的代谢物。Steed 说："这种代谢物被称作脱氨基酪氨酸（desaminotyrosine，DAT）。我们给小鼠喂食DAT，随后利用流感病毒感染它们。相比于未接受DAT处理的小鼠而言，这些小鼠经历更少的肺部损伤。"

15. *Science*：发现肠道细胞抵抗细菌感染的后备免疫防御通路（doi：10.1126/science.aal4677）

在一项新的研究中，来自美国德州大学西南医学中心、麻省总医院和布罗德研究所的研究人员在小鼠中发现一种后备的抗病原体系统利用细胞中的自噬复合体运送蛋白武器到前线（即细胞表面）来抵抗细菌攻击。相关研究结果于2017年7月27日在线发表在 *Science* 期刊上，论文标题为 "Paneth cells secrete lysozyme via secretory autophagy during bacterial infection of the intestine"。论文通信作者为德州大学西南医学中心免疫学系主任、霍华德-休斯医学研究所研究员 Lora Hooper 博士。经典的自噬是细胞用来降解和循环使用不需要组分的一种细胞循环系统。尽管这项研究中观察到的这种后备防御系统并不是经典自噬通路的一部分，但是它似乎使用了自噬复合体的一些组分。Hooper 说："在第一道防线失败之后，这种替代通路利用经典的自噬复合体运送抗菌蛋白武器到肠道细胞表面上。"

为了研究这种后备防御系统,这些研究人员使用了麻省总医院合作者们通过基因改造而得到在很多克罗恩病患者观察到的基因突变的小鼠,随后让它们接触沙门氏菌(一种食源性致病菌)。Hooper说:"当来自正常的野生型小鼠的肠道细胞遇到沙门氏菌时,它们的抗菌蛋白武器通过这种迂回的或者说后备的通路进行运送,成功地到达细胞表面上的防线。在携带这种克罗恩病突变的小鼠体内,这种迂回通路受到阻断,不能够杀死细菌。与我们的发现相一致的是,我们的合作者们发现当接触另一种食源性致病菌时,这些小鼠病得更重。"

16. Cell:利用基因剪刀操纵肠道微生物组的基因活性(doi:10.1016/j.cell.2017.03.045)

在一项新的研究中,来自美国耶鲁大学医学院的研究人员开发出新的方法来调节活的小鼠肠道内大量肠道细菌中的基因活性。这是理解肠道微生物组在健康和疾病中发挥的影响的一个关键的步骤。相关研究结果发表在 2017 年 4 月 20 日的 *Cell* 期刊上,论文标题为 "Engineered Regulatory Systems Modulate Gene Expression of Human Commensals in the Gut"。论文第一作者 Bentley Lim 与 Goodman 实验室的 Michael Zimmermann 和 Natasha Barry 一起设计出一种"二聚体开关"来控制拟杆菌中的基因表达。拟杆菌是在人肠道中发现的一类最为常见的细菌。作为对在小鼠体内或它们的饮食中未发现的一种人工化学物做出的反应,这种开关能够增加、降低或关闭基因表达。通过简单地加入这种化学物到小鼠的饮用水中,或者移除饮用水中这种化学物,他们能够精准地实时追踪改变活的小鼠的肠道微生物组中的基因活性的影响。肠道细菌在寻找食物时会将肠道壁上的糖脱落下来。这些研究人员利用这些工具理解病原菌如何吃这些脱落下来的糖。通过控制这种行为的时间和强度,他们能够测量这些吃剩的食物在多长时间可供病原菌获得。他们说,这些发现有助解释抗生素如何违反直觉地为病原菌增加这些佳肴的数量,并且可能有朝一日有助人们开发出更加有效的传染病疗法。

三、地球微生物组计划

1. 前言

地球微生物组计划(Earth Microbiome Project)的目标是尽可能多地对地球微生物群落进行取样,以便促进人们对微生物及其与包括植物、动物和人类在内的环境之间的关系的理解。这一任务需要来自世界各地的科学家的帮助。到目前为止,这一计划已覆盖了从北极到南极的七大洲和 43 个国家,而且有超过 500 名研究人员为样品和数据收集做出了贡献。这一计划的成员正在使用这种信息作为大约 100 项研究的一部分,其中一半的研究已在同行评审的期刊上发表。地球微生物组计划的成员通过对 16S rRNA 基因进行测序,分析了不同环境、地理位置和化学反应中的细菌多样性。16S rRNA 基因是细菌和古生菌的特异性遗传标记,可作为"条形码"鉴定出不同类型的细菌,从而允许研究人员在来自全世界的样品中追踪它们。

这一计划的研究人员也利用一种新的方法消除这些数据中的测序错误，使他们能够更加准确地了解这些微生物组中独特序列的数量。在第一次公布的数据中，地球微生物组计划的研究人员鉴定出大约 30 万个独特的微生物 16S rRNA 序列，其中将近 90％在现有的数据库中找不到精确匹配的序列。我们对微生物世界的重要性和多样性的认识日益增强，然而对它们的基本结构却认知有限。近年来，基因测序领域取得了一系列新进展。但由于缺乏标准化的分析方法，常用分析框架又存在诸多缺陷，使微生物组的研究受到了一定限制，进而制约了人们对环境微生物基本结构的认知与发展。本文作者对地球微生物组计划（EMP）中数百名研究人员收集的微生物群落样本进行了元分析。相应的说明及新的基于精确序列而非 OTU 聚类的分析方法，将增强多项研究中对于细菌和古菌的核糖体基因序列的分析，并将多样性的探索推向前所未有的规模。其结果为进一步深化微生物组研究做出了有益尝试：一是建立了环境微生物基因序列参考数据库，为深入研究未知环境的微生物组构成提供了数据基础和参考依据；二是建立了微生物基因数据框架，为优化完善地球微生物多样性的描述模式做出了积极探索。

2. 实验方法

（1）样品收集：EMP 向全球科学界征集环境样本和相关数据，跨越不同的环境，不同空间、时间和物理化学共变。来自 97 个独立研究的 27751 个样本代表了不同的环境类型、地理位置和化学反应。所有样品进行了 DNA 提取和测序，并对在整个数据库的细菌和古菌部分进行了分析。①地球微生物组计划本源（EMPO）分为三级；从低到高分别为微生物环境（level3）、动植物和土盐分（level2）、自由生物与宿主相关（level1）。共使用 23828 个高质量样品，详细方法见网址：http://www.earthmicrobiome.org/protocolsand－standards/empo。②全球范围的样品来源，来自 7 大洲的 43 个国家，21 种生态群落，92 种有特点的环境和 17 个环境。

（2）DNA 提取，PCR 扩增，测序和序列预处理。

1）DNA 提取使用 MO BIO PowerSoil DNA extraction kit 试剂盒。

2）PCR 扩增使用 16S rRNA V4 区域上的配对引物的 515F－806R。

3）测序使用 Illumina HiSeq 或 MiSeq 测序平台。

4）测序所得数据使用 QIIME 1.9.1 script split＿libraries＿fastq.py 拆分序列并以默认参数进行质量控制随后生成 FASTA 序列文件。

（3）序列标记、OTU 筛选以及群落分析方法。

考虑到与植物相关的样本以及无宿主影响的样本中，三分之一及以上的序列不能与现有的 rRNA 数据库匹配，该研究中使用了一种无须参考序列的方法——Deblur 来去除错误的序列并提供了单核酸精度上的 sOTU（sub－OTU），该文章中称为"标记序列"（tag sequence）。由于早期 EMP 计划中的测序长度为 90 bp，为了将不同时期的序列结果统一起来，进行比较，该研究将所有的序列都切除到了 90 bp，相应的结果也辅助说明了 90 bp，100 bp 和 150 bp 等不同长度不影响研究结果。在与参考数据库（Greengenes 13.8 和 Silva 128）的全长序列进行比对时，使用 VSEARCH 工具来全局比对，并要求 100% 相似性。

对于 90 bp 的 Deblur 结果，每个样本均随机抽取了 5000 个观测到的序列进行分析微生物群落的 alpha 多样性（observed_otus, shannon, chao1, faith_pd）和 beta 多样性（基于 UniFrac 距离矩阵，进行 PCoA 分析）。

16S rRNA 基因拷贝数的计算：基于 PICRUSt 1.1.0 的命令行脚本"normalize_by_copy_number.py"，将每一个 OTU 的丰度除以相应推测出的 16S rRNA 基因的拷贝数。随机森林的方法对样本进行分类分析：针对 Deblur 90 bp 结果中 2000 个样本，使用随机森林分类树的方法，将不同环境下的样本划分至相应的环境标签中。在方法中使用了 R 语言下的 caret 和 randomForest 包。

SourceTracker 分析来确定 tag sequence 在多个环境样本中的分布程度。该分析利用 Source Tracker 2.0.1 来完成。在分析之前，每一个样本的序列总数均稀释至 1000。

Deblur 算法简介

将样本中序列进行统计个数并由大到少依次排列，依次记录 reads ri，counts ci，i＝1，2，…Nreads，ci 依次递减。以 i＝1 为例，假设 $c'1$ 为 r1 在初始样本中的真实个数，由于测序过程中的一些错误，$c'1<c1$，α 是测序过程中出现错误的平均概率，为了得到的 r1 的真实个数，进行以下计算：$c'1=c1/(1-\alpha)$ 在增加 c1 之后，需要降低相应的其余序列的个数，因为在该算法中，假设 r1 测到的真实个数降低，是由于被误测成了其余序列。因此这里选用在不同 Hamming 距离（即 mismatch，dik）下的错误率 β（dik）来估计其余序列被测成 r1 的个数，以此来校正不同序列在测序过程中的真实个数。以 rk 为例，1<k<Nreads，被误测成 r1 的序列的个数应该是：ck＝〔1－β（dik）〕$c'1$ 重复上述过程，i＝1，2，…Nreads，i<k<Nreads，依次校正各条序列的真实个数。备注：不同 mismatch 下的错误率是基于多个 Miseq 和 Hiseq 测序结果的收集起来的统计值。

（4）多样性分析：通过 Greengenes 数据库建树、UniFrac 距离计算，用 QIIME 进行 alpha-多样性分析，richness 与纬度、pH 和温度的相关性，beta-多样性的分析，以及 16S rRNA 基因平均拷贝数的计算。

1）群体内 Alpha 多样性观察长度为 90 bp 序列的丰富度，共有 23828 个生物为独立的样品。抽样至 5000 条序列，黄线为组均值，发现自由生活环境比宿主依赖的多样性高。

2）不同 pH 值和温度下多样性变化，存在单峰分布的规律，即多样性先升高，再降低。

3）按 level 2/3 分组上色展示 PC 1 对应 PC 2/3 平面上样品间距离分布。

4）不同群体中 16S 基因拷贝数在 level 2/3 水平分布。

（5）用更为精确的分类单元代替 OTU 聚类。

微生物生态不再需要 OTU 聚类，而是一个更为精确的分类单元。这样一来，序列的特异性更高，环境分类也可以更细，使我们能够在更精确的分辨率下观察和分析微生物分布模式。在该文章中，作者以 Shannon 熵值为标准，分别对 tag sequence和较高的物种分类在不同环境中的分布进行分析。可以看出，新方法中的标记序列对环境具有较高的特异性，分布偏向于一个或几个环境（低 Shannon 熵）；相比之下，更高的物种分类学水平往往更均匀地分布在不同的环境（高 Shannon 熵，低特异性）。不同物种分类级别上的所有标记序列的熵的分布也证实了这一观点。为了精确衡量每个分类单元对环境的差异，作者也探究了熵随着生态系统距离的变化而变化的模式。

1）样品间出现或缺失门，X 轴按丰富度排序，Y 轴按门相对丰度排序。

2）与 1）相似，只是分为动、植、盐、非盐四类环境下门有无的分布。

3）评估各级别不同环境中物种的多样性。

（6）结论：利用精确的序列代替 OTUs，可以揭示微生物生态学的基本生物地理模式，其分辨率和范围可以与目前用于宏观生态学的数据分析相匹敌。其结果指出微生物群落的真正原理，可以进行环境特异性更加显著的 16S rRNA 序列分析。

附　录

附录一　常用培养基的制备和用途

一、常用分离培养及鉴定用培养基

1. 肉浸液及肉浸液琼脂

【成分】新鲜牛肉（去脂绞碎）500 g，蛋白胨 10 g，氯化钠 5 g，水 1000 mL。

【制备】

（1）取新鲜牛肉去除肌腱、肌膜及脂肪，切成小块后绞碎，每 500 g 碎肉加水 1000 mL，混合后置冰箱过夜。

（2）次日取出肉浸液，搅拌均匀，煮沸 30 分钟，并不断搅拌以免沉淀烧焦，若蛋白质已凝固，即停止加热，补足失去水分。

（3）先用绒布或纱布过滤肉浸液，使所有肉汁尽量挤出，再用脱脂棉过滤，在滤液中加入蛋白胨、氯化钠，再加热使其全部溶解，并补足水分至 1000 mL。

（4）矫正 pH 至 7.4～7.6，煮沸 10 分钟，用滤纸过滤，分装，103.4 kPa 高压蒸汽灭菌 15～20 分钟，冷却后置阴暗处或冰箱中保存备用。

若在肉浸液中加入 2% 琼脂即为肉浸液琼脂。

【用途】用作基础培养基，营养比肉膏汤好，营养要求不高的细菌均可生长。

2. 肉膏汤

【成分】牛肉膏 3～5 g，蛋白胨 10 g，氯化钠 5 g，蒸馏水 1000 mL。

【制备】将上述成分加入 1000 mL 蒸馏水中混合，加热溶解。矫正溶液 pH 至 7.4～7.6，煮沸 3～5 分钟，用滤纸过滤。分装，103.4 kPa 高压蒸汽灭菌 15～20 分钟，置阴暗处保存备用。

【用途】用作无糖基础培养基，营养要求不高的细菌均可生长。

3. 肝浸液

【成分】猪肝（或牛肝）500 g，蛋白胨 10 g，氯化钠 5 g，蒸馏水 1000 mL。

【制备】将猪肝洗净绞碎，加水 500 mL，流通蒸汽加热 30 分钟，取出混匀后再加热 90 分钟，用绒布过滤。向滤液中加入蛋白胨、氯化钠，加水至 1000 mL，加热溶解，矫正 pH 至 7.0，再置流通蒸汽加热 30 分钟，吸取上清液并用滤纸过滤，分装，103.4 kPa 高压蒸汽灭菌 15～20 分钟，置阴暗处保存备用。

【用途】肝浸液营养丰富，适用于营养要求较高的细菌培养。

4. 营养琼脂

【成分】牛肉膏 5 g，蛋白胨 10 g，氯化钠 5 g，琼脂 20～25 g，蒸馏水

1000 mL。

【制备】准确称取上述成分，加入 1000 mL 水中加热融化，补足失去的水分。趁热矫正 pH 至 7.4～7.6，用绒布过滤，分装，103.4 kPa 高压蒸汽灭菌 15～20 分钟，备用。

【用途】适用于营养要求不高的细菌生长，并可作无糖基础培养基。

5. 半固体琼脂

【成分】肉浸液 1000 mL，琼脂 2.5～5 g。

【制备】将琼脂加入肉浸液中加热融化，用绒布过滤，分装，103.4 kPa 高压蒸汽灭菌 15～20 分钟，备用。

【用途】保存菌种，观察细菌的动力。

6. 血液琼脂

【成分】肉浸液琼脂 100 mL，无菌脱纤维羊血（或兔血）5～7 mL。

【制备】将已灭菌的肉浸液琼脂加热融化，待冷却至 50 ℃ 左右时以加入无菌脱纤维羊血（临用前置 37 ℃ 温箱或水浴箱中预温），轻轻摇匀，分装于无菌平皿（厚约 4 mm）。凝固后，抽样置于 37 ℃ 温箱 18～24 小时进行无菌试验，如无菌生长即可使用。

【用途】供营养要求较高的细菌生长。

注：①脱纤维羊血的制备：在三角烧瓶中加入数十粒玻璃珠，高压灭菌后备用。无菌手续抽取羊血约 50 mL，注入无菌三角烧瓶，并立即振摇约 10 分钟，以脱去纤维蛋白，保存冰箱备用。②兔血对嗜血杆菌的生长比羊血更好。

7. 巧克力色琼脂

【成分】肉浸液琼脂 100 mL，无菌脱纤维羊血（或兔血）10 mL。

【制备】将已灭菌的肉浸液琼脂加热融化。在 80～90 ℃ 时加入血液，摇匀后置 90 ℃ 水浴中 10～15 分钟，使血液由鲜红色变为巧克力色。分装，经无菌试验后使用。

【用途】用于脑膜炎球菌、流感嗜血杆菌等营养要求较高的细菌分离培养。

8. 葡萄糖肉汤

【成分】酵母浸膏 3 g，葡萄糖 3 g，枸橼酸钠 3 g，磷酸氢二钾 2 g，牛肉汤 1000 mL，0.5% 对氨基苯甲酸 5 mL，24.7% 硫酸镁 20 mL。

【制备】

(1) 除葡萄糖和硫酸镁外，其他成分混合，加热融化，矫正 pH 至 7.6，再煮沸 5 分钟，用滤纸过滤，分装，以 68.95 kPa 高压蒸汽灭菌 20 分钟。

(2) 将葡萄糖配成 10% 水溶液，硫酸镁配成 24.7% 水溶液，分别 55.15 kPa 高压蒸汽灭菌 15 分钟。

(3) 取葡萄糖溶液 1.5 mL、硫酸镁溶液 1 mL 分别加入 50 mL 无菌肉汤中，混匀，取少量经 37 ℃ 培养 2 天无菌生长后备用。

【用途】 用于血液标本的增菌培养。

注：枸橼酸钠为抗凝剂，并减少白细胞对细菌的吞噬作用；对氨基苯甲酸和硫酸镁为抗生素拮抗剂；如患者已用青霉素治疗，则需在培养基中加入青霉素酶，每 50 mL 培养基加青霉素酶 100 U。

9. 硫酸镁肉汤

【成分】

（1）基础液：蛋白胨 10 g，氯化钠 5 g，酵母浸膏 3 g，牛肉膏 10 g，核酸 2 g，黏液素 1 g，硫酸铝钾 0.3 g，蒸馏水 1000 mL。

（2）每 500 mL 基础液的上清液加入 0.5% 对氨基苯甲酸 5 mL，49.3% 硫酸镁 5 mL，20% 枸橼酸钠 5 mL。

【制备】 先将基础液中各成分混匀，加热融化，矫正 pH 至 8.0，分装，103.4 kPa 高压蒸汽灭菌 15~20 分钟。吸取基础液的上清液，按比例加入对氨基苯甲酸、硫酸镁和枸橼酸钠，矫正 pH 至 7.8，分装，68.95 kPa 高压蒸汽灭菌 20 分钟。

注：此培养基营养丰富，核酸能刺激细菌生长，黏液素能破坏血液中的抗体、补体，对氨基苯甲酸和硫酸镁是抗生素拮抗剂。

【用途】 用于血液、骨髓等标本的增菌培养。

10. 胆盐肉膏汤

【成分】

（1）基础液：牛肉膏 5 g，蛋白胨 10 g，氯化钠 5 g，胆盐 3 g，硫酸铝钾 0.3 g，蒸馏水 1000 mL。

（2）每 500 mL 基础液的上清液中加入葡萄糖 10 g，20% 枸橼酸钠 10 mL。

【制备】

（1）将基础液中各成分混匀，加热融化，矫正 pH 至 7.8，分装，103.4 kPa 高压蒸汽灭菌 15~20 分钟。

（2）吸取上清液，按比例加入葡萄糖和枸橼酸钠，矫正 pH 至 7.6。

（3）上述成分混合溶解后，分装于 20×180 mm 试管 6~7 cm 高，以 68.95 kPa 高压蒸汽灭菌 15~20 分钟。

【用途】 用于伤寒、副伤寒沙门氏菌血液标本的增菌培养。

11. 革兰氏阴性杆菌（GN）增菌液

【成分】 胰蛋白胨 20 g，枸橼酸钠 5 g，去氧胆酸钠 0.5 g，磷酸二氢钾（无水）1.5 g，磷酸氢二钾（无水）4 g，氯化钠 5 g，葡萄糖 1 g，甘露醇 2 g，蒸馏水 1000 mL。

【制备】 上述各成分混合后加热融化，矫正 pH 至 7.0，用滤纸过滤，分装，以 68.95 kPa 高压蒸汽灭菌 15~20 分钟。

【用途】 用于痢疾杆菌粪便标本增菌培养。

注：枸橼酸钠和去氧胆酸钠对部分 G⁻ 杆菌有抑制作用，大肠杆菌、绿脓杆菌、

变形杆菌在接种 6 小时内生长缓慢，而痢疾杆菌可相应得到增殖。故标本接种后即计算时间，通常培养 6 小时后即可转种到选择培养基（如 SS、中国蓝平板），以分离致病菌。

12. 亚硒酸盐（S. F）增菌液

【成分】蛋白胨 5 g，乳糖（或甘露醇）4 g，磷酸氢二钠（$Na_2HPO_4 \cdot 12H_2O$）4.5 g，磷酸二氢钠（$NaH_2PO_4 \cdot H_2O$）5.5 g，亚硒酸钠（或亚硒酸氢钠）4 g，蒸馏水 1000 mL。

【制备】

（1）先将亚硒酸钠溶于约 200 mL 水中（不可加热）。再将其他成分混合于约 800 mL 水中，加热溶解。

（2）将上述两液混合，充分摇匀，矫正 pH 至 7.1，分装试管，每管约 10 mL。流通蒸汽灭菌 30 分钟，置 4 ℃ 冰箱中备用。如出现黄红色沉淀则不能使用。

【用途】用于粪便、肛门拭子增菌培养沙门氏菌。

注：①本培养基不宜用高压蒸汽灭菌，否则有大量红色沉淀形成，影响增菌效果。②pH 必须矫正至 7.1，否则会产生棕黄色沉淀，可改变磷酸氢二钠和磷酸二氢钠的比例来调整 pH。③接种标本约占增菌液体积的 10%，培养时间不超过 24 小时即可接种选择培养基。④此培养基保存时间不宜超过 2 周。

13. 四硫磺酸盐（TT）增菌液

【成分】际胨 5 g，胆盐 1 g，碳酸钙 10 g，硫代硫酸钠（$Na_2S_2O_3 \cdot 5H_2O$）30 g，蒸馏水 1000 mL，碘液（碘化钾 5 g，碘 6 g，溶于 20 mL 水，储存于棕色玻璃瓶）。

【制备】将上述成分（除碘液外）混合，加热融化，分装，以 68.95 kPa 高压蒸汽灭菌 10 分钟，临用时每 10 mL 溶液加入碘液 0.2 mL。

【用途】沙门氏菌增菌培养基。

注：培养基中的碘氧化硫代硫酸钠后生成四硫磺酸盐，对大肠杆菌、痢疾杆菌均有一定的抑制作用，因而有利于沙门氏菌生长。碳酸钙起到缓冲溶液 pH 值作用。

14. 碱性蛋白胨水

【成分】蛋白胨 10 g，氯化钠 5 g，蒸馏水 1000 mL。

【制备】将上述各成分加入蒸馏水，加热融化，待冷。矫正 pH 至 8.4，过滤，分装，以 103.4 kPa 高压蒸汽灭菌 15～20 分钟。

【用途】用于霍乱弧菌的增菌培养。

注：该培养基的 pH 较高，因此可作为霍乱弧菌的选择培养基，若在培养基 1000 mL 中加入 1～2 mL 1% 亚硒酸钾则对杂菌的抑制作用更强。

15. 高盐胨水

【成分】蛋白胨 20 g，氯化钠 40 g，蒸馏水 1000 mL，结晶紫溶液（1：10 000）5 mL。

【制备】将蛋白胨、氯化钠加入蒸馏水中加热融化，矫正 pH 至 8.8～9.0，继续加热 20 分钟，过滤。加结晶紫溶液混合，分装，以 103.4 kPa 高压蒸汽灭菌 15～20 分钟。

【用途】用于副溶血性弧菌的增菌培养。

注：该培养基的氯化钠浓度和 pH 值均较高，对很多杂菌有抑制作用，同时，结晶紫能抑制 G⁺ 菌的生长，从而有利于副溶血性弧菌的生长。如在此培养基中加入 2% 琼脂即制成高盐琼脂。

16. 麦康凯（MacConkey）琼脂

【成分】蛋白胨 17 g，胨胨或多价蛋白胨 3 g，氯化钠 5 g，乳糖 10 g，琼脂 20～25 g，0.5% 中性红水溶液 5 mL，猪胆盐（牛、羊胆盐）5 g，蒸馏水 1000 mL。

【制备】先将蛋白胨、胆盐、氯化钠等成分加入 500 mL 蒸馏水中加热融化。再将琼脂加入余下的 500 mL 水中加热融化。将上述两液混合，矫正 pH 至 7.4，用绒布过滤，分装，以 68.95 kPa 高压蒸汽灭菌 15～20 分钟。待冷却至 50～60 ℃时加入灭菌的乳糖和中性红溶液，混匀后倾注平板。

【用途】分离培养肠道杆菌。

注：胆盐对部分肠道非致病菌和 G⁺ 菌有抑制作用，并促进某些 G⁻ 致病菌的生长。

17. 中国蓝琼脂

【成分】肉膏汤琼脂（pH 7.4）100 mL，乳糖 1 g，1% 中国蓝水溶液（无菌）0.5～1 mL，1% 玫瑰红酸乙醇溶液 1 mL。

【制备】将乳糖加入已灭菌的肉膏汤琼脂中，加热融化，混匀，待冷却至 50 ℃左右时加入中国蓝、玫瑰红酸溶液混匀，立即倾注平板。

【用途】分离培养肠道杆菌。

注：①中国蓝在酸性时为蓝色，碱性时为微蓝色至无色，玫瑰红酸在酸性时为黄色，碱性时为红色，此培养基 pH 为 7.4 左右，制成后显淡紫红色，若过碱为鲜红色，过酸为蓝色，均不可用。②中国蓝溶液可用煮沸法或高压 68.95 kPa 灭菌 15 分钟，玫瑰红酸是用乙醇配制而成，无须灭菌即可使用，但在加入时要注意避开火焰。③玫瑰红酸能抑制 G⁺ 菌生长，但对大肠杆菌没有抑制作用，故粪便标本接种量不能过多。

18. 伊红亚甲蓝（EMB）琼脂

【成分】肉膏汤琼脂（pH 7.4）100 mL，乳糖 1 g，2% 伊红水溶液（无菌）2 mL，0.5% 亚甲蓝水溶液（无菌）1 mL。

【制备】加热融化肉膏汤琼脂，加入乳糖，冷却至 50 ℃左右时加入伊红和亚甲蓝溶液，混匀后倾注平板。

【用途】分离培养肠道杆菌。

注：若细菌分解乳糖产酸，使伊红与亚甲蓝结合，菌落颜色为紫红色或紫黑

色，并有金属光泽；在碱性环境中伊红与亚甲蓝不能结合，故菌落为无色。

19. SS 琼脂

【成分】牛肉膏 5 g，胨胨 5 g，乳糖 10 g，胆盐 10 g，硫代硫酸钠 12 g，枸橼酸钠 12 g，枸橼酸铁 0.5 g，琼脂 25 g，煌绿 0.33 mg，中性红 22.5 mg，蒸馏水 1000 mL。

【制备】

（1）先将牛肉膏、胨胨、琼脂加入蒸馏水中加热融化，再加入胆盐、乳糖、枸橼酸钠和枸橼酸铁，用微火加热，使其全部融化，矫正 pH 至 7.2。用绒布或脱脂棉过滤，并补足失去水分。

（2）煮沸 10 分钟，加入煌绿、中性红（因用量少，可配成 0.1% 煌绿、1% 中性红水溶液后再加入）。混匀后分装于平皿，待干燥后使用。

【用途】用于粪便标本培养沙门氏菌、志贺菌等肠道致病菌。

注：此培养基为肠道杆菌强选择培养基，无须高压灭菌，煮沸后即可直接分装。其成分中的营养物质为牛肉膏、胨胨、蛋白胨；抑制剂为煌绿、胆盐、硫代硫酸钠、枸橼酸钠等，能抑制非致病菌生长，其中胆盐又能促进致病菌（特别是沙门氏菌）的生长；鉴别用糖为乳糖，指示剂为中性红。硫代硫酸钠能缓和胆盐对痢疾杆菌和沙门氏菌的有害作用，并能中和煌绿、中性红染料的毒性。

20. 碱性琼脂平板

【成分】蛋白胨 10 g，氯化钠 5 g，牛肉膏 3 g，琼脂 25 g，蒸馏水 1000 mL。

【制备】将各成分混合后加热融化，矫正 pH 至 8.6。过滤，分装，以 103.4 kPa 高压蒸汽灭菌 15～20 分钟，待冷却至 50 ℃左右时倾注平板。

【用途】分离培养霍乱弧菌。

注：此培养基 pH 较高，能抑制其他细菌的生长，为霍乱弧菌的弱选择培养基。

21. 碱性胆盐琼脂平板（TCBS）

【成分】蛋白胨 20 g，氯化钠 5 g，琼脂 20 g，牛肉膏 5 g，胆盐 2.5 g，蒸馏水 1000 mL。

【制备】准确称取各成分，加入蒸馏水中加热融化，加入 15% NaOH 约 6 mL，矫正 pH 为 8.2～8.4，煮沸，以 68.95 kPa 高压蒸汽灭菌 15 分钟，留置于高压灭菌器中过夜。次日将凝固的琼脂倒出，切去底部沉淀，再加热融化，用绒布过滤。矫正 pH 至 8.2～8.4，分装，以 103.4 kPa 高压蒸汽灭菌 15～20 分钟，待冷却至约 50 ℃时倾注平板。

【用途】分离培养霍乱弧菌。

22. 卵黄双抗琼脂（EPV）

【成分】蛋白胨 10 g，氯化钠 5 g，牛肉膏 3 g，玉米淀粉 1.67 g，50% 卵黄悬液 100 mL，多黏菌素 B 4.2 mg 或 2.5 万单位，万古霉素 3.3 mg 或 3000 U，琼脂 20 g，蒸馏水 1000 mL。

【制备】

(1) 先将蛋白胨、氯化钠、牛肉膏加入蒸馏水中加热融化，矫正 pH 至 7.6，再加入玉米粉（先用少量水调成糊状）和琼脂，混匀后以 103.4 kPa 高压蒸汽灭菌 15～20 分钟。

(2) 待培养基冷却至约 50 ℃时，加入卵黄悬液和抗生素（多黏菌素和万古霉素先用少量无菌蒸馏水溶解），摇匀后倾注平板。

【用途】用于鼻咽分泌物标本分离培养脑膜炎奈瑟菌。

注：①50％卵黄悬液的配制，取新鲜鸡蛋一个，用肥皂水和清水洗净，浸入 75％乙醇中 30 分钟，取出用无菌纱布擦干，用无菌镊子在气室顶端开一小孔，将蛋清全部弃去，再将小孔扩大，把蛋黄收集于放有玻璃珠的无菌三角烧瓶内，充分摇匀，再加入等量无菌生理盐水即成。②如无玉米粉，可用不溶性淀粉代替。③该培养基至 4 ℃冰箱可保存 2～3 天。

23. 高盐甘露醇琼脂

【成分】胨蛋白胨 10 g，牛肉膏 1 g，氯化钠 75 g，琼脂 20 g，甘露醇 10 g，0.1％酚红 25 mL，蒸馏水 1000 mL。

【制备】将胨蛋白胨、牛肉膏、氯化钠、琼脂加入蒸馏水中加热融化。矫正 pH 至 7.4，过滤，趁热加入甘露醇和酚红溶液，充分混匀，分装，以 68.95 kPa 高压蒸汽灭菌 15 分钟。

【用途】分离培养致病性葡萄球菌。

注：大多数致病性葡萄球菌耐高盐，并可分解甘露醇使培养基呈淡橙黄色。凝固酶阴性的葡萄球菌、微球菌和大部分 G⁻ 杆菌在此培养基上不生长。

24. 高盐卵黄琼脂

【成分】10％氯化钠肉浸液琼脂（pH 7.4）600 mL。卵黄悬液 150 mL（一个卵黄混匀于 150 mL 灭菌盐水中）。

【制备】将已灭菌的氯化钠肉浸液琼脂加热融化，待冷却至约 60 ℃时加入无菌卵黄悬液，混匀后倾注平板。

【用途】分离培养金黄色葡萄球菌。

注：①此培养基盐浓度高，可抑制肠道杆菌生长，而对金黄色葡萄球菌无明显影响，因此适用于伪膜性肠炎患者粪便标本分离培养金黄色葡萄球菌，并可加大标本的接种量以提高检出率。②大部分金黄色葡萄球菌能产生卵磷脂酶，使菌落周围形成白色沉淀圈。

25. 血清斜面培养基（吕氏血清斜面）

【成分】1％葡萄糖肉汤（pH 7.4）1 份，无菌牛血清（或兔血清）3 份。

【制备】将上述成分混匀后分装于试管中，每管约 4 mL，置血清凝固器内进行间歇灭菌（每天以 80～85 ℃ 30 分钟，连续 3 天），经无菌试验后方可使用。

【用途】分离培养白喉杆菌，也可用于观察细菌的色素及液化凝固蛋白质能力。

注：①如在培养基中加入 5％～10％的中性甘油，则白喉杆菌的异染颗粒更明显。②分装试管时避免产生气泡，加热时温度不要上升太快。

26. 亚碲酸钾琼脂

【成分】3％肉浸液琼脂 100 mL，1％亚碲酸钾水溶液 2 mL，0.5％胱氨酸水溶液 2 mL，无菌脱纤维羊血（或兔血）5～10 mL。

【制备】加热融化无菌的 3％肉浸液琼脂，待冷却至约 50 ℃时加入灭菌的亚碲酸钾、胱氨酸和血液，立即混匀，倾注平板，凝固后备用。

【用途】分离鉴定白喉杆菌。

注：①白喉杆菌能将亚碲酸钾还原为金属碲，故菌落为黑色。②亚碲酸钾能抑制 G^- 菌、葡萄球菌和链球菌的生长，有利于白喉杆菌的检出。③胱氨酸和血液能促进白喉杆菌的生长。④胱氨酸和亚碲酸钾不耐高温，采用间歇灭菌或过滤除菌。

27. 改良罗氏培养基

【成分】味精（95％以上）7.2 g（或天门冬素 3.6 g），甘油 12 mL，蒸馏水 600 mL，KH_2PO_4 2.4 g，马铃薯淀粉 30 g，$MgSO_4 \cdot 7H_2O$ 0.24 g，全卵液 1000 mL，枸橼酸镁 0.6 g，2％孔雀绿 20 mL。

【制备】先将各种盐类成分溶解后，加入马铃薯淀粉，混匀后置锅内隔水加热煮沸 30 分钟呈糊状，中间不断摇动，以防出现淀粉凝块。待冷却后加入经纱布过滤的全卵液 1000 mL，混匀，再加入孔雀绿溶液混匀，待 20 分钟后，分装于试管中，置血清凝固器内摆成斜面，置血清凝固器中 85～90 ℃下凝固 1～1.5 小时，冷却后储存于冰箱。放置时间以一个月为宜。

【用途】分离培养结核杆菌。

28. 包-金（Bordet - Gengou）琼脂

【成分】马铃薯 250 g，氯化钠 9 g，蒸馏水 2000 mL，琼脂 50～60 g，胨 2 g，甘油 20 mL。

【制备】

(1) 将马铃薯（去皮切细）、氯化钠加入蒸馏水 500 mL 中，煮沸至马铃薯煮烂为止，补足水分，过滤，即为马铃薯浸出液。

(2) 琼脂加水 1500 mL 加热融化，加入马铃薯浸出液、甘油、胨混匀，溶解后矫正 pH 至 7.0，分装，以 103.4 kPa 高压蒸汽灭菌 20 分钟，即为基础培养基。

(3) 临用时，将上述基础培养基加热融化，待冷却至约 50 ℃时，每 100 mL 上述培养基加入脱纤维羊血（或马血、兔血）25～30 mL 和青霉素溶液 25～30 U。混匀，倾注平板，凝固后冷藏备用（尽量在 4 天内用完）。

【用途】分离培养百日咳杆菌。

注：①脱纤维血液不能用抗凝血，血液应新鲜，加入量不少于 20％，加入血液前可先置 37 ℃温箱中预温 10 分钟，基础培养基的温度不宜过高，否则血液变色，影响观察。②百日咳杆菌在此培养基上初次生长速度较慢（3～5 天），次代培养生

长较快。菌落呈银灰色、细小、不透明、水滴状、无明显溶血。③青霉素可抑制 G^+ 菌生长，减少培养基污染。

29. 疱肉培养基

【成分】牛肉渣，肉汤（或肉膏汤，pH 7.4）。

【制备】将制作肉浸液剩余的肉渣装入试管中，高约 3 cm，并加入肉汤（或肉膏汤）约 5 mL，比肉渣高 1 倍。在每管培养基液面上加入融化的凡士林，高约 0.5 cm，以 103.4 kPa 高压蒸汽灭菌 15～20 分钟后备用。

【用途】分离培养厌氧菌。

注：使用前将培养基置于水浴中煮沸 10 分钟以除去培养基内存留的氧气。

30. 牛心、牛脑浸液培养基

【成分】牛心浸出液 250 mL，牛脑浸出液 200 mL，际蛋白胨 10 g，磷酸氢二钠 2.5 g，葡萄糖 2 g，半胱氨酸 0.5 g，氯化钠 5 g，蒸馏水 2000 mL。

【制备】

（1）牛心浸出液、牛脑浸出液的制备：将去筋膜并绞碎的牛心和牛脑各 500 g，分别置于 2 个三角烧瓶中，分别加 1000 mL 蒸馏水，4 ℃冰箱浸泡过夜，次日去除浮油，分别置于 45 ℃水浴中加热 1 小时，再煮沸 30 分钟，过滤，补足失去水分，经 68.95 kPa 高压蒸汽灭菌 20 分钟后备用。

（2）将培养基各成分按比例混匀，加热融化，冷却后矫正 pH 至 7.2～7.4，以 68.95 kPa 高压蒸汽灭菌 15～20 分钟，冰箱保存备用。

【用途】用于各种厌氧菌的基础培养基，如加入酵母提取物 5 g 则培养效果更好。

注：①该培养基可用作血和脓液等标本采集小瓶中的液体培养基，此时每 1000 mL 培养基中应加入维生素 K_1 1 mg（浓度为 1 μg/mL）、氯化血红素 5 mg（浓度为 5 μg/mL）和 0.025％刃天青 4 mL。②刃天青为一种氧化还原指示剂，有氧时为粉红色，无氧时为无色，该指示剂应避光保存以免失活。③氯化血红素可配成 0.5％水溶液，经 68.95 kPa 高压蒸汽灭菌 15 分钟后使用。④维生素 K_1 可用注射制剂配成 1 mg/mL 水溶液使用。

31. 牛心、牛脑浸液血琼脂

【成分】牛心浸出液 250 mL，牛脑浸出液 200 mL，磷酸氢二钠 2.5 g，半胱氨酸 0.5 g，氯化钠 5 g，琼脂 20 g，际蛋白胨（或胰蛋白胨）10 g，蒸馏水加至 1000 mL。

【制备】将上述各成分混匀加热融化，冷却后矫正 pH 至 7.4～7.6，分装，以 103.4 kPa 高压蒸汽灭菌 20 分钟，待冷却至约 50 ℃时，每 100 mL 培养基加入氯化血红素 0.5 mg、维生素 K_1 1mg、无菌脱纤维羊血 5～10 mL，倾注平板。

【用途】用于各种厌氧菌的分离培养。

注：如用于培养产黑色素类杆菌，可用 5％～10％冻溶羊血代替脱纤维羊血。

32. 硫乙醇酸钠液体培养基

【成分】胰酶消化乳酪 17 g，亚硫酸钠 0.1 g，木瓜酶消化豆粉 3 g，琼脂 0.7 g，硫乙醇酸钠 0.5 g，葡萄糖 6 g，氯化钠 2.5 g，氯化血红素 5 mg，半胱氨酸 0.25 g，蒸馏水 1000 mL。

【制备】将上述成分混匀后加热融化，冷却后矫正 pH 至 7.2～7.4，以 68.95 kPa 高压蒸汽灭菌 20 分钟后备用。

【用途】用作厌氧菌的基础培养基。

33. Mueller－Hinton（M－H）琼脂平板

【成分】牛肉浸液 600 mL，酪蛋白酸水解物 17.5 g，淀粉 1.5 g，琼脂 17 g，蒸馏水 400 mL。

【制备】将上述各成分混合，加热融化，矫正 pH 至 7.4，以 103.4 kPa 高压蒸汽灭菌 15～20 分钟，待冷却至约 50 ℃时倾注平板，平板厚度约 4 mm。

【用途】用于药敏试验。

注：该培养基现有商业干粉，应参考卫生行业标准 WS/T231—2002《用于纸片扩散法抗生素敏感试验的脱水 Mueller－Hinton 琼脂》的检验规程。

34. 动力-吲哚-尿素酶（MIU）培养基

【成分】蛋白胨 10 g，200 g/L 尿素 100 mL，氯化钠 5 g，琼脂 2 g，葡萄糖 1 g，蒸馏水 1000 mL，磷酸二氢钾 2 g，4 g/L 酚红水溶液 2 mL。

【制备】除尿素、酚红外，其他成分加入蒸馏水中加热融化，矫正 pH 至 7.0，再加入酚红，以 68.95 kPa 高压灭菌 15 分钟，待冷却至 80～90 ℃时加入经过滤除菌的尿素溶液，分装试管，备用。

【用途】用于肠道杆菌、弧菌、气单胞菌属等细菌的初步鉴定。

35. 双糖铁尿素培养基

【成分】

（1）底层：蛋白胨 20 g，葡萄糖 1～2 g，氯化钠 5 g，琼脂 3～5 g，0.4%酚红水溶液 6 mL，蒸馏水 1000 mL。

（2）上层：蛋白胨 20 g，硫化钠 5 g，乳糖 10 g，硫代硫酸钠 0.2 g，硫酸亚铁 0.2 g，琼脂 15 g，蒸馏水 950 mL，20%尿素 50 mL，0.4%酚红 6 mL。

【制备】

（1）底层：除葡萄糖、酚红外，其他成分加入蒸馏水中加热融化，矫正 pH 至 7.6，过滤后再加入葡萄糖和酚红，混匀，分装于试管中，每管约 1.5 mL，以 55.15 kPa 高压蒸汽灭菌 15 分钟，直立试管，待凝固后备用。

（2）上层：除尿素、乳糖、酚红外，将其他成分加入蒸馏水中加热融化，矫正 pH 至 7.6，用绒布过滤，再加入乳糖和酚红，充分混匀，以 68.95 kPa 高压蒸汽灭菌 10 分钟，趁热加入无菌的 50%尿素 6 mL，混匀后分装于已凝固的底层培养基上，立即放置成斜面。

【用途】为复合生化反应培养基，用于肠道杆菌的初步鉴定。

注：此培养基可用于观察葡萄糖、乳糖分解，H_2S 的产生，尿素分解、动力。其中酚红指示剂在酸性时显黄色，中性或碱性时显红色，用以判断细菌对糖和尿素的分解情况。

36. 双糖铁培养基

【成分】多蛋白胨（或蛋白胨）10 g，牛肉膏 3 g，氯化钠 5 g，乳糖 10 g，葡萄糖 1 g，硫代硫酸钠 0.2 g，硫酸亚铁 0.2 g，琼脂 16 g，蒸馏水 1000 mL，0.4% 酚红 6 mL。

【制备】除糖类和酚红外，其他成分加入蒸馏水中加热融化，矫正 pH 至 7.4～7.6，再加入糖类和酚红混匀。过滤，分装于试管中，以 68.95 kPa 高压蒸汽灭菌 15 分钟，趁热制成斜面，斜面和底层各占一半。

【用途】用于肠道杆菌的初步鉴定。

注：该培养基制备方法比双糖铁尿素培养基简单，且不易污染，可用于观察细菌对葡萄糖、乳糖的分解情况及是否产生 H_2S。

37. 糖发酵培养基

【成分】蛋白胨水（或肉膏汤）100 mL，鉴别用糖（或醇、苷类物质）0.5～1 g，1.6% 溴甲酚紫乙醇溶液 0.1 mL（也可用 1% 酸性复红 0.5 mL）。

【制备】将糖（或醇）加入蛋白胨水中，加热融化后，再加入溴甲酚紫乙醇溶液混匀。分装于试管中，并于每管中加倒置的发酵小管，以 55.15 kPa 高压蒸汽灭菌 15 分钟备用（也可制成半固体发酵管，即在上述培养基中加入 0.4%～0.6% 琼脂，分装、灭菌）。

【用途】用于细菌的鉴定。

38. 糖发酵血清水

【成分】血清 20 mL，蒸馏水 80 mL，10% 鉴别用糖（或醇）溶液 5～8 mL，4% 溴甲酚紫乙醇溶液 0.4 mL。

【制备】将血清与蒸馏水混合，矫正 pH 至 7.6，再加入溴甲酚紫溶液混匀，分装，流通蒸汽灭菌 80 ℃ 30 分钟，连续 3 天。临用前，在上述培养基内加入无菌的 10% 糖溶液（可用流通蒸汽灭菌或煮沸灭菌），使溶液中糖浓度为 0.5%～1%。

【用途】用于营养要求较高的细菌进行糖发酵试验。

注：如配制淀粉糊精血清水，其浓度应为培养基量的 3%，临用前配制成水溶液，经煮沸灭菌后再加入培养基中。指示剂也可用 1% 酸性复红，加入量为 1%。

39. 蛋白胨水

【成分】蛋白胨 20 g（或胰蛋白胨 10 g），氯化钠 5 g，蒸馏水 1000 mL。

【制备】将上述各成分加入蒸馏水中加热融化，矫正 pH 至 7.4～7.6，分装，以 68.95 kPa 高压蒸汽灭菌 20 分钟后备用。

【用途】用于靛基质试验。

注：配制时以胰蛋白胨最好，因其色氨酸含量丰富。

40. 葡萄糖蛋白胨水

【成分】蛋白胨 0.5 g，葡萄糖 0.5 g，磷酸氢二钾（K_2HPO_4）0.5 g，蒸馏水 100 mL。

【制备】将上述各成分加入蒸馏水中加热融化，矫正 pH 至 7.2，过滤，分装，68.95 kPa 高压蒸汽灭菌 20 分钟，备用。

【用途】用于甲基红试验和 VP 试验。

41. 枸橼酸盐培养基

【成分】氯化钠 5 g，硫酸镁 0.2 g，磷酸二氢铵 1 g，磷酸二氢钾 1 g，枸橼酸钠 5 g，琼脂 20 g，蒸馏水 1000 mL，1% 溴麝香草酚蓝乙醇溶液 10 mL。

【制备】将上述各成分（除溴麝香草酚蓝外）加热融化，矫正 pH 至 6.8，过滤，再加入溴麝香草酚蓝混匀，分装，以 103.4 kPa 高压蒸汽灭菌 15～20 分钟，备用。

【用途】用于枸橼酸盐利用试验。

42. 尿素培养基

【成分】葡萄糖 1 g，蛋白胨 1 g，磷酸二氢钾 2 g，氯化钠 5 g，蒸馏水 1000 mL，0.4% 酚红溶液 2 mL，50% 尿素溶液 20 mL。

【制备】

（1）除酚红和尿素外，其他成分加入蒸馏水中加热融化，矫正 pH 至 7.2，再加入酚红，混匀后过滤，分装，以 68.95 kPa 高压蒸汽灭菌 20 分钟。

（2）尿素溶液经过滤除菌，以无菌操作加入到上述培养基中，混匀，经无菌试验后使用。

【用途】用于尿素分解试验。

43. 糖氧化发酵（O/F·HL）培养基

【成分】蛋白胨 2 g，氯化钠 5 g，KH_2PO_4 0.3 g，葡萄糖 10 g，溴麝香草酚蓝 0.03 g，琼脂 3 g，蒸馏水 1000 mL。

【制备】除指示剂外将各成分加入蒸馏水中加热融化，矫正 pH 至 7.0，加入指示剂，分装，以 68.95 kPa 高压蒸汽灭菌 20 分钟，培养基呈绿色。

【用途】用于鉴别肠杆菌科细菌、假单胞菌、粪产碱杆菌等。

注：①培养基的 pH 以灭菌后 6.8 为好，若 pH 过高，则产酸量少的细菌不易出现颜色变化。②由于某些细菌分解糖类的能力较弱，产酸量少，为避免细菌分解蛋白质产生的碱性物质中和酸而影响结果的观察，培养基中的蛋白胨含量较少（0.2%）。③此培养基的琼脂含量少，便于检测 pH 变化和观察细菌的动力。

44. DNA 琼脂平板

【成分】营养琼脂（pH 7.2）100 mL，脱氧核糖核酸（DNA）0.2 g，8% $CaCl_2$ 水溶液 1 mL。

【制备】除 DNA 外，将上述各成分混合，矫正 pH 至 7.4，以 103.4 kPa 高压蒸汽灭菌 15～20 分钟，待冷却至约 50 ℃时加入 DNA，混匀后分装于平皿。

【用途】用于 DNA 酶试验。

45. 氰化钾培养基

【成分】蛋白胨 0.3 g，氯化钠 0.5 g，磷酸二氢钾（KH$_2$PO$_4$）0.023 g，磷酸氢二钠（Na$_2$HPO$_4$·2H$_2$O）0.56 g，蒸馏水 100 mL，0.5％氰化钾灭菌水溶液 1.5 mL。

【制备】将上述成分（除氰化钾外）加热融化，矫正 pH 至 7.6，过滤，分装，以 103.4 kPa 高压蒸汽灭菌 15～20 分钟，待冷，加入灭菌的氰化钾溶液，瓶口用煮沸石蜡浸透的软木塞封固，冰箱保存。

【用途】用于氰化钾生长试验鉴别肠杆菌。

46. 氨基酸脱羧酶培养基

【成分】鉴别用氨基酸 0.5～1 g，蛋白胨 0.5 g，牛肉膏 0.5 g，葡萄糖 0.05 g，吡多醛 0.05 mg，蒸馏水 1000 mL，0.2％溴甲酚紫 0.5 mL，0.2％甲酚红 0.25 mL。

【制备】将蛋白胨、葡萄糖、牛肉膏、吡多醛加入蒸馏水中加热融化，矫正 pH 至 6.0。再加入氨基酸、溴甲酚紫、甲酚红混匀，分装于含有一薄层（约 5 mm）液体石蜡的小试管中，每管约 1 mL，以 103.4 kPa 高压蒸汽灭菌 15～20 分钟，备用。

【用途】用于氨基酸脱羧酶试验。

注：将细菌接种于培养基中，如能使氨基酸脱羧，则使培养基 pH 增高，指示剂变色。应同时做不含氨基酸的对照，培养时间不能超过 24 小时，否则出现假阳性。

47. 硝酸盐培养基

【成分】蛋白胨 1 g，硝酸钾 0.1 g，蒸馏水 100 mL。

【制备】将上述成分加入蒸馏水中加热融化，矫正 pH 至 7.4～7.6，过滤，分装，以 103.4 kPa 高压蒸汽灭菌 15～20 分钟，备用。

【用途】用于硝酸盐还原试验。

注：如无硝酸钾，可用蛋白胨 10 g，氯化钠 5 g，硝酸钠 0.2 g，蒸馏水 1000 mL。

48. 明胶培养基

【成分】明胶 12 g，肉浸液 100 mL。

【制备】将上述成分混匀，隔水加热融化，矫正 pH 至 7.2，趁热用绒布过滤，分装，以 68.95 kPa 高压蒸汽灭菌 15 分钟备用。

【用途】用于明胶液化试验。

注：明胶加热及灭菌温度不能过高，时间不能太长，否则破坏明胶凝固能力，明胶培养基在 20 ℃以下为固体，24 ℃以上融化。

49. 七叶苷培养基

【成分】胰蛋白胨 1.5 g，胆汁 2.5 mL，枸橼酸铁 0.2 g，七叶苷 0.1 g，琼脂 2 g，

蒸馏水 100 mL。

【制备】将上述成分加入蒸馏水中加热融化，矫正 pH 至 7.0，过滤，分装，以 68.95 kPa 高压蒸汽灭菌 15～20 分钟，趁热制成斜面。

【用途】鉴别粪链球菌。

注：此培养基可不加琼脂，制成液体培养基。胆汁能促进肺炎链球菌的自溶作用，若无胆汁也可不加。

50. Hayflick 培养基

【成分】牛心浸液 1000 mL，蛋白胨 10 g，NaCl 5 g，酵母浸膏 3 g，200 g/L 葡萄糖溶液 5 mL，10 g/L 醋酸铊 2.5 mL，青霉素 G（20 万 U/mL）0.5 mL，小牛血清 20 mL（若加入 14g 琼脂粉即为固体培养基）。

【制备】将上述成分（除葡萄糖、醋酸铊、青霉素外）混匀，加热融化，矫正 pH 至 7.6，103.4 kPa 高压蒸汽灭菌 15 分钟，待冷却至 80 ℃左右时加入灭菌的葡萄糖溶液、醋酸铊和青霉素，混匀后冷却至 50 ℃左右时加入小牛血清。

【用途】用于支原体的分离培养。

51. 改良 Kagan 培养基（L 型平板）

【成分】牛肉浸液 100 mL，琼脂 0.8 g，蛋白胨 2 g，明胶 3 g，NaCl 4 g。

【制备】将上述成分（除明胶）加入牛肉浸液中加热融化，调整 pH 至 7.6，加入明胶后，以 103.4 kPa 高压蒸汽灭菌 15～20 分钟后备用。

【用途】用于 L 型细菌的分离培养。

52. 马铃薯葡萄糖琼脂培养基

【成分】马铃薯粉 200 g，葡萄糖 20 g，琼脂 20 g，蒸馏水 1000 mL。

【制备】将马铃薯粉加入蒸馏水中，煮沸 30 分钟后用纱布过滤，补足水分至 1000 mL，再加入葡萄糖和琼脂，加热融化，分装，103.4 kPa 高压蒸汽灭菌 15 分钟后备用。

【用途】用于观察真菌菌落的色素。

53. cBAP‑thio 培养基（改良 Campy‑BAP 弯曲菌选择培养基）

【成分】胰蛋白胨 10 g，琼脂粉 15 g，蛋白胨 10 g，蒸馏水 1000 mL，葡萄糖 1 g，酵母浸膏 5 g，氯化钠 5 g，重亚硫酸钠 0.1 g，硫乙醇酸钠 1.5 g，多黏菌素 B 2500 U，先锋霉素 15 mg，万古霉素 10 mg，两性霉素 B 2 mg，脱纤维羊血 50 mL。

【制备】以上各成分（除抗生素和血液外）加入蒸馏水中加热融化，矫正 pH 至 7.2～7.4，经 103.4 kPa 高压蒸汽灭菌 15 分钟，待培养基冷却至约 50 ℃时加入 4 种抗生素和血液，倾注平板或制成斜面。

【用途】分离培养弯曲菌。

54. Cary‑Blair 运送培养基

【成分】硫乙醇酸钠 1.5 g，磷酸氢二钠 1.1 g，氯化钠 5 g，琼脂 5 g，蒸馏水 991 mL，1%氯化钙溶液 9 mL。

【制备】除氯化钙外各成分混合后加热融化，冷却至约 50 ℃ 时加入氯化钙溶液，矫正 pH 至 8.4，分装试管，每管 5 mL，以 103.4 kPa 高压蒸汽灭菌 15～20 分钟。

【用途】空肠弯曲菌、霍乱弧菌、沙门氏菌和志贺菌采样时用作运送培养基。

55. TTC 沙氏（Sabouraud）培养基

【成分】葡萄糖 40 g，蛋白胨 10 g，琼脂 15 g，蒸馏水 1000 mL，氯霉素 50 mg，1％TTC（氯化三苯四氮唑水溶液）5 mL。

【制备】将前 5 种成分混合溶解，最终 pH 5.6，115 ℃ 高压蒸汽灭菌 15 分钟，再加入氯霉素和 TTC 液，充分混匀，分装试管后制成斜面或倾注平板。

【用途】用于临床标本中酵母及酵母样真菌的分离培养。

56. 干燥培养基

干燥培养基是将新鲜配成的液体培养基用一定方法去除水分，或将培养基内的各种固体成分经适当处理后，充分混匀而制成的干燥粉末。使用时只需按一定比例加入蒸馏水融化、分装、灭菌后即可。干燥培养基携带方便，配制简便、省时，特别适用于基层医院。

二、卫生微生物学检验相关培养基的制备和用途

1. 乳糖蛋白胨培养基

【成分】蛋白胨 10 g，牛肉膏 3 g，乳糖 5 g，氯化钠 5 g，1.6％溴甲酚紫乙醇溶液 1 mL，蒸馏水 1000 mL。

【制备】将蛋白胨、牛肉膏、乳糖及氯化钠加热溶解于 1000 mL 蒸馏水中，调 pH 为 7.2～7.4。加入 1.6％溴甲酚紫乙醇溶液 1 mL，充分混匀，分装于有小导管的试管内，115 ℃ 高压蒸汽灭菌 20 分钟。冷暗处保存，备用。

【用途】水质大肠菌群检验用。

注：双倍或三倍浓缩乳糖蛋白胨培养基制备，按上述乳糖蛋白胨培养液制备方法，浓缩两倍或三倍配制即可。

【用途】水质大肠菌群检验用。

2. 品红亚硫酸钠培养基（供发酵法用）

【成分】蛋白胨 10 g，乳糖 10 g，磷酸氢二钾 3.5 g，酵母浸膏 5 g，牛肉膏 5 g，琼脂 20 g，蒸馏水 1000 mL，无水亚硫酸钠 5 g，5％碱性品红乙醇溶液 20 mL。

【制备】

（1）先将琼脂加至 900 mL 蒸馏水中，加热溶解，然后加入蛋白胨、磷酸氢二钾、酵母浸膏、牛肉膏，混匀使溶解，再以蒸馏水补足至 1000 mL，调 pH 至 7.2～7.4。

（2）趁热过滤，再加入乳糖，混匀后定量分装于烧瓶内，置高压蒸汽灭菌器中以 115 ℃ 灭菌 20 分钟。

（3）根据培养基的容量，以无菌操作按比例吸取一定量的 5％碱性品红乙醇溶液置于灭菌空试管中。另取一定量无水亚硫酸钠置于灭菌空试管，加灭菌水少许使其溶解，再置于沸水浴中煮沸 10 分钟灭菌。

（4）用灭菌吸管吸取已灭菌的亚硫酸钠溶液，加于碱性品红乙醇溶液内至深红色褪至淡粉红色为止。将此混合液全部加于已融化的上述培养基内，并充分混合（防止产生气泡）。

（5）立即分装，待其冷却凝固后置冰箱内备用。

注：此种已制成的培养基置冰箱内不宜超过 2 周，如培养基已由淡红色变成深红色则不能再用。

【用途】水质大肠菌群检验分离培养用。

3. 乳糖胆盐发酵管

【成分】蛋白胨 20 g，乳糖 10 g，猪胆盐 5 g，蒸馏水 1000 mL，0.04％溴甲酚紫水溶液 25 mL。

【制备】除指示剂外，其余成分溶于蒸馏水中，加热溶解，调 pH 至 7.4，加入指示剂，混匀，分装于带有导管的试管中，115 ℃灭菌 20 分钟。贮存于冷暗处备用。

【用途】食品、化妆品中大肠菌群检验初发酵用。

注：双倍乳糖胆盐发酵管除蒸馏水外，其余成分加倍即可。

4. 乳糖发酵管

【成分】蛋白胨 20 g，乳糖 10 g，蒸馏水 1000 mL，0.04％溴甲酚紫水溶液 25 mL。

【制备】除指示剂外，其余成分溶于蒸馏水中，加热溶解，调 pH 至 7.4，加入指示剂，混匀，分装于带有导管的试管中，115 ℃灭菌 20 分钟。贮存于冷暗处备用。

【用途】食品中大肠菌群检验证实实验用。

5. Baird Parker 培养基

【成分】胰蛋白胨 10 g，牛肉膏粉 5 g，酵母浸膏 1 g，甘氨酸 12 g，丙醇酸钠 10 g，氯化锂 5 g，琼脂 20 g，50％卵黄液 50 mL，1％的亚碲酸钾 10 mL，蒸馏水 950 mL。

【制备】除卵黄液、亚碲酸钾外，将其余成分加热溶于蒸馏水中，调 pH 至 6.8，121 ℃高压灭菌 15 分钟，冷却到 50 ℃时，以无菌操作加入新鲜卵黄液、亚碲酸钾，充分混匀，倾注平板，冰箱保存备用。

【用途】金黄色葡萄球菌分离培养用。

6. 品红亚硫酸钠培养基（供滤膜法用）

【成分】蛋白胨 10 g，酵母浸膏 5 g，牛肉膏 5 g，乳糖 10 g，磷酸氢二钾 3.5 g，琼脂 20 g，无水亚硫酸钠 5 g，5％碱性品红乙醇溶液 20 mL。

【制备】制备方法与"发酵法"用品红亚硫酸钠培养基的制备法相同。

【用途】大肠菌群检验滤膜法分离培养用。

7. 乳糖蛋白胨半固体培养基

【成分】蛋白胨 10 g，酵母浸膏 5 g，牛肉膏 5 g，乳糖 10 g，琼脂 5 g，蒸馏水 1000 mL。

【制备】将上述成分加热溶解于 800 mL 蒸馏水中，调 pH 为 7.2～7.4，再用蒸馏水补充至 1000 mL，过滤，分装于小试管中，115 ℃高压蒸汽灭菌 20 分钟，冷却后置于冰箱内保存。此培养基存放不宜过久，以不超过 2 周为宜。

此培养基制成后，需用已知大肠菌群的菌株进行鉴定，应在 6～8 小时产生明显气泡。

【用途】大肠菌群检验滤膜法使用。

8. 叠氮钠葡萄糖肉汤

【成分】胰胨（或蛋白胨）15 g，牛肉膏 4.5 g，葡萄糖 7.5 g，氯化钠 7.5 g，叠氮钠 0.2 g，蒸馏水 1000 mL。

【制备】将各成分溶解于蒸馏水内，调 pH 至 7.2 左右，分装于试管内，每管 10 mL，经 121 ℃高压蒸汽灭菌 15 分钟，备用。

【用途】水中粪链球菌推测实验用。

9. 乙基紫叠氮钠肉汤

【成分】胰胨（或蛋白胨）20 g，葡萄糖 5 g，氯化钠 5 g，磷酸氢二钾 2.7 g，磷酸二氢钾 2.7 g，叠氮钠 0.4 g，乙基紫 0.00083 g，蒸馏水 1000 mL。

【制备】将上述各成分溶解于蒸馏水中，调 pH 至 7.0 左右，分装于试管内，每管 10 mL，经 121 ℃高压蒸汽灭菌 15 分钟，备用。

【用途】水中粪链球菌检验最近似值法用。

10. KF 链球菌琼脂平板

【成分】胨胨（或蛋白胨）10 g，酵母浸膏 10 g，甘油磷酸钠 10 g，氯化钠 5 g，麦芽糖 20 g，乳糖 1 g，叠氮钠 0.4 g，溴甲酚紫 0.015 g，琼脂 20 g，1‰ 2，3，5 -氯化三苯基四氮唑水溶液 10 mL，蒸馏水 1000 mL。

【制备】将上述成分（除外 1‰ 2，3，5 -氯化三苯基四氮唑水溶液、琼脂）加热溶解于蒸馏水中，煮沸 5 分钟。调 pH 至 7.2，加入琼脂，加热溶解。冷却至 50～60 ℃时，加入已灭菌的 1‰ 2，3，5 -氯化三苯基四氮唑水溶液，每 100 mL 加 1 mL，混匀。倾注无菌平皿，冷却后，放冰箱备用。

【用途】水中粪链球菌检验滤膜法推测实验用。

11. Mead 琼脂平板

【成分】蛋白胨 10 g，酵母浸膏 1 g，山梨醇 2 g，酪氨酸 5 g，2，3，5 -氯化三苯基四氮唑水溶液，醋酸亚铊 1 g，琼脂 12 g，蒸馏水 1000 mL。

【制备】将上述成分（琼脂除外）溶解于蒸馏水中，调 pH 至 6.2，加入琼脂，加热溶解。加入 2，3，5 -氯化三苯基四氮唑水溶液和醋酸亚铊 1 g，溶解后，再加入酪氨酸 4 g，混匀溶解。冷却至 50 ℃ 左右时，倾注无菌平皿，冷却后，放冰箱备用。

【用途】水中粪链球菌检验滤膜法证实实验用。

12. 甘露醇卵黄多黏菌素琼脂

【成分】蛋白胨 10 g，牛肉膏 1 g，甘露醇 10 g，氯化钠 10 g，琼脂 15 g，蒸馏水 1000 mL，0.2% 的酚红溶液 13 mL，50% 卵黄液 50 mL，多黏菌素 B 100 U/mL。

【制备】将前面五种成分加入蒸馏水中，加热溶解，调 pH 至 7.4 左右，加入酚红溶液，混匀，分装烧瓶，每瓶 100 mL，121 ℃ 高压灭菌 15 分钟。临用时加热融化琼脂，冷至 50 ℃，每瓶加入卵黄液 5 mL 及多黏菌素 B 10 000 U 混匀后倾注平板，冷却后放冰箱备用。

【用途】食品中腊样芽孢杆菌检验用。

13. EC 肉汤管

【成分】胰蛋白胨 20 g，3 号胆盐 1.5 g，乳糖 5 g，氯化钠 5 g，无水磷酸二氢钾 1.5 g，无水磷酸氢二钾 4 g，蒸馏水 1000 mL。

【制备】将以上各成分混合于蒸馏水中，加热溶解，调 pH 至 7.0。分装于有倒置套管的试管，115 ℃ 高压灭菌 15 分钟。冷却后放冰箱备用。

【用途】粪大肠杆菌增菌培养用。

14. 动力-硝酸盐培养基

【成分】蛋白胨 5 g，牛肉膏 3 g，硝酸钾 5 g，氯化钠 10 g，磷酸氢二钠 2.5 g，半乳糖 5 g，甘油 5 g，琼脂 3 g，蒸馏水 1000 mL。

【制备】将以上各成分混合于蒸馏水中，加热溶解，调 pH 至 7.4。分装试管，121 ℃ 高压灭菌 15 分钟。冷却后放冰箱备用。

【用途】食品中腊样芽孢杆菌检验用。

15. 木糖-明胶培养基

【成分】胰胨 10 g，酵母浸膏 10 g，木糖 10 g，磷酸氢二钠 5 g，明胶 120 g，蒸馏水 1000 mL，0.2% 的酚红溶液 25 mL。

【制备】将除酚红以外的各成分混合于蒸馏水中，加热溶解，调 pH 至 7.6。加入酚红溶液，混匀，分装试管，121 ℃ 高压灭菌 15 分钟，迅速冷却。置冰箱备用。

【用途】食品中腊样芽孢杆菌检验用。

16. 酪蛋白琼脂

【成分】酪蛋白 10 g，酵母浸膏 3 g，氯化钠 5 g，磷酸氢二钠 2 g，琼脂 15 g，蒸馏水 1000 mL，0.4% 的溴麝香草酚蓝溶液 12.5 mL。

【制备】将除指示剂外的各成分混合于蒸馏水中，加热溶解（但酪蛋白不溶解），调 pH 至 7.4。加入指示剂，混匀，分装，121 ℃ 高压灭菌 15 分钟。临用时加热融化琼脂，冷至 50 ℃，倾注平板。备用。

【用途】食品中腊样芽孢杆菌检验用。

17. 缓冲葡萄糖蛋白胨水（MR 和 V-P 试验用）

【成分】磷酸氢二钠 5 g，多胨 7 g，葡萄糖 5 g，蒸馏水 1000 mL。

【制备】将上述各成分放入蒸馏水中，融化后调 pH 至 7.0，分装试管，每管 1 mL，121 ℃高压灭菌 15 分钟。冷却后放冰箱备用。

【用途】食品中腊样芽孢杆菌检验用。

18. 氯化钠结晶紫增菌液

【成分】蛋白胨 20 g，氯化钠 40 g，0.01％结晶紫溶液 5 mL，蒸馏水 1000 mL，30％氢氧化钾溶液 4.5 mL。

【制备】除结晶紫外，其他成分混入蒸馏水中，加热溶解，加入 30％氢氧化钾溶液 4.5 mL，混匀，调 pH 至 9.0。加热煮沸，过滤。再加入结晶紫溶液，混合后分装试管。121 ℃高压灭菌 15 分钟。冷却后放冰箱备用。

【用途】食品中副溶血弧菌检验用。

19. 氯化钠蔗糖琼脂

【成分】蛋白胨 10 g，牛肉膏 10 g，氯化钠 50 g，蔗糖 10 g，琼脂 18 g，蒸馏水 1000 mL，0.2％溴麝香草酚蓝溶液 20 mL。

【制备】将牛肉膏、蛋白胨及氯化钠溶解于蒸馏水中，调 pH 至 7.8。加入琼脂，加热溶解，过滤。加入指示剂，分装烧瓶 100 mL。121 ℃高压灭菌 15 分钟，备用。临用前在 100 mL 培养基内加入已灭菌蔗糖 1 g，加热溶化并冷却至 50 ℃，倾注平板。

【用途】食品中副溶血弧菌检验用。

20. 嗜盐菌选择性琼脂

【成分】蛋白胨 20 g，氯化钠 40 g，琼脂 17 g，0.01％结晶紫溶液 5 mL，蒸馏水 1000 mL。

【制备】除结晶紫和琼脂外，其他按上述成分配好，调 pH 至 8.7。加入琼脂，加热溶解。再加入结晶紫溶液，分装烧瓶，每瓶 100 mL，121 ℃高压灭菌 15 分钟，备用。

【用途】食品中副溶血弧菌检验用。

21. 3.5％氯化钠三糖铁琼脂

【成分】蛋白胨 15 g，酵母浸膏 3 g，牛肉膏 3 g，胨 5 g，乳糖 10 g，蔗糖 10 g，葡萄糖 1 g，氯化钠 35 g，硫酸亚铁 0.2 g，琼脂 15 g，硫代硫酸钠 0.3 g，4％酚红水溶液 6 mL，蒸馏水 1000 mL。

【制备】除糖类和酚红外，其他成分加入蒸馏水中，加热溶解，调 pH 至 7.3。加入糖类和酚红，混匀后，分装试管，每管约 3 mL，115 ℃灭菌 15 分钟。做成高层斜面，保存冰箱备用。

【用途】食品中副溶血弧菌检验用。

22. 氯化钠血琼脂

【成分】蛋白胨 10 g，酵母浸膏 3 g，氯化钠 70 g，磷酸氢二钠 5 g，甘露醇 10 g，结晶紫 0.001 g，琼脂 15 g，蒸馏水 1000 mL。

【制备】将上述各成分加入蒸馏水中，加热融化，调 pH 至 8.0，煮沸 30 分钟（不必高压），待冷至 45 ℃左右时，加入新鲜人或兔血（5%～10%），混合均匀，倾注平皿。

【用途】食品中副溶血弧菌检验用。

23. 嗜盐性试验培养基

【成分】蛋白胨 2 g，氯化钠（按不同量加入），蒸馏水 100 mL。

【制备】配制 2%蛋白胨水，调 pH 至 7.7，共配制 5 瓶，每瓶 100 mL。每瓶分别加入不同量的氯化钠：①不加；②加 3 g；③加 7 g；④加 9 g；⑤加 11 g。待溶解后分装试管。121 ℃灭菌 15 分钟。冷却，放冰箱备用。

【用途】食品中副溶血弧菌检验用。

24. 察氏琼脂培养基

【成分】硝酸钠 3 g，硫酸镁（$MgSO_4 \cdot 7H_2O$）0.5 g，氯化钾 0.5 g，磷酸氢二钾 1 g，硫酸铁 0.01 g，蔗糖 30 g，琼脂 20 g，蒸馏水 1000 mL。

【制备】除蔗糖与琼脂外，其他成分加入蒸馏水中，加热溶解，稍冷后，加入蔗糖和琼脂，分装三角烧瓶及试管，121 ℃高压灭菌 20 分钟。

【用途】分离、培养、鉴定及保存青霉、曲霉菌属用。

25. 高渗察氏琼脂培养基

【成分】硝酸钠 2 g，硫酸镁（$MgSO_4 \cdot 7H_2O$）0.5 g，氯化钠 60 g，磷酸氢二钾 1 g，硫酸亚铁 0.01 g，蔗糖 30 g，琼脂 20 g，蒸馏水 1000 mL。

【制备】除蔗糖与琼脂外，其他成分加入蒸馏水中，加热溶解，稍冷后，加入蔗糖和琼脂，分装三角烧瓶及试管，121 ℃高压灭菌 20 分钟。

【用途】从粮食中分离霉菌用。

26. 马铃薯葡萄糖琼脂培养基（PDA）

【成分】马铃薯（去皮切碎）300 g，葡萄糖 20 g，琼脂 20 g，蒸馏水 1000 mL。

【制备】将马铃薯去皮切碎，加蒸馏水至 1000 mL，用小火煮沸 30 分钟，用双层纱布过滤，取其滤液加蒸馏水补足原量，加入葡萄糖和琼脂，加热融化，分装，115 ℃高压灭菌 30 分钟。

【用途】分离鉴定镰刀菌及其他一些霉菌用。

27. 乳酸苯酚液

【成分】苯酚 10 g，乳酸（比重 1.21）10 mL，纯甘油 10 mL，蒸馏水 10 mL。

【制备】将苯酚加入 10 mL 蒸馏水中，加热溶解，然后加入乳酸及甘油。

【用途】检验霉菌形态制片时应用。

28. 孟加拉红（虎红）培养基

【成分】蛋白胨 5 g，葡萄糖 10 g，氯化钠 60 g，磷酸二氢钾 1 g，硫酸镁 0.5 g，1/3000 孟加拉红溶液 100 mL，氯霉素 0.1 g，琼脂 20 g，蒸馏水 1000 mL。

【制备】除氯霉素和孟加拉红溶液外，上述各成分加入蒸馏水溶解后，再加孟加拉红溶液，混匀，另用1～2 mL无菌乙醇溶解氯霉素后，加入培养基中，混匀分装后，121 ℃灭菌20分钟，备用。

【用途】分离霉菌及酵母菌用。

29. 卵磷脂吐温-80营养琼脂培养基

【成分】蛋白胨20 g，牛肉膏3 g，氯化钠5 g，卵磷脂1 g，吐温-80 7 g，琼脂15 g，蒸馏水1000 mL。

【制备】先将卵磷脂加到少量蒸馏水中，加热溶解，加入吐温-80，将其他成分（除琼脂外）加到其余的蒸馏水中，溶解。加入已溶解的卵磷脂、吐温-80混匀，调pH至7.1～7.4。加入琼脂，121 ℃高压灭菌20分钟，贮存于冷暗处备用。

【用途】化妆品菌落计数用。

30. SCDLP液体培养基

【成分】酪蛋白胨17 g，大豆蛋白胨3 g，氯化钠5 g，磷酸氢二钾2.5 g，葡萄糖2.5 g，卵磷脂1 g，吐温-80 7 g，蒸馏水1000 mL。

【制备】将上述成分混合于蒸馏水中，加热溶解，调pH至7.2～7.3，分装，121 ℃高压灭菌20分钟。注意振荡，使沉淀于底层的吐温-80充分混合，冷却至25 ℃左右使用。如无酪蛋白胨和大豆蛋白胨，也可用日本多胨代替。

【用途】化妆品中绿脓假单胞菌、金黄色葡萄球菌增菌用。

31. 十六烷三甲基溴化铵培养基

【成分】牛肉膏3 g，蛋白胨10 g，氯化钠5 g，十六烷三甲基溴化铵0.3 g，琼脂20 g，蒸馏水1000 mL。

【制备】除琼脂外，将上述成分混合加热溶解，调pH至7.4～7.6，加入琼脂，115 ℃高压灭菌20分钟，制成平板备用。

【用途】化妆品中绿脓假单胞菌分离培养用。

32. 乙醇胺培养基

【成分】乙醇胺10 g，氯化钠5 g，无水磷酸氢二钾1.39 g，无水磷酸二氢钾0.73 g，硫酸镁0.5 g，酚红0.012 g，琼脂20 g，蒸馏水1000 mL。

【制备】除琼脂和酚红外，将其他成分加到蒸馏水中，加热溶解，调pH至7.2，加入琼脂、酚红，121 ℃高压灭菌20分钟，制成平板备用。

【用途】化妆品中绿脓假单胞菌分离培养用。

33. 绿脓菌素测定用培养基

【成分】蛋白胨20 g，氯化镁1.4 g，硫酸钾10 g，琼脂18 g，甘油（化学纯）10 g，蒸馏水1000 mL。

【制备】将蛋白胨、氯化镁和硫酸钾加到蒸馏水中，加温使溶解，调pH至7.4，加入琼脂和甘油，加热溶解，分装于试管内。115 ℃高压灭菌20分钟，制成斜面备用。

【用途】化妆品中绿脓假单胞菌测定绿脓素用。

34. 硝酸盐蛋白胨水培养基

【成分】蛋白胨 10 g，酵母浸膏 3 g，硝酸钾 2 g，亚硝酸钠 0.5 g，蒸馏水 1000 mL。

【制备】将蛋白胨和酵母浸膏加到蒸馏水中，加温使溶解，调 pH 至 7.2，煮沸过滤后补足液量，加入硝酸钾和亚硝酸钠，溶解混匀，分装到加有小导管的试管中，115 ℃高压灭菌后备用。

【用途】化妆品中绿脓假单胞菌检验用。

附录二　常用染色液和试剂的配制

一、常用染色液的配制

1. 革兰氏染色液

（1）结晶紫溶液。

A 液：结晶紫 2 g，95%乙醇 20 mL；B 液：草酸铵 0.8 g，蒸馏水 80 mL。将 A、B 液混合，存放 24 小时后过滤备用。

（2）碘液：碘 1 g，碘化钾 2 g，蒸馏水 300 mL。

将碘、碘化钾混合并研磨，加入几毫升蒸馏水，使其溶解，再研磨，继续加入少量蒸馏水至完全溶解，最后补足水分。也可用少量蒸馏水先将碘化钾完全溶解，再加入碘，溶解后加入蒸馏水至 300 mL。

（3）脱色液：95%乙醇。

（4）复染液。

A 贮存液：沙黄 2.5 g，95%乙醇 100 mL；B 应用液：贮存液 10 mL，蒸馏水 90 mL。

注：①新配制的染液应先用已知的 G$^+$和 G$^-$菌（通常用金黄色葡萄球菌和大肠杆菌 16 小时培养物）进行染色，检查染液质量。②结晶紫和草酸铵染液混合后不能保存过久，如有沉淀应重新配制。

2. 抗酸染色液

（1）石炭酸复红染色液。

1）萋-纳石炭酸复红溶液：碱性复红乙醇溶液（碱性复红 3 g，加入 95%乙醇 100 mL）10 mL，5%石炭酸溶液 90 mL。

2）脱色剂：浓盐酸 3 mL，95%乙醇 97 mL。

3）复染液（吕氏亚甲蓝溶液）：亚甲蓝乙醇饱和溶液（亚甲蓝 2 g，加入 95%乙醇 100 mL）30 mL，10%KOH 0.1 mL，蒸馏水 100 mL。

（2）金永（Kinyoun）染色液。

1）染色液：4 g 碱性复红，95%乙醇 20 mL，8 g 石炭酸水溶液 100 mL。

2）脱色液：浓盐酸 3 mL，95％乙醇 97 mL。

3）复染液：亚甲蓝 3.0 g，蒸馏水 1000 mL。

3. 亚甲蓝染色液

配方见抗酸染色液。

4. 异染颗粒染色液（改良 Albert 染色法）

A 液：甲苯胺蓝 0.15 g，孔雀绿 0.2 g，冰醋酸 1 mL，95％乙醇 2 mL，蒸馏水 100 mL。

将各染料先溶解于乙醇中，然后加入蒸馏水与冰醋酸和混合液，充分混匀，静置 24 小时后用滤纸过滤，备用。

B 液：碘 2 g，碘化钾 3 g，蒸馏水 300 mL。

先将碘化钾加入少量蒸馏水（约 2 mL），充分混匀，待全部溶解，再加入碘，使其完全溶解后，加蒸馏水至 300 mL。

5. 鞭毛染色液

A 液：5％石炭酸 10 mL，鞣酸 2 g，饱和硫酸铝钾液 10 mL。

B 液：结晶紫酒精饱和液。

应用液：A 液 10 份，B 液 1 份，混合，室温保存。

6. 荚膜染色液

（1）黑斯氏法：结晶紫饱和乙醇溶液，200 g/L 硫酸铜水溶液。

（2）密尔氏法：石炭酸复红，碱性亚甲蓝，特殊媒染剂（升汞饱和液 2 份，20％鞣酸液 2 份，钾明矾饱和液 5 份混匀）。

7. 芽孢染色液

（1）石炭酸复红（配方见抗酸染色液）。

（2）吕氏亚甲蓝液（配方见抗酸染色液）。

（3）95％乙醇。

8. 布鲁菌柯兹罗夫斯基染色液

（1）甲液：0.5％沙黄溶液。

（2）乙液：0.5％孔雀绿（或煌绿）溶液。

9. 结核分枝杆菌荧光染色液

金胺染液（1∶1000，含 5％石炭酸），1∶1000 过锰酸钾，碱性亚甲蓝，3％盐酸酒精。

10. 墨汁负染色液

印度墨汁或 5％黑色素水溶液。

注：若无印度墨汁可用墨汁或碳素墨水代替，但应注意颗粒不能太粗。

11. 冯泰纳（Fantana）镀银染色液

（1）固定液：冰醋酸 1 mL，甲醛 2 mL，蒸馏水 100 mL。

（2）媒染液：鞣酸 5 g，石炭酸 1 g，蒸馏水 100 mL。

（3）银溶液：硝酸银 5 g，逐滴加入 100 g/L 氢氧化铵溶液，至产生棕色沉淀，轻摇后沉淀溶解，微呈乳白色。

12. 乳酸酚棉蓝染色液

石炭酸 20 mL，乳酸 20 mL，甘油 40 mL，蒸馏水 20 mL。

将上述成分混匀后加热溶解，再加入棉蓝 50 mg，混匀，过滤。

13. L 型菌落染色液

亚甲蓝 2.5 g，麦芽糖 10 g，碳酸钠 0.25 g，天青 Ⅱ 1.25 g，苯甲酸 0.25 g，蒸馏水 100 mL。

将上述成分混匀溶解，过滤后备用，该试剂长期稳定。

二、常用试剂的配制

1. 清洁液

重铬酸钾（$K_2Cr_2O_7$）10 g，水 1000 mL，浓硫酸（粗）250 mL。

先将重铬酸钾与水置塑料桶中搅拌溶化，置桶于冷水中，慢慢加入浓硫酸，并不断搅拌。此液可使用多次，至颜色变暗绿时，即失去清洁能力，不能再使用。

2. 苯丙氨酸脱氨酶试剂

称取 $FeCl_3$ 10 g，加入 100 mL 蒸馏水中充分溶解即可。

3. 靛基质试剂

取对二甲基氨基苯甲醛 10 g 溶于 95% 乙醇 150 mL，再缓慢加入浓盐酸 50 mL 即成。

注：乙醇用丁醇或正戊醇代替更好。

4. 甲基红试剂

取甲基红 0.06 g，95% 乙醇 180 mL，混匀溶解，加入蒸馏水 120 mL。

5. 0.025 mol/L 磷酸盐缓冲液

（1）原液。A 液：$Na_2HPO_4 \cdot 2H_2O$ 35.61 g，加入蒸馏水至 1000 mL。

　　　　　　B 液：$NaH_2PO_4 \cdot H_2O$ 27.6 g，加入蒸馏水至 1000 mL。

（2）应用液。

1）pH 6.0 酚红磷酸盐缓冲液：A 液 6.15 mL＋B 液 43.85 mL＋蒸馏水 350 mL＋1 g/L 酚红 0.8 mL，混匀后过滤除菌，置 4 ℃保存备用。

2）pH 6.8 磷酸盐缓冲液：A 液 24.5 mL＋B 液 25.5 mL＋蒸馏水 350 mL，混匀后过滤除菌，置 4 ℃保存备用。

3）pH 7.4 磷酸盐缓冲液：A 液 40.5 mL＋B 液 9.5 mL＋蒸馏水 350 mL，混匀后过滤除菌，置 4 ℃保存备用。

6. 0.03 mol/L 磷酸盐缓冲液

取磷酸氢二钠 0.84 g，磷酸二氢钾 1.36 g，加入 1000 mL 蒸馏水中，调 pH 至 7.2～7.4，分装，103.4 kPa 高压蒸汽灭菌后备用。

7. 100 g/L 去氧胆酸钠溶液

去氧胆酸钠 10 g，95% 乙醇 10 mL，蒸馏水 90 mL。

将上述各成分混合后溶解即可。

8. 糖发酵缓冲液

磷酸氢二钾 0.04 g，磷酸二氢钾 0.01 g，氯化钾 0.8 g，10 g/L 酚红水溶液 0.2 mL。

将上述成分加入蒸馏水至 100 mL，混匀后过滤除菌，置 4 ℃ 保存备用。

9. 硝酸盐还原试剂

（1）甲液：对氨基苯甲酸 0.8 g，加入 5 mol/L 醋酸 100 mL 溶解。

（2）乙液：α-萘胺 0.5 g，加入 5 mol/L 醋酸 100 mL 溶解。

10. 氧化酶试剂

取 1g 盐酸二甲基对苯二胺（或盐酸二甲基对苯四胺），加入 100 mL 蒸馏水溶解即可。

11. $FeCl_3$ 试剂

$FeCl_3 \cdot 6H_2O$ 12 g，2% HCl 100 mL，混匀后溶解即可。

12. L-色氨酸基质液

取 10 g/L 色氨酸 5 mL，加入 0.025 mol/L pH 7.4 磷酸盐缓冲液 100 mL，过滤除菌，分装每管 0.5 mL，置 4 ℃ 保存备用。

13. PYR 试剂

取 N，N-二甲基肉桂醛 1 g，溶解于 50 mL 含 25 mol/L Triton X-10 的 10% HCl 溶液中即可。

14. VP 试剂

甲液：50 g/L α-萘酚酒精溶液。

乙液：400 g/L 氢氧化钾溶液，0.3% 肌酐。

15. 氯化三苯四氮唑（TTC）试剂

（1）贮存液。

甲液：以无菌蒸馏水配制 Na_2HPO_4 饱和溶液。

乙液：称取氯化三苯基四氮唑 775 mg，溶于 100 mL Na_2HPO_4 饱和溶液中，置暗处可保存 2~3 月。

（2）应用液：取乙液 4 mL 加入甲液中直至 100 mL，混匀，暗处可保存 2~4 月。

16. 标准比色管的配制

（1）0.2 g/L 酚红：取酚红 0.1 g，置于研钵中边研磨边加入 0.01 mol/L NaOH 溶液 28.2 mL，再加入蒸馏水至总量为 500 mL 即可。

（2）磷酸缓冲液。

1）1/15 mol/L KH_2PO_4 溶液：取 KH_2PO_4（AR）9.078 g，加入蒸馏水至 1000 mL，充分溶化即可。

2）1/15 mol/L Na_2HPO_4 溶液：取 Na_2HPO_4 9.47 g，加入蒸馏水至 1000 mL，充分溶

化即可。

（3）标准比色管的配制：不同 pH 比色管的配方见附表 2 - 1。

附表 2 - 1　不同 pH 比色管的配方

pH	1/15 mol/L KH₂PO₄ （mL）	1/15 mol/L Na₂HPO₄ （mL）	0.2 g/L 酚红 （mL）
6.4	7.30	2.70	0.5
6.6	6.30	3.70	0.5
6.8	5.10	4.90	0.5
7.0	3.70	6.30	0.5
7.2	2.70	7.30	0.5
7.4	1.90	8.10	0.5
7.6	1.32	8.68	0.5
7.8	0.88	9.12	0.5
8.0	0.56	9.44	0.5
8.2	0.32	9.68	0.5
8.4	0.20	9.80	0.5

按上表配方加样，每管 10 mL，加塞后混匀，用石蜡封口，置暗处保存备用。

附录三　药敏试验结果解释标准

药敏试验结果解释标准见附表 3 - 1 至附表 3 - 6。

附表 3 - 1　肠杆菌科的抑菌环直径解释标准和相对应的最低抑菌浓度 （MIC） 值

试验/报告分组	抗微生物药	纸片含药量（μg）	抑菌环直径 （mm）			相对应 MIC （μg/mL）	
			R	I	S	R	S
青霉素类							
A	氨苄西林	10	≤13	14～16	≥17	≥32	≤8
B	美罗西林	75	≤17	18～20	≥21	≥128	≤16
B	哌拉西林	100	≤17	18～20	≥21	≥128	≤16
B	替卡西林	75	≤14	15～19	≥20	≥128	≤16
U	羧苄西林	100	≤19	20～22	≥23	≥64	≤16
U	Mecillinam	10	≤11	12～14	≥15	≥32	≤8
β-内酰胺/β-内酰胺类酶抑制剂复合物							
B	阿莫西林/克拉维酸	20/10	≤13	14～17	≥18	≥32/16	≤8/4
B	氨苄西林/舒巴坦	10/10	≤11	12～14	≥15	≥32/16	≤8/4
B	哌拉西林/他唑巴坦	100/10	≤17	18～20	≥21	≥128/4	≤16/4
B	替卡西林/克拉维酸	75/10	≤14	15～19	≥20	≥128/2	≤16/2

试验/报告分组	抗微生物药	纸片含药量（μg）	抑菌环直径（mm）			相对应 MIC（μg/mL）	
			R	I	S	R	S
头孢类（注射用药）（包括头孢菌素Ⅰ，Ⅱ，Ⅲ和Ⅳ代）							
A	头孢唑啉	30	≤14	15～17	≥18	≥32	≤8
A	头孢噻吩	30	≤14	15～17	≥18	≥32	≤8
B	头孢孟多	30	≤14	15～17	≥18	≥32	≤8
B	头孢尼西	30	≤14	15～17	≥18	≥32	≤8
B	头孢呋辛钠（注射）	30	≤14	15～17	≥18	≥32	≤8
B	头孢吡肟	30	≤14	15～17	≥18	≥32	≤8
B	头孢美唑	30	≤12	13～15	≥16	≥64	≤16
B	头孢哌酮	75	≤15	16～20	≥21	≥64	≤
B	头孢替坦	30	≤12	13～15	≥16	≥64	≤16
B	头孢西丁	30	≤	15～17	≥18	≥32	≤8
B	头孢噻肟	30	≤14	15～22	≥23	≥64	≤8
B	头孢唑肟	30	≤14	15～19	≥20	≥32	≤8
B	头孢曲松	30	≤13	14～20	≥21	≥64	≤8
C	头孢他啶	30	≤14	15～17	≥18	≥32	≤8
O	拉氧头孢	30	≤14	15～22	≥23	≥64	≤8
头孢类（口服）							
B	头孢呋辛酯（口服）	30	≤14	15～22	≥23	≥32	≤4
U	氯碳头孢	30	≤14	15～17	≥18	≥32	≤8
O	头孢克洛	30	≤14	15～17	≥18	≥32	≤8
O	头孢地尼	5	≤16	17～19	≥20	≥4	≤1
O	头孢克肟	5	≤15	16～18	≥19	≥4	≤1
O	头孢泊肟	10	≤17	18～20	≥21	≥8	≤2
O	头孢丙烯	30	≤14	15～17	≥18	≥32	≤8
lnv	头孢他美	10	≤14	15～17	≥18	≥16	≤4
lnv	头孢布烯	30	≤17	18～20	≥21	≥32	≤8
碳青霉烯类							
B	厄他培南	10	≤15	16～18	≥19	≥8	≤2
B	亚胺培南	10	≤13	14～15	≥16	≥16	≤4
B	美洛培南	10	≤13	14～15	≥16	≥16	≤4

试验/报告分组	抗微生物药	纸片含药量（μg）	抑菌环直径（mm）			相对应 MIC（μg/mL）	
			R	I	S	R	S
单环丙酰胺类							
C	氨曲南	30	≤15	16～21	≥22	≥32	≤8
氨基糖苷类							
A	庆大霉素	10	≤12	13～14	≥15	≥8	≤4
B	阿米卡星	30	≤14	15～16	≥17	≥32	≤16
C	卡那霉素	30	≤13	14～17	≥18	≥25	≤16
C	奈替米星	30	≤12	13～14	≥15	≥32	≤12
C	妥布霉素	10	≤12	13～14	≥15	≥8	≤4
O	链霉素	10	≤11	12～14	≥15	—	—
四环素类							
C	四环素	30	≤14	15～18	≥19	≥16	≤4
O	多西环素	30	≤12	13～15	≥16	≥16	≤4
O	米诺环素	30	≤14	15～18	≥19	≥16	≤4
氟喹诺酮类							
B	环丙沙星	5	≤15	16～20	≥21	≥4	≤1
B	左氧氟沙星	5	≤13	14～16	≥17	≥8	≤2
U	加替沙星	5	≤14	15～17	≥18	≥8	≤2
B	吉米沙星	5	≤15	16～19	≥20	≥1	≤0.25
U	罗美沙星	10	≤18	19～21	≥22	≥8	≤2
U	诺氟沙星	10	≤12	13～16	≥17	≥16	≤4
U	氧氟沙星	5	≤12	13～15	≥16	≥8	≤2
O	依诺沙星	10	≤14	15～17	≥18	≥8	≤2
O	格帕沙星	5	≤14	15～17	≥18	≥4	≤1
lnv	氟罗沙星	5	≤15	16～18	≥19	≥8	≤2
喹诺酮类							
U	西诺沙星	100	≤14	15～18	≥19	≥64	≤16
O	萘啶酸	30	≤13	14～18	≥198	≥32	≤8
叶酸代谢途径抑制剂类							
B	甲氧苄啶/磺胺甲噁唑	1.25/23.75	≤10	11～15	≥16	≥8/152	≤2/38
U	磺胺药	250/300	≤12	13～16	≥17	≥350	≤100
U	甲氧苄啶	5	≤10	11～15	≥16	≥16	≤4

续附表 3－1

试验/报告分组	抗微生物药	纸片含药量（µg）	抑菌环直径（mm）			相对应 MIC（µg/mL）	
			R	I	S	R	S
PHENICOLS 类							
C	氯霉素	30	≤12	13～17	≥18	≥32	≤8
硝基呋喃类							
U	呋喃妥因	300	≤14	15～16	≥17	≥128	≤32
磷霉素类							
U	磷霉素	200	≤12	13～15	≥16	≥256	≤64

附表 3－2　葡萄球菌属的抑菌环直径解释标准和相对应的最低抑菌浓度（MIC）值

试验/报告分组	抗微生物药	纸片含药量（µg）	抑菌环直径（mm）			相对应 MIC（µg/mL）	
			R	I	S	R	S
青霉素类							
A	青霉素	10	≤28	—	≥29	β-内酰胺酶	≤0.1
A	苯唑西林	30 头孢西丁	≤19	—	≥20	≥4（苯唑西林）	≤2
		1 苯唑西林	≤10	11～12	≥13	≥4	≤2
		30 头孢西丁	≤24	—	≥25	≥0.5（苯唑西林）	≤0.25
		1 苯唑西林	≤17	—	≥18	≥0.5	≤0.25
O	氨苄西林	10	≤28	—	≥29	β-内酰胺酶	≤0.25
O	甲氧西林	5	≤9	10～13	≥14	≥16	≤8
O	苯唑西林	1	≤10	11～12	≥13	—	≤1
β-内酰胺酶/β-内酰胺酶抑制剂复合物							
O	阿莫西林/克拉维酸	20/10	≤19	—	≥20	≥8/4	≤4/2
O	氨苄西林/舒巴坦	10/10	≤11	12～14	≥15	≥32/16	≤8/4
O	哌拉西林/他唑巴坦	100/10	≤17	—	≥18	≥16/4	≤8/4
O	替卡西林/克拉维酸	75/10	≤22	—	≥23	≥16/2	≤8/2
头孢类（注射药物）（包括头孢菌素Ⅰ，Ⅱ，Ⅲ和Ⅳ代）							
O	头孢孟多	30	≤14	15～17	≥18	≥32	≤8
O	头孢唑啉	30	≤14	15～17	≥18	≥32	≤8
O	头孢吡肟	30	≤14	15～17	≥18	≥32	≤8
O	头孢美唑	30	≤12	13～15	≥16	≥64	≤16

试验/报告分组	抗微生物药	纸片含药量（μg）	抑菌环直径（mm）			相对应 MIC（μg/mL）	
			R	I	S	R	S
O	头孢尼西	30	≤14	15～17	≥18	≥32	≤8
O	头孢哌酮	75	≤15	16～20	≥21	≥64	≤16
O	头孢噻肟	30	≤14	15～22	≥23	≥64	≤8
O	头孢替坦	30	≤12	13～15	≥16	≥64	≤16
O	头孢他啶	30	≤14	15～17	≥18	≥32	≤8
O	头孢唑肟	30	≤14	15～19	≥20	≥32	≤8
O	头孢曲松	30	≤13	14～20	≥21	≥64	≤8
O	头孢呋辛钠（注射）	30	≤14	15～17	≥18	≥32	≤8
O	头孢噻吩	30	≤14	15～17	≥18	≥32	≤8
O	拉氧头孢	30	≤14	15～22	≥23	≥64	≤8
头孢类（口服）							
O	头孢克洛	30	≤14	15～17	≥18	≥32	≤8
O	头孢地尼	5	≤16	17～19	≥20	≥4	≤1
O	头孢泊肟	10	≤17	18～20	≥21	≥8	≤2
O	头孢丙烯	30	≤14	15～17	≥18	≥32	≤8
O	头孢呋辛酯（口服）	30	≤14	15～22	≥23	≥32	≤4
O	氯碳头孢	30	≤14	15～17	≥18	≥32	≤8
碳青霉烯类							
O	厄他培南	10	≤15	16～18	≥19	≥8	≤2
O	亚胺培南	10	≤13	14～15	≥16	≥16	≤4
O	美洛培南	10	≤13	14～15	≥16	≥16	≤4
糖肽类							
B	万古霉素	30			≥15		≤4
lnv	替考拉宁	30	≤10	11～13	≥14	≥32	≤8
氨基糖苷类							
C	庆大霉素	10	≤12	13～14	≥15	≥8	≤4
O	阿米卡星	30	≤14	15～16	≥17	≥32	≤16
O	卡那霉素	30	≤13	14～17	≥18	≥25	≤6
O	奈替米星	30	≤12	13～14	≥15	≥32	≤12
O	妥布霉素	10	≤12	13～14	≥15	≥8	≤4

试验/报告分组	抗微生物药	纸片含药量（μg）	抑菌环直径（mm）			相对应 MIC（μg/mL）	
			R	I	S	R	S
大环内酯类							
B	阿奇霉素	15	≤13	14～17	≥18	≥8	≤2
	克拉霉素	15	≤13	14～17	≥18	≥8	≤2
	红霉素	15	≤13	14～22	≥23	≥8	≤0.5
O	地红霉素	15	≤15	16～18	≥19	≥8	≤2
酮内酯类							
B	泰利霉素	15	≤18	19～21	≥22	≥4	≤1
四环素类							
C	四环素	30	≤14	15～18	≥19	≥16	≤4
O	多西环素	30	≤12	13～15	≥16	≥16	≤4
O	米诺环素	30	≤14	15～18	≥19	≥16	≤4
氟喹诺酮类							
C	环丙沙星	5	≤15	16～20	≥21	≥4	≤1
C	左氧氟沙星	5	≤15	16～18	≥19	≥4	≤1
C	氧氟沙星	5	≤14	13～15	≥18	≥4	≤1
C	加替沙星	5	≤19	20～22	≥23	≥2	≤0.5
C	莫西沙星	5	≤20	21～23	≥24	≥2	≤0.5
U	罗美沙星	10	≤18	19～21	≥22	≥8	≤2
U	诺氟沙星	10	≤12	13～16	≥17	≥16	≤4
O	依诺沙星	10	≤14	15～17	≥18	≥8	≤2
O	格帕沙星	5	≤14	15～17	≥18	≥4	≤1
O	司帕沙星	5	≤15	16～18	≥19	≥2	≤0.5
lnv	氟罗沙星	5	≤15	16～18	≥19	≥8	≤2
硝基呋喃类							
U	呋喃妥因	300	≤14	15～16	≥17	≥128	≤32
LINCOSAMIDES							
B	春林霉素	2	≤14	15～20	≥21	≥4	≤0.5
叶酸代谢途径抑制剂							
B	甲氧苄啶/磺胺甲噁唑	1.25/23.75	≤10	11～15	≥16	≥8/152	≤2/38
U	磺胺类	250/300	≤12	13～16	≥17	≥350	≤100
U	甲氧苄啶	5	≤10	11～15	≥16	≥16	≤4

试验/报告分组	抗微生物药	纸片含药量（μg）	抑菌环直径（mm）			相对应 MIC（μg/mL）	
			R	I	S	R	S
PHENICOIS							
C	氯霉素	30	≤12	13～17	≥18	≥32	≤8
ANSAMYCINS							
O	利福平	5	≤16	17～19	≥20	≥4	≤1
链阳霉素类							
C	奎奴普汀/达福普汀	15	≤15	16～18	≥19	≥4	≤1
OXAZOLIDINONES							
B	利奈唑胺	30	—	—	≥21	—	≤1

附表 3 - 3　纸片扩散法筛选试验[a]预示 mecA 在葡萄球菌中介导的耐药性

抗菌药物（纸片含药量）	微生物群	抑菌环直径（mm）	
头孢西丁（30）	金黄色葡萄球菌和路邓葡萄球菌	≤19	≥20
	除路邓葡萄球菌外的凝固酶阴性葡萄球菌	≤24	≥25

附表 3 - 4　铜绿假单胞菌、不动杆菌属、嗜麦芽窄食单胞菌和洋葱伯克霍尔德菌
的抑菌环直径解释标准和相对应的最低抑菌浓度（MIC）值

试验/报告分组	抗微生物药	纸片含药量（μg）	抑菌环直径（mm）			相对应 MIC（μg/mL）	
			R	I	S	R	S
青霉素类							
A	美洛西林	75	≤15	—	≥16	≥128	≤64
			≤17	18～20	≥21	≥128	≤16
A	替卡西林	75	≤14	—	≥15	≥128	≤64
			≤14	15～19	≥20	≥128	≤16
A	派拉西林	100	≤17	—	≥18	≥128	≤64
			≤17	18～20	≥21	≥128	≤16
U	羟苄西林	100	≤13	14～16	≥17	≥512	≤128
			≤19	20～22	≥23	≥64	≤16
O	阿洛西林	75	≤17	—	≥18	≥128	≤64

试验/报告分组	抗微生物药	纸片含药量（μg）	抑菌环直径（mm）			相对应 MIC（μg/mL）	
			R	I	S	R	S
β-内酰胺/β-内酰胺酶抑制剂复合物类							
O	氨苄西林/舒巴坦	10/10	≤11	12～14	≥15	≥32/16	≤8/4
O	哌拉西林/他唑巴坦	100/10	≤17	—	≥18	≥128/4	≤64/4
		100/10	≤17	18～21	≥21	≥128/4	≤16/4
O	替卡西林/克拉维酸	75/10	≤14	—	≥15	≥128/2	≤64/2
		75/10	≤14	15～19	≥20	≥128/2	≤16/2
头孢类（注射药物）（包括头孢菌素Ⅰ，Ⅱ，Ⅲ和Ⅳ代）							
A	头孢他啶	30	≤14	15～17	≥18	≥32	≤8
			≤17	18～20	≥21	—	—
B	头孢吡肟	30	≤14	15～17	≥18	≥32	≤8
B	头孢派酮	75	≤15	16～20	≥21	≥64	≤16
C	头孢噻肟	30	≤14	15～22	≥23	≥64	≤8
C	头孢曲松	30	≤13	14～20	≥21	≥64	≤8
U	头孢唑肟	30	≤14	15～19	≥20	≥32	≤8
O	拉氧头孢	30	≤14	15～22	≥23	≥64	≤8
碳青霉烯类							
B	亚胺培南	10	≤13	14～15	≥16	≥16	≤4
B	美洛培南	10	≤13	14～15	≥16	≥16	≤4
			≤15	15～19	≥20	—	—
单环内酰胺类							
B	氨曲南	30	≤15	16～21	≥22	≥32	≤8
单环糖甙类							
A	庆大霉素	10	≤12	13～14	≥15	≥8	≤4
B	阿米卡星	30	≤14	15～16	≥17	≥32	≤16
B	妥布霉素	10	≤12	13～14	≥15	≥8	≤4
C	奈替米星	30	≤12	13～14	≥15	≥32	≤12
四环素类							
U	四环素	30	≤14	15～18	≥19	≥16	≤4
O	多西环素	30	≤12	13～15	≥16	≥16	≤4
O	米诺环素	30	≤14	15～18	≥19	≥16	≤4

试验/报告分组	抗微生物药	纸片含药量（μg）	抑菌环直径（mm）			相对应 MIC（μg/mL）	
			R	I	S	R	S
氟喹诺酮类							
B	环丙沙星	5	≤15	16～20	≥21	≥4	≤1
	左氧氟沙星	5	≤13	14～16	≥17	≥8	≤2
U	罗美沙星	10	≤18	19～21	≥22	≥8	≤2
U	诺氟沙星	10	≤12	13～16	≥17	≥16	≤4
U	氧氟沙星	5	≤12	13～15	≥16	≥8	≤2
O	加替沙星	5	≤14	15～17	≥18	≥8	≤2
PHENICOLS 类							
C	氯霉素	30	≤12	13～17	≥18	≥32	≤8
叶酸代谢途径抑制剂类							
C	甲氧苄啶/磺胺甲噁唑	1.25/23.75	≤10	11～15	≥16	≥8/152	≤2/380
U	磺胺药	250 或 300	≤12	13～16	≥17	≥350	≤100

附表 3－5　肠球菌属的抑菌环直径解释标准和相对应的最低抑菌浓度（MIC）值

试验/报告分组	抗微生物药	纸片含药量（μg）	抑菌环直径（mm）			相对应 MIC（μg/mL）	
			R	I	S	R	S
青霉素类							
A	青霉素	10	≤14		≥15	≥16	≤8
A	氨苄西林	10	≤17		≥17	≥16	≤8
糖肽类							
B	万古霉素	30	≤14	15～16	≥17	≥32	≤4
lnv	替考拉宁	30	≤10	11～13	≥14	≥32	≤8
LIPOPRPTIDES							
B	达托霉素	30	—	—	≥11	—	≤4
大环丙酯类							
C	红霉素	15	≤13	14～22	≥23	≥8	≤0.5
四环素类							
C	四环素	30	≤14	15～18	≥19	≥16	≤4
O	多西环素	30	≤12	13～15	≥16	≥16	≤4
O	米诺环素	30	≤14	15～18	≥19	≥16	≤4

试验/报告分组	抗微生物药	纸片含药量（μg）	抑菌环直径（mm）			相对应 MIC（μg/mL）	
			R	I	S	R	S
	氟喹诺酮类						
U	环丙沙星	5	≤15	16～20	≥21	≥4	≤1
U	左氧氟沙星	5	≤13	14～16	≥17	≥8	≤2
U	诺氟沙星	10	≤12	13～16	≥17	≥16	≤4
O	加替沙星	5	≤14	15～17	≥18	≥8	≤2
	硝基呋喃类						
U	呋喃妥因	300	≤14	15～16	≥17	≥128	≤32
	ANSAMYCINS						
C	利福平	5	≤16	17～19	≥20	≥4	≤1
	磷霉素类						
U	磷霉素	200	≤12	13～15	≥16	≥256	≤64
	PHENICOLS						
C	氯霉素	30	≤12	13～17	≥18	≥32	≤8
	链阳霉素类						
B	奎奴普汀/达福普汀	15	≤15	16～18	≥19	≥4	≤1
	OXAZOLIDNOES						
B	利奈唑胺	30	≤20	21～22	≥23	≥8	≤2

附表 3－6　高水平耐氨基糖甙类（HLAR）的纸片筛选试验

试验/报告分组	抗微生物药	纸片含药量（μg）	抑菌环直径（mm）			相对应 MIC（μg/mL）	
			R	I	S	R	S
C	庆大霉素（HLAR）	120	6	7～9	≥10	≥500	≤500
C	链霉素（HLAR）	300	6	7～9	≥10	—	—

附表 3－7　嗜血杆菌属的抑菌环直径解释标准和相对应的最低抑菌浓度（MIC）值

试验/报告分组	抗微生物药	纸片含药量（μg）	抑菌环直径（mm）			相对应 MIC（μg/mL）	
			R	I	S	R	S
	青霉素类						
A	氨苄西林	10	≤18	19～21	≥22	≥4	≤1

试验/报告分组	抗微生物药	纸片含药量（μg）	抑菌环直径（mm） R	I	S	相对应 MIC（μg/mL） R	S
β-内酰胺/β-内酰胺酶抑制剂复合物							
O	阿莫西林/克拉维酸	20/10	≤19	—	≥20	≥8/4	≤4/2
O	氨苄西林/舒巴坦	10/10	≤19	—	≥20	≥4/2	≤2/1
头孢类（注射药物）（包括头孢菌素Ⅰ、Ⅱ、Ⅲ和Ⅳ代）							
B	头孢噻肟	30	—	—	≥26	—	≤2
B	头孢他啶	30	—	—	≥26	—	≤2
B	头孢唑肟	30	—	—	≥26	—	≤2
B	头孢曲松	30	—	—	≥26	—	≤2
B	头孢呋辛钠（注射）	30	≤16	17～19	≥20	≥16	≤4
C	头孢尼西	30	≤16	17～19	≥20	≥16	≤4
O	头孢吡肟	30	—	—	≥26	—	≤2
头孢类（口服）							
C	头孢克洛	30	≤16	17～19	≥20	≥32	≤8
C	头孢丙烯	30	≤14	15～17	≥18	≥32	≤8
C	氯碳头孢	30	≤15	16～18	≥19	≥32	≤8
C	头孢地尼	5	—	—	≥20	—	≤1
C	头孢克肟	5	—	—	≥21	—	≤1
C	头孢泊肟	10	—	—	≥21	—	≤2
C	头孢呋辛酯（口服）	30	≤16	17～19	≥20	≥16	≤4
O	头孢布烯	30	—	—	≥28	—	≤2
lnv	头孢他美	10	≤14	15～17	≥18	≥16	≤4
碳青霉烯类							
B	美洛培南	10	—	—	≥20	—	≤0.5
C	厄他培南	10	—	—	≥19	—	≤0.5
C	亚胺培南	10	—	—	≥16	—	≤4
单环内酰胺类							
C	氨曲南	30	—	—	≥26	—	≤2
大环内酯胺类							
C	阿奇霉素	15	—	—	≥12	—	≤4
C	克拉霉素	15	≤10	11～12	≥13	≥32	≤8

试验/报告分组	抗微生物药	纸片含药量（µg）	抑菌环直径（mm）			相对应 MIC（µg/mL）	
			R	I	S	R	S
酮内酯类							
C	泰利霉素	15	≤11	12～14	≥15	≥16	≤4
四环素类							
C	四环素	30	≤25	26～28	≥29	≥8	≤2
氟喹诺酮类							
C	环丙沙星	5	—	—	≥21	—	≤1
C	加替沙星	5	—	—	≥18	—	≤1
C	左氧氟沙星	5	—	—	≥17	—	≤2
C	罗美沙星	10	—	—	≥22	—	≤2
C	莫西沙星	5	—	—	≥18	—	≤1
C	氧氟沙星	5	—	—	≥16	—	≤2
C	吉米沙星	5	—	—	≥18	—	≤0.12
O	格帕沙星	5	—	—	≥24	—	≤0.5
O	曲发沙星	10	—	—	≥22	—	≤1
lnv	氟罗沙星	5	—	—	≥19	—	≤2
叶酸代谢途经抑制剂							
A	甲氧苄啶/磺胺甲噁唑	1.25/23.75	≤10	11～15	≥16	≥4/76	≤0.5/9.5
PHENICOLS							
B	氯霉素	30	≤25	26～28	≥29	≥8	≤2
ANSAMYCINS							
C	利福平	5	≤16	17～19	≥20	≥4	≤1

附录四 BIOF－2010 型发酵罐系统概述

一、发酵罐概述

1. 产品特点和用途

BIOF－2010 型发酵罐是一个精心设计加工制造的生物反应系统。最新设计的在位灭菌消毒装置可避免把玻璃罐放入高压锅消毒的繁重工作，也提高了设备安全性与可靠性。微电脑控制系统能稳定、准确地自动控制温度、转速、pH、溶解氧、泡沫等各项参数指标。广泛适用于食品、抗生素、酶制剂、氨基酸、有机酸、食用菌、疫苗、微生态制剂、生物农药、环保等领域，是科研、生产、教学的理想设备。

2. 使用环境和工作条件

环境温度：5～35 ℃。

冷却水压力：0.1～0.3 MPa。

冷却水温度：5～30 ℃（自来水），如果发酵温度较低可以加冷水机。

输入空气压力：小于 0.2 MPa（需经干燥、预过滤）。

输入空气流量：0～20 L/min（根据发酵工艺决定）。

输入蒸汽压力：0.2～0.35 MPa。

蒸汽发生器功率：3 kW。

电源电压及容量：AC 220 V ±10％、50 Hz ±2％、2.5 kW（不含蒸汽发生器的消耗功率）。

3. 主要技术性能指标

罐体总容积：10 L，最大工作容积：7 L。

温控范围：冷却水 6.0～6.5 ℃。

灭菌温度：105～130 ℃。

搅拌转速：950 rpm。

pH 控制：（2～12）±0.1。

溶氧测量：0～120％。

工作罐压：0～0.08 MPa。

搅拌功率：100～300 W。

加热功率：1.5 kW。

其他功率：300 W。

自动消泡泵开启量：20％～100％。

自动加液泵开启量：20％～100％。

二、罐体系统组成

罐体系统组成见附图 4－1。

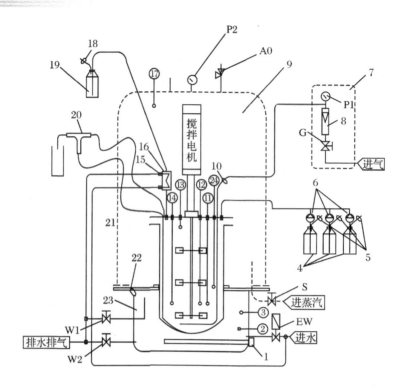

1	电加热器	12	测温电极（2）	23	恒温水槽
2	测温电极（1）	13	泡沫电极	24	液位电极
3	水位电极	14	pH 电极		
4	补料瓶	15	快速接头	AQ	安全阀
5	呼吸过滤器	16	排气冷凝器	W1	溢流水阀
6	补料蠕动泵	17	测温电极（3）	W2	排水排气阀
7	减压除水过滤器	18	尾气过滤器	S	进蒸汽阀
8	进气流量计	19	尾气滤水瓶	EW	冷却水电磁阀
9	灭菌罩	20	取样放料装置	G	气路调节阀
10	进气过滤器	21	罐盖	P_1	压力表
11	DO电极	22	回水管堵头	P_2	压力表

附图 4－1 发酵罐罐体系统组成

1. 罐体系统

罐身：由硼硅玻璃和不锈钢（316L）加工而成。

密封件：机械密封、硅橡胶"O"型圈。

罐盖：排气冷凝器口、电机座、pH 电极口、取样放料孔、取样回气孔、液位电极口、接种口、温度电极口、DO 电极口、接地线插口、进气孔、单孔补料孔、三口补料孔、泡沫电极口。

2. 恒温座

恒温座由不锈钢座、1—加热器、2—测温电极、3—水位电极等组成。

3. 灭菌罩

灭菌罩由不锈钢罩体、AQ—安全阀、P2—压力表、17—测温电极等组成。

4. 管阀系统

管阀系统由 EW—冷却水电磁阀、W1—溢流水阀、W2—排水排气阀、S—进蒸汽调节阀、G—气路调节阀、不锈钢管路、优质胶管、接头等组成。

5. 辅助设备

辅助设备由空气压缩机、蒸汽发生器、高压灭菌锅等组成。

三、发酵罐电气系统

1. 控制机箱和操作面板

表面：LCD 显示器、酸泵、碱泵、消泡泵、补液泵、薄膜键盘、电脑控制系统电源开关、执行器动作指示灯、无纸记录仪、电源开关、蠕动泵手动开关。

后背内：搅拌机开关、加热器开关、调速板。

2. 开机、关机顺序

开机顺序：先打开电脑控制系统的电源开关，在未进入运行（RUN）前打开电源总开关。

关机顺序：先退出各运行程序并回到主菜单，关闭电脑控制系统的电源开关，再关闭电源总开关。

注意：有一种操作是不容许的，即在未打开电源总开关前已进入运行状态（RUN），再将电源总开关打开。这样做会造成对电机的冲击，可能会损坏电机。

3. 系统程序功能

（1）开始—主菜单—RUN 运行—由 ALTER 键切换界面—RUNa，RUNb。

（2）开始—主菜单—RUN 运行—用 HALT 键弹出界面，用左右箭头加 EN-TER 键。选择程序流向——STOP TO MAIN OK—TO EDIT OK—TO CALIB OK—CONTINE TO RUN OK。

（3）开始—主菜单—EDIT 编辑—pH，DO2，TEMP，STIRR，FOAM PUMP，SUB PUMP MODE，ST - DO SET—如果在运行中选择 TO EDIT，那么退出 EDIT 时能直接进入 RUN，实现在线设置。用 ESC 键退出。

（4）开始—主菜单—CALIB 校正—pH，DO2，ELECTROD，LEVEL，PUMP1，PUMP2，PUMP3，PUMP4—如果在运行中选择 TO CALIB，那么退出 CALIB 时能直接进入 RUN，实现在线校正。用 ESC 键退出。

（5）开始—主菜单—STERIL，进入灭菌辅助程序—STERILIZATION SET，灭菌设置—STERIL STATE DISPLAY，灭菌过程显示。

注：

RUNa，RUNb—两种运行显示界面；STOP TO MAIN—停止运行，进入主菜单；TO EDIT—不停止运行，进入编辑设置；TO CALIB—不停止运行，进入校正；CONTINVE TO RUN—返回运行；STIRR—搅拌；AT FOAM PUMP—消泡泵；SUB

PUMP—加液泵；ELECTRODE—泡沫电极；LEVEL—液位电极；PUMP1—加酸泵；PUMP2—加碱泵；PUMP3—加消泡液泵；PUMP4—补液泵；ST–DO SET：速度溶氧关联控制设置。可以置成开或关，关联系数可以从 1~5 选择。关联系数越大速度随溶解氧的变化越大。

（6）补料方式设置 MODE：

1）pH＜XX．X—＋SUBSTRATE：pH 小于某值时补料。

2）pH＞XX．X—＋SUBSTRATE：pH 大于某值时补料。

3）DO＞XX—＋SUBSTRATE：DO 大于某值时补料。

4）DO＜XX—＋SUBSTRATE：DO 小于某值时补料。

5）pH＞XX．X+DO＞XX—＋SUB：pH 或 DO 大于某值时补料。

6）LEVEL LO WER—＋SUB：液位低时补料。

4. LCD 显示器主菜单

打开电脑控制系统电源开关，LCD 显示器显示出主菜单：

> BIOF—2000
> RUN/EDIT/CALIB/STERIL

用左右箭头键移动光标选择命令。按 ENTER 键确定命令并立即执行。

RUN（运行）命令：根据所设置的参数进行控制运行，如果要求控制系统真正完成控制作用，必须于此前将电源总开关打开。

EDIT（设置）命令：用于设置各控制对象参数，设置完毕用 ESC 键退出。

CALIB（CALIBRATION 校正）命令：用于校正电极及蠕动泵的整定。

STERIL（STERILIZATION 灭菌）命令：是为灭菌过程而设置的辅助程序。

5. RUN 命令

选择 RUN 命令将进行发酵运行控制，控制的参数可以在 EDIT 中设置，运行时有两种显示界面。

第一种界面：

> RUN
> STIRR：*** rpm
> TEMP：***℃
> pH：***
>
> AUTO
> ＋/－
> ＋/－

根据 EDIT 中的设定显示：

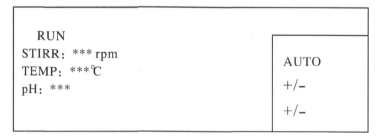

第二种界面：

图中"＊＊＊"部分为实时参数。当实时参数闪动时，表明该参数超越了限定范围。

用 ALTER 键可以实现界面的切换。每一个控制参数有 AOTO、HAND、OFF 状态可选。如在 EDIT 中选择某个控制参数的控制方式为 HAND，那么运行时可以用 ENTER 键实现手控。例如，将光标移到 TEMP 行"＋"号上，再按 ENTER 就可以启动加热器进行加热。

在 RUN 状态，只要有一个被控参数超越了限定范围，报警系统就会报警：凡是超出上下限范围的参数都会在 LCD 上闪烁，面板上 ALARM 指示灯闪亮，蜂鸣器发出嘟嘟嘟的鸣叫。在报警时，按一下"＊"键，可暂停声响报警 10 分钟；按两下"＊"键，可暂停声响报警 20 分钟；按三下"＊"键，可暂停声响报警 30 分钟。面板指示灯报警只有在所有被控参数均到达限定范围内才会停止。

运行状态时可以由 HALT 键进入命令选择菜单，由此可以直接进入 EDIT 或 CALIB。

6. EDIT 命令

```
EDIT
pH/DO/TEMP/STIRR/PUMPS/
ST－DO SET/MODE
```

在程序结构图中，完整地表明了可以编辑设置的对象。编辑时用箭头键＋数字键实现数字部分的设定。当光标移到方式设置位置时，按 ENTER 键可选择控制方式。pH UPLIMIT 表示上限，pH DWLIMIT 表示下限，设置完毕用 ESC 键退出。

```
EDIT
pH：＊＊＊＊            AUTO
pH：UPLIMIT：＊＊＊＊
pH：DWLIMIT：＊＊＊＊
```

在 EDIT 菜单中有一项为 PUMPS，这是用来对消泡泵和加液泵进行设定的，AT FOAM PUMP 指消泡泵，SUBSTRATE PUMP 指加液泵。根据需要可以设定为"AOTO""HAND""OFF"。

在 EDIT 界面中，选择 MODE 便进入补料方式设置，根据情况有六种补料方式可以选择。

(1) pH＜XX.X—＋SUBSTRATE，补料方式：酸碱度小于某 pH 值时进行补料。

(2) pH＞XX.X—＋SUBSTRATE，补料方式：酸碱度大于某 pH 值时进行补料。

(3) DO＞XX—＋SUBSTRATE，补料方式：溶解氧大于某 DO 值时进行补料。

(4) DO＜XX—＋SUBSTRATE，补料方式：溶解氧小于某 DO 值时进行补料。

(5) pH＞XX.X＋DO＞XX—＋SUBSTRATE，补料方式：酸碱度或溶解氧大于某数值时补料。

(6) LEVELLOWER—＋SUBSTRATE，补料方式：发酵液液位低时补料。

注意，补料速率可以通过设置补料泵的空白分比（可在 CALIB/PUMP4 中选择 20％，40％，60％，80％，100％）来确定。在确定了补料方式后，只需用 ESC 键退出即可。

在 EDIT 界面中，选择 ST‐DO SET 便进入速度与溶解氧的关联控制。选择 ON、OFF 来开启或关闭这个功能。选择关联系数 1～5，可达到调整速度随溶解氧改变的变化率，使得控制平稳。

设置时系统会自动储存设定参数，即便断电也不会丢失数据。设置完毕后，用 ESC 键退出。至于返回到 MAIN 还是 RUN，要看进入 EDIT 的过程。如果从 RUN 状态直接进入 EDIT，那么退出时应回到 RUN 状态；如果从 MAIN 状态直接进入 EDIT，那么退出时应回到 MAIN 状态。

7. CALIB 命令

CALIB（CALIBRATION 校正）命令的校正方法如下。

(1) pH 电极的校正：进入 pH 电极校正后，显示如下界面。

pH：＊＊.＊＊	CALIB
TEMP：＊＊＊C	AUTO
SLOPE：＊.＊＊	＋/－
ZERO：＊＊＊	＋/－

校正时，温度补偿是自动的，校正温度应选择在发酵液工作温度附近。操作人员须将随机提供的温度电极和 pH 电极一同插入中性标准溶液，如 pH＝6.86，通过面板调整零位 ZERO（用箭头键移动光标到 ZERO 行的＋/－上，按 ENTER 键

即可），使屏幕上 pH 指示值接近 6.86，再将 pH 计和温度电极一起插入标准的酸性或碱性溶液，如 pH＝4.0。调整斜率 SLOPE（用箭头键移动光标到 SLOPE 行的＋/－上，按 ENTER 键即可），使 pH 指示值接近 4，再重复上述过程 1～2 次，使 pH 指示值达到标准溶液的 pH 值即可。斜率 SLOPE 的变化范围：0.39～1.89，零位 ZERO 的变化范围：122～143，校正完毕用 ESC 键退出。

实罐灭菌后及发酵过程中应对 pH 电极进行在线校正。从罐内取出样品后，即用标准 pH 计检测样品的 pH 值，再进入 CALIB 程序，调整零位 ZERO，使液晶显示器显示的 pH 值与标准 pH 计显示值相同。显然，应保证标准 pH 计是正确的。

（2）DO2 电极的校正：进入 DO2 电极校正后，显示如下界面。

```
DO2：＊＊＊％              CALIB
TEMP：＊＊C               AUTO
SLOPE：＊.＊＊             ＋/－
ZERO：＊＊＊               ＋/－
```

校正时，温度补偿是自动的，校正温度应选择在发酵工作温度附近。操作人员将溶氧电极放入，调整零位 ZERO，使 DO2 指示接近于 0，最好为 1％～2％，再将溶氧电极取出，以空气作为 100％溶氧量来标定，调整斜率 SLOPE 使 DO2 达到 100％，再重复上述过程 1～2 次即可。SLOPE 的调整范围：0.5～2.0，ZERO 的调整范围：1～25。校正完毕用 ESC 键退出。实罐灭菌后，在接种发酵刚开始，应对 DO2 电极进行在线校正，进入 CALIB 程序，调整斜率 SLOPE，使液晶显示器显示的 DO2 值达到 100％。

（3）泡沫电极（ELECTRODE）的校正：进入泡沫电极校正后，显示如下界面。

```
FOAM LIQUID CALIB
80   250
ELECTRODE：＊＊＊
DJK：＊＊＊
```

将泡沫电极插入发酵液，使它刚好同泡沫接触而不碰到液体。调整 DJK，使 ELECTRODE 指示达到 110～130。这时"FOAM"会停止闪动，再将泡沫电极插入液体，这时 ELECTRODE 指示值应超过 150。并且"LIQUID"不再闪动。拔出电极使电极离开泡沫，ELECTRODE 指示应接近于零。

（4）液位电极（LEV）的校正：方法基本同上，只要将液位电极插入液体中，调节 DJK，使 ELECTRODE 指示达 180 左右即可。再拔出电极时，ELECTRODE 指示应接近于零。

（5）PUMP1（ACID PUMP 酸泵）的校正：进入酸泵校正，显示如下界面。

```
                                    CALIB
ACID PUMP              ON/OFF
FLO W RATE            * * ML/M
SET   RATE            * * ％SE
```

ON/OFF 命令用于 ACID PUMP 的开启、关闭。开启 ACID PUMP（当光标在 ON/OFF 上时，按 ENTER 键）时，第一行有酸泵开启时间记录，以便计算每分钟的流量。将测出的流量值键入第三行，单位是毫升/分钟。当光标移到第四行 SE 上时，用 ENTER 键设置酸泵的运行占空比，以达到调节流量的目的（流量的大小不仅同占空比有关，还与胶管的粗细有关）。

（6）PUMP2（BASE PUMP 碱泵）、PUMP3（ATFOAM PUMP 消泡泵、PUMP4（SUB PUMP 液泵）的校正方法同 PUMP1。

8. STERIL 命令

STERIL（STERILIZATION 灭菌）命令是为灭菌进程设置的辅助程序命令，可以设置搅拌速度、中间温度、灭菌开始计时温度和灭菌时间。在主菜单中选择 STERIL 命令后，LCD 显示灭菌设置界面：各参数设置完毕后，移动光标至 OK 上，按 ENTER 键即进入灭菌状态。显示如下界面。

```
STERILIZATION           SET
STIRR：* * * RPM
MTEMP：* *              STEMP：* * * ℃
STERIL TIME：* * MIN     OK
```

```
STERIL                  STOP
STIRR：* * * RPM
TEMP：：* * * ℃              * * * ℃
REMAIN TIME：* * MIN
```

灭菌时，当罐内温度未达到所设置的中间温度 MTEMP 时，电机以所设置的搅拌速度搅拌（玻璃罐没有此功能），当罐内温度达到所设置的中间温度时搅拌自动停止，蜂鸣器报警（按一下 * 键可消除报警）；当罐内温度达到所设置的灭菌温度 STEMP 时，灭菌计时开始，同时鸣叫提醒操作人员注意（按 * 键可消除鸣叫）。灭菌计时到，蜂鸣器鸣叫提示灭菌结束。对于 5～10 L 的在位灭菌玻璃罐，灭菌设置时应将中间温度 MTEMP 和搅拌速度 STIRR 设置为零。

四、发酵准备工作与设备检查

1. 罐体、罐盖

检查罐体安装位置是否正确、罐盖上各配件装置就位是否正确、密封情况是否良好、接口是否有松动现象、各接口软管是否按工艺要求夹紧或放开、DO、pH、温度、泡沫电极就位与密封情况是否良好。发酵前罐体必须做保压试验。

2. 管阀系统

检查各阀门开闭状态是否正确。观察各管阀接口是否存在泄漏、松动现象。

3. 电气控制系统

各电极、传感器的电气连接是否正确、接线是否完好；各电气开关、状态、位置是否正确；各测量参数、显示、控制是否正确；蠕动泵、电磁阀运行是否正常；面板控制、液晶屏数据是否正常。

4. 辅助设备

空气压缩机的工作压力、压力继电器、空气调压过滤器是否正常。蒸汽发生的水源、供电、安全阀、压力控制器、进出器阀以及接口是否正常。

五、灭菌

1. 灭菌准备工作

（1）在排水排气口套上排水硅胶软管。

（2）打开排水排气阀 W2，放尽恒温座内的剩余水。

（3）关闭溢水阀 W1 及罐体上其他阀门。

（4）取出 pH、DO 电极校验，备用。

（5）拔下 13—泡沫电极、24—液位电极、搅拌电机、顶盖接地线的连接插头。

注意：拔下的连接插头不可互相缠绕接触，不可与罐体接触，不可受潮，应放在干燥的机箱上。

（6）取出 12—测温电极（2），放置在干燥的机箱上。

（7）拧下冷凝器进、出水接头。

（8）用专用内六角扳手旋松搅拌电机固定螺栓，取下电机，横放在柔软、干燥的桌面上。

（9）将密封固定架安装于轴套上，将瓶架安装于密封固定架上。

（10）将 10—进气过滤器、18—尾气过滤器、19—尾气滤水瓶安装到位。

（11）取样放料装置安装就位。

（12）将 4—补料瓶安装上呼吸过滤器。

（13）拧下 22—回水管堵头。

（14）打开蒸汽发生器准备提供蒸汽（按照蒸汽发生器的使用说明书操作）。

注意：蒸汽发生器所提供的蒸汽压力应≤0.25 MPa。所有电机、电极的插头严禁与水或其他污染物接触，由此造成的电路故障。

2. 空罐灭菌

检查罐体、罐盖，做好准备工作。

（1）装上 pH 电极孔、DO 电极孔、三针补料口的堵头。

（2）将密封固定架安装于轴套上，将瓶架安装于密封固定架上，将进气口、取样口、补料口各胶管弯曲并用专用夹夹紧，将 19—尾气滤水瓶安装于瓶架上。注意：尾气口必须敞开。

（3）盖上灭菌罩，拧紧固定螺丝，插上 17—测温电极（3）的插头。

（4）打开面板控制开关，选择灭菌辅助程序，设置灭菌温度 STEMP（105～130 ℃）与灭菌时间 STIMER，将搅拌转速设置为 0 rpm，将中间温度 MTIME 设置为 0 ℃，并进入程序运行。注意：此时仪器的电源总开关应为关闭状态。

（5）提供蒸汽源，打开 S—进蒸汽阀，打开 W2—排水排气阀，让蒸汽不断进入罐内，使罐体温度不断升高。当灭菌罩温度和恒温槽温度升至 100 ℃ 左右后，逐渐关小 W2，使温度继续上升，直到升到所需温度（注意对应压力）。当温度达到设定的灭菌温度时，计时开始。这时应不断调节 S 和 W2 使得温度稳定在设置温度上。操作时应密切注意灭菌罩上的压力表指示和控制箱上的温度指示，保证压力不超过 0.2 MPa，温度不超过 130 ℃。

（6）当设定的灭菌时间到时，仪器发出鸣叫报警，此时将 S—进蒸汽阀和蒸汽源关闭。此时 W2 可略开大一些，使罐压逐渐释放。

（7）当罐压到常压状态时，将 W2—排水排气阀全打开，放尽冷凝水。

（8）小心取下灭菌罩，防止内部的瓶子掉下，空消完成。

3. 实罐灭菌

空罐灭菌后，应尽快进行实罐灭菌。

（1）装上已校正好的 pH、DO 电极并旋上保护盖（或者用牛皮纸包扎也可以），以防止灭菌时电极被蒸汽弄潮湿而损坏。

（2）按工艺要求在罐内放入发酵培养液。

（3）将密封固定架安装于轴套上，将瓶架安装于固定架上，将 4—补料瓶、19—尾气滤水瓶安装固定在瓶架上。

（4）将进气口、取样口、补料口各胶管弯曲夹紧。注意：尾气口必须敞开。

（5）盖上灭菌罩，拧紧固定螺丝，插上 17—测温电极（3）的插头。

（6）打开面板控制开关，选择灭菌辅助程序，设置灭菌温度 STEMP（105～130 ℃）与灭菌时间 STIME，将搅拌转速设置为 0 rpm，将中间温度 MTIME 设置为 0 ℃，并进入程序运行。注意：此时仪器的电源总开关应为关闭状态。

（7）提供蒸汽源，打开 S—进蒸汽阀，打开 W2—排水排气阀，让蒸气不断进入罐内，使罐体温度不断升高。当灭菌罩温度和恒温槽温度升至 100 ℃ 左右后，逐渐关小 W2，使温度继续上升，直到升到所需温度（注意对应压力）。当温度达到设定的灭菌温度时，计时开始。这时应不断调节 S 和 W2 使得温度稳定在设置温度上。

（8）当设定的灭菌时间到时，仪器发出鸣叫报警，此时将蒸汽源关闭，将 S 阀关闭，W2 微开，让罐体自然冷却。

（9）当罐内温度降到 50 ℃ 以下，罐内压力达到常压状态时，小心取下灭菌罩，将 W2—排水排气阀关闭，实消完成。

六、开车与培养

1. 开车运行准备工作

（1）安装上 22—回水管堵头，关闭 W2—排水排气阀，打开 W1—溢流水阀。

（2）关闭 G—气路调节阀、7—减压除水过滤器，连接空气压缩机与流量计的进气气路。

（3）打开空压机，检查空压机出口端 7—减压除水过滤器的压力，将压力调整至 0.1~0.15 MPa。

注意：发酵罐内空气压力必须小于 0.1 MPa。当发现压力难以调整时，应关闭 7—减压除水过滤器，将 G—气路调节阀打开，然后重新进行调控。

（4）将 10—进气过滤器与 P1—压力表用硅胶管连接。

（5）先打开 G—气路调节阀，然后松开进气口胶管夹头，将气量调节至工艺所需的流量。

（6）安装上 22—回水管堵头，关闭 W2—排水排气阀，打开 W1—溢流水阀。

（7）安装好搅拌电机和顶盖接地线。

（8）插入 12—测温电极（2）。

（9）取下 DO、pH 电极上的保护盖或防护牛皮纸。

（10）连接 11—DO 电极、12—测温电极（2）、13—泡沫电极、14—pH 电极和电机的插头。

（11）将补料瓶的输液胶管安装在对应蠕动泵上，然后松开补料口胶管夹头。

2. 控制参数设置与运行

按工艺要求设置搅拌转速、培养温度、pH、DO 参数、消泡加液量，以及相应的报警上、下限参数。灭菌完毕后，由于开始时搅拌轴、机械密封及顶盖的温度较高，水汽不易凝聚到机械密封系统，高速搅拌会造成机械密封尖叫，导致降低机械密封寿命，为此要求在一小时内先进行低速运行（100 转以下），等顶盖温度降至常温时再设置到要求的速度。

（1）投入运行，观察各控制参数显示情况是否正常。

（2）按工艺要求调整罐压与空气流量。

3. 接种培养

（1）当各测量参数显示正常稳定时，就可进行接种（接种时应确保实验室空气相对静止，如关掉电扇等）。

（2）准备好合格的摇床菌种。

（3）酒精盘内放入无水酒精或酒精棉，点燃后安放于接种口，适当加大通气量或减小尾气流量。

（4）打开接种盖，将其放入干净器皿中。

（5）将菌种瓶口放在火焰上烧一下，并在火焰上拔下瓶塞将菌种倒入发酵罐。

(6) 将接种盖放在火焰上烧一下，盖上接种盖。

(7) 按工艺要求恢复罐压和通气量。

4. 取样与放料

(1) 夹紧尾气胶管（使罐内适当增压，但罐压不得大于 0.10 MPa）。

(2) 弯曲夹紧胶管的"d"部位；调节"e"部位胶管压板，放去少量培养液后夹紧胶管。

(3) 把无菌取样瓶置于酒精火焰上，拔去瓶塞对准取料口，调节"e"点压板，从取料胶管取出所需样品后再夹紧"e"点夹子，盖上取样瓶盖，夹紧取样管口的胶管。

(4) 松开"d"部位和"e"部位的夹子，放去胶管内的残料。

(5) 取样前后应用 75％酒精对取料口消毒。

(6) 放料方法与取料方法类同。

七、发酵罐的清洁保养方法

1. 清洗工作

清洗前应取出 pH、DO 电极按其要求保养（见电极保养）。

清洗罐内可配合进水进气、电机搅拌、加温一起进行，如多次换水还不能清洗洁净，则要打开顶盖用软毛刷刷洗罐内部件。方法如下。

(1) 关闭控制开关与电源开关，取下顶盖电极、电机及其连线插头，拧下进气胶管、冷凝器接头。

(2) 拧松罐盖紧固螺丝，小心垂直向上取出罐盖，横置于平整桌面，垫好、不要碰撞，刷洗干净罐内部件。

(3) 玻璃罐取出，小心清洗干净，轻轻放回原位，注意四周间隙对称。

(4) 清洗后安装要注意罐内密封圈、硅胶垫就位情况。

(5) 拧紧罐盖四个紧固螺丝。

2. 试车

(1) 将电极、电机、电缆、进气胶管、安装就位。

(2) 安装完毕后要对罐体内通气（0.08 MPa）做密封性试验。

(3) 对系统进行 2～3 小时试运行，一切情况正常方可使用。

3. 发酵罐待用

(1) 如果短期内需再次培养发酵，应对其进行灭菌后通入无菌空气，保压待用。

(2) 如准备长期停用，需放去水箱与罐内存水，放松罐盖紧固螺丝，取出电极保养储存好，关闭电源及所有阀门，盖上防尘罩。

(3) 每次培养后应用干净抹布清除罐体上的脏物、水渍。

八、检查维护

为了保证设备的正常运行，除了熟悉设备的工作原理与各部件的结构、功能作用外，还应该加强设备的维护与管理，只有做到精心维护才能保证设备处于最好状态，延长设备的使用年限。

1. 日常检查维护

设备运行中的监控内容（做好相应记录）。

（1）系统压力、罐内压力是否稳定在规定范围。

（2）搅拌系统、控温系统、电磁阀响声是否正常。

（3）培养液颜色是否正常。

（4）温度、溶氧、pH 显示参数是否与设定符合。

（5）罐内液位是否正常。

（6）阀门管接头、各接口是否正常，有无泄漏情况。

2. 定期检查维护

（1）每隔 3 个月，需对设备进行全面检查维修。

（2）关闭所有电源、水源、气（汽）源。

（3）仔细检查系统所有密封圈、密封端。如有永久变形、老化、划伤、损坏，必须更换。新的密封圈在使用前，必须涂上一层薄薄的硅脂（附带备件）。

（4）检查机械密封的情况，机械密封面是否损伤，动环的位置是否合适（将动环拆下清洗，对动环上的橡胶密封圈加上一层薄薄的硅脂，增加动环的复位能力。

（5）检查除菌过滤器完好情况，有破损、堵塞现象就要更换。一般 3～5 批次就应更换新的过滤器。

九、常见故障与排除方法

常见故障与排除方法见附表 4-1。

附表 4-1 常见故障与排除方法

现象	原因	排除方法
pH 电极无法校准	1）放久了没有活化 2）受污染了 3）电极接插件受潮 4）电极已损坏或失效	1）按说明书活化 2）按说明书清洗 3）烘干处理 4）调换电极
溶氧电极零位或满度无法调出，反应慢	1）放久了没有极化 2）受污染了 3）电极接插件受潮或要加电解液 4）电极已损坏或失效	1）按说明书极化 2）按说明书清洗 3）烘干处理，加电解液 4）调换电极
罐压不能保持	1）安装不到位 2）密封件损坏 3）阀、管泄漏 4）螺丝松动，或松紧不一致	1）细心安装 2）检查更换 3）修理、更换、调整 4）拧紧或调整紧固

现象	原因	排除方法
供气量不足	1) 过滤器阻塞 2) 供气系统原因 3) 分布器堵塞 4) 发酵液黏度太高	1) 更换或清洗烘干 2) 检修 3) 清洗分布器 4) 改变培养液黏度
发酵温度失控	1) 电器控制原因 2) 电加热器损坏 3) 循环泵电磁阀损坏	1) 检查修理 2) 更换 3) 调换
染菌	1) 过滤器失效 2) 罐、管路密封破坏 3) 菌种不纯 4) 灭菌不彻底 5) 操作原因 6) 实消后冷却和培养过程中罐内负压	1) 更换 2) 检查、调换 3) 菌种纯化 4) 严格按工艺要求操作 5) 严格按工艺要求操作 6) 保持罐内正压
系统控制失灵	1) 接地不良 2) 受强干扰影响	1) 改变接地情况 2) 断电重新开机
硅胶管易老化龟裂	胶管没选对或溶液的浓度太高	选择合适的胶管或调整相应的溶液
硅胶管易夹破	胶管没装好	仔细安装

十、电极的使用和维护

1. 进口 pH 电极使用事项

（1）如果要把电极放入灭菌锅里或灭菌罩内灭菌，在电极灭菌前，必须在电接插端口处加上隔离帽，或者用牛皮纸包扎好，以防被蒸汽潮湿、侵蚀。

（2）pH 电极平时不使用，可以浸泡在 3 mol/L 的 KCl 溶液或饱和 KCl 溶液中，严格禁止将电极浸泡在蒸馏水、去离子水或自来水等离子含量极少的液体中。

（3）如果 pH 电极长期干放或暴露在空气中，在重新使用之前，请先将电极浸泡在 3 mol/L 的 KCl 溶液或饱和 KCl 溶液中 2～3 天，使电极恢复活性，如果有条件，先将电极浸泡在 9895 电极再生液中 1 分钟左右，再用蒸馏水洗干净，再浸泡在 3 mol/L 的 KCl 溶液或饱和 KCl 溶液中至少 1 天才能使用。

（4）如果电极敏感膜或白色陶瓷隔膜孔受到蛋白质污染而发黄，可以购买 9891 电极清洗液，将电极浸泡在其中数小时，然后再用蒸馏水洗干净，最后浸泡在 3 mol/L 的 KCl 溶液或饱和 KCl 溶液中至少 1 天才能使用。

（5）如果电极白色陶瓷隔膜孔受到 Aq2S 污染而变黑，可以购买 9892 隔膜清洗液，将电极浸泡在其中数小时直至隔膜孔再变白，然后再用蒸馏水洗干净，最后浸泡在 3 mol/L 的 KCl 溶液或饱和 KCl 溶液中至少 1 天才能使用。

（6）如果电极使用时间过长而造成敏感膜老化，可以购买 9895 电极再生液，将电极浸泡在其中 1~10 分钟（根据敏感膜老化的程度及斜率决定浸泡时间长短），然后再用蒸馏水洗干净，最后浸泡在 3 mol/L 的 KCl 溶液或饱和 KCl 溶液至少 1 天才能使用。严格禁止将斜率在 56 mV/pH 以上的 pH 电极用 9895 处理，因为 9895 电极再生液中含有 HF 溶液，9895 的原理就是用 HF 将表面的敏感膜老化层腐蚀掉，如果新电极浸泡在 9895 的电极再生液中或旧电极浸泡在其中时间过长，HF 会将好的敏感膜部分也腐蚀掉。

（7）如果 pH 电极被无机物质污染，可以用 0.1 mol/L 的 HCl 或 NaOH 溶液清洗数分钟，然后再用蒸馏水洗干净。

（8）如果 pH 电极被有机物质污染，可以用酒精或丙酮清洗，然后再用蒸馏水洗干净。

（9）如果知道用何种物质可以将污染电极的物质溶解，就用何种物质清洗。

（10）请切记，用 9891、9892 或 9895 处理过的凹电极，请勿马上校准或测量，因为那时电极无法进行测量，必须将电极浸泡在 3 mol/L KCl 溶液或饱和 KCl 溶液中至少 1 天才能使用。

（11）pH 电极上端和电缆线相连接处的接头是高阻抗部件，禁止用水等液体浸泡或蒸汽等潮湿空气侵蚀，可以用新电极所带的红色小螺帽盖住，电极电缆的接头也属于高阻抗部件，严禁用水等液体浸泡或蒸汽等潮湿空气侵蚀，一定要存放在干燥处。

2. 进口 DO 电极维护方法

如果要把电极放入灭菌锅里或灭菌罩内灭菌，在电极灭菌前，必须在电接插端口处加上隔离帽，或者用牛皮纸包扎好，以防被蒸汽潮湿、侵蚀。

（1）存放。

1）如果长期不用将电极从罐上取下，清洗后放入电极盒中即可。

2）如果敏感膜被污染，用干净的水冲洗干净。如果冲洗不掉，可放入开水中浸泡一下再冲洗。切不要用坚硬物体刮擦，以免刮伤敏感膜。

3）勿用水等液体浸泡。防止蒸汽等潮湿空气侵蚀电缆线接头和电极接头。

（2）更换膜和换电解液方法。

METTLER TOLEDO 氧电极出厂前经过一系列的检验，电极本身带有一个电极膜，但由于在购买运输过程中需要一定的周期，所以在使用前最好更换一下电解液。如果电极信号产生误差（响应时间长，机械损坏，在无氧介质中电流增大等），就需要更换膜。更换电解液的维护工作，每三个月进行一次。

1）将电极置于垂直位置，拧下旧电极膜。

2）用水冲洗内电极体并用棉纸小心擦干，检查一下内电极体和不锈钢外壳之间是否有电解液，如有残留的电解液，将其轻轻甩干净。

3）使用一段时间以后，如发现电极体银环发黑，可用 1000 目以上的细砂纸擦亮即可。

4）检查一下 O 型圈（203021167，202031000）和弹簧（002011055）是否有机械损坏，如有需要可更换。

5）电解液倒入将要更换的膜中，液面控制在螺纹以下，适当多加些电解液，可避免因电解液较少而影响电极极化，将电极置于垂直位置并将膜轻轻拧上电极体。拧电极膜时注意"进二退一"原则，避免因膜内多余液体无法及时排出而把膜撑破。最后电极膜应拧紧，到看不见 O 型密封圈颜色（黑色）为止，渗出的电解液用棉纸擦干。

6）由于 O 型圈的密封作用，膜会很容易被拧紧，如需用力拧或此过程不能容易地完成，则可能没有拧在正确的位置。

7）在每次换膜或换电解液后，电极必须重新极化和校准。

8）极化：更换新的电解液或换新的膜以后，必须连续通电 7 小时以上，即为极化，极化后才能进行准确的校准。先极化，后校准。

3. 国产 pH 电极维护方式

如果要把电极放入灭菌锅里或灭菌罩内灭菌，在电极灭菌前，必须在电接插端口处加上隔离帽，或者用牛皮纸包扎好，以防被蒸汽潮湿、侵蚀。

（1）概述：高温灭菌 pH 复合电极是为发酵等生化过程中一定压力下（<0.4 MPa）的 pH 测量所设计，采用凝胶状参比电解质，耐压、维护量小，同时带银离子捕捉阱，防止氯化银脱落，适用于介质需要灭菌和加热加压的过程。

（2）电极的结构特点：电极采用凝胶状参比电解质，使电极在不接反压的情况下，直接用于压力 0.13 MPa、温度 130 ℃以下的灭菌过程。电极采用憎水抗污染的环形聚四氟乙烯隔膜为液接界，抗阻塞，特别适用于糊状发酵介质中。电极可与梅特勒、美国 BJ 公司高温灭菌电极互换使用。

（3）技术参数。

测量范围：pH 0～12。

测量温度：0～95 ℃。

灭菌温度：≤130 ℃。

零电位：pH 7±0.5。

内阻 MQ（25 ℃）：≤500。

理论百分比斜率：≥95%。

灭菌次数：≥30。

（4）安装。

1）打开包装后，检查电极的 pH 敏感膜和电极体是否有机械损伤。

2）取下盛液套，检查 pH 敏感膜球泡内是否存在气泡。如有，将电极在垂直平面内轻轻甩动，以除去气泡。

3）根据电极型号选用相应的护套进行电极安装。

4）选用带相应接头的电缆线，将电极接至 pH 变送器上（如直接引出电缆线的电极，就不必另用接头）。

（5）操作。

1）电极和 pH 变送器的校准：建议采用二点法校准电极。校准前，先移去盛液套。为加快长时间运输和储存后电极的响应时间，在校准前可将电极依次插入 pH 7、pH 4 和 pH 9.18 的缓冲溶液内，在每种缓冲溶液中各停留 2 分钟进行活化。然后将电极依次插入两种给定 pH 值的不同缓冲液中，同时，变送器根据这些缓冲液值进行校准，通常先用 pH 7 缓冲液校零点，再用 pH 4 和 pH 9 缓冲液确定斜率。

2）电极灭菌：高温灭菌 pH 复合电极适用于发酵培养基加压加热灭菌、原位蒸汽灭菌以及高温处理时的 pH 测定。电极应尽可能避免在大于 130 ℃时使用或过长时间的灭菌，否则会明显缩短电极使用寿命。长期使用会使电解质变色，并不影响电极的性能。

（6）保养。

1）电极无须再注入电解质。

2）电极避免干放，当电极不用时，要用水冲洗干净并插回加有 1 mol/L KCl 溶液的盛液套内，或者将电极插入加有 1 mol/L KCl 溶液的容器中。

3）检查接头处是否干燥清洁，如有污染，需用无水酒精擦洗干净，吹干后使用。

4. 国产 DO 电极维护方法

如果要把电极放入灭菌锅里或灭菌罩内灭菌，在电极灭菌前，必须在电接插端口处加上隔离帽，或者用牛皮纸包扎好，以防被蒸汽潮湿、侵蚀。

（1）工作原理：本电极以 $\Phi 0.3$ mm 铂丝为阴极、Ag/AgCl 为阳极，氯化钾为电解质溶液，聚四氟乙烯膜为透氧膜。当阴阳极间加上 $630 \sim 700$ mV 极化电压时，在电极表面发生如下反应：

阴极　　　$O_2 + 2H_2OH + 4e \longrightarrow 4OH^-$

阳极　　　$4Ag + 4Cl^- \longrightarrow 4AgCl + 4e$

电极电流与溶氧中溶解氧含量、透氧膜材料及其厚度有关。当透氧膜确定后，电极电流与溶解氧呈线性关系。

（2）电极构造：电极由电极芯、电解质贮液筒、电解质溶液和外电极护套组成。

电极芯：电镀 AgCl 层的空心银棒与铂丝构成，二者之间用玻璃绝缘，银棒侧面开一宽 1.0 mm，深 0.25 mm 的导液槽。

电解质贮液筒：为聚四氟乙烯筒，下端用"O"型圈固定透氧膜，筒四周开 $\Phi 4.0$ mm 孔四个，外套硅橡胶压力补偿膜。

电解质溶液：增稠的氯化钾溶液。

电极护套：由不锈钢车制，整个护套由电极体、护套筒和护套帽组成。

（3）电极特性。

测量原理：极谱式（Clark 原理）。阴极：Pt，直径 0.3 mm。阳极：Ag/AgCl。透氧膜：聚四氟乙烯薄膜。

极化电压：630～700 mV。耐高温性：可耐 120～130 ℃高温蒸汽消毒。响应时间：小于 2 分钟（98％响应）。稳定性：在水中，恒温（30 ℃）恒压下每周漂移小于 2％。流动相关性：在搅拌或不搅拌溶液中，相差 3.5％。残余电流：小于周围空气电流的 1％。外形尺寸：插入深度 150 mm，配合直径 Φ25 mm 或 Φ19 mm。

（4）电极的安装。

电极芯用定位螺丝固定到电极上，用蒸馏水洗净，滤纸擦干。将电解质溶液注入干净的电解质贮液筒内，电解质充满贮液筒，用手指弹套筒，以排除筒内气泡。手持电极芯，使导液槽朝上，斜向徐徐插入贮液筒，筒内多余电解质由导液槽溢出，擦净溢出的溶液，拧上护套帽，固定硅橡胶减压膜。

电极装好后，接上接插件，使之与测氧仪相连，接通测氧仪电源，数分钟后即可获得稳定电流，该电流在仪器表头已转化为以空气饱和氧的百分数或 ppm 值。

（5）电极的校正：每次使用前，必须对电极进行校正或定位。如果测定对象需高温灭菌，则应在灭菌消毒后，接种前矫正。校正时的温度、压力、搅拌机转速应尽可能地与以后测量时保持一致。待发酵罐冷却到所需温度，并同时通气，当读数稳定后，将仪器显示定位到 100％或至少放在 70％处，空气饱和的溶液可定义为 100％饱和。

（6）电极的检验与维修。

1）氧电极功能的检验。

①将电极浸在空气饱和的水溶液中，将仪器定位至 100％。

②取出擦干后，在将电极浸入盛有新配 5％无水亚硫酸钠溶液的烧杯中，电极头与亚硫酸钠溶液之间不留气泡，5 分钟后读数，此即为电极残余电流，该电流应小于 1.5％。

③响应时间：将电极从空气饱和的水溶液中转入无氧水中，达到 98％读数的时间为响应时间，一般小于 2 分钟。

2）电解质贮液筒的更换：若透氧膜机械损坏，或被大量污染，则需更换电解质贮液筒。

①卸下电极护套筒。

②从电极体上移下电解质贮液筒。

③用蒸馏水和纸巾小心清洗内电极体，用肉眼检查所有"O"形环是否有机械损伤，若有，更换之。

④电解质溶液充满贮液筒。

⑤充满电解质的贮液筒按电极安装步骤与电极体相连。

⑥更换贮液筒后，进行氧电极功能试验。

3）故障消除。

①电极不灵敏：将电极与仪器相连后，将仪器波段开关置检验档，若仪器显示小于20，则电极不灵敏，可能系膜损坏或被大量污染，可更换电解质贮液筒；也可能是电解质溶液干涸，可按上述步骤，卸下电解质贮液筒，充满电解质，再进行电极功能检验。

②残余电流过大：可能系电极导线短路，或者膜被大量污染。如系导线短路，可让公司修理；如系膜被污染，可调换电解质贮液筒。

③响应时间过长：可能系膜上存在沉积，用蒸馏水或软湿布小心清除沉积或调换电解质贮液筒。

附录五　常用微生物学仪器设备使用操作规范

微生物实验室操作规程

（1）工作人员加强无菌观念，严格无菌操作。

（2）每日工作前用紫外灯照射实验室半小时以上。

（3）进入实验室前应穿工作服，并做好实验前的各项准备工作。

（4）实验室内应保持肃静，不准吸烟、吃东西及用手触摸面部。尽量减少室内活动，以免引起风动，无关人员禁入。

（5）非必要物品禁止带入实验室，必要资料和书籍带入后，应远离操作台。

（6）做好标本的登记、编号及实验记录。未发出报告前，请勿丢弃标本。

（7）标本处理及各项实验应在操作间进行，接种环用完后应立即用火焰烧灼灭菌，沾菌吸管、玻片等用后应浸泡在消毒液内。

（8）实验时手部污染，应立即用过氧乙酸消毒或浸于3％来苏尔溶液中5～10分钟，再用肥皂洗手并冲洗干净；如误入口内，应立即吐出，并用1：1000高锰酸钾溶液或3％双氧水漱口，根据实际情况服用有关药物。

（9）实验过程中，如污染了实验台或地面，应用3％来苏尔覆盖其上半小时，然后清洗；如污染工作服，应立即脱下，高压灭菌。

（10）使用后的载玻片、盖片、平皿、试管等用消毒液浸泡，经煮沸后清洗或丢弃。

（11）所有微生物培养物，不管标本阳性或阴性均用消毒液浸泡后，经煮沸消毒，才能清洗或丢弃。

（12）取材最好采用一次性工具，不能采用一次性工具者，每次取材前均应彻底消毒。

（13）若出现着火情况，应沉着处理，切勿慌张，立即关闭电闸，积极灭火。易燃物品（如酒精、二甲苯、乙醚和丙酮等）必须远离火源，妥善保存。

（14）工作结束时检查电器、酒精灯等是否关闭，观察记录培养箱、冰箱温度及工作情况，用浸有消毒液的抹布将操作台擦拭干净，并将试剂、用具等放回原处，清理台面，未污染的废弃物扔进污物桶，有菌废弃物应送高压灭菌后处理。

（15）离室前工作人员应将双手用消毒液消毒，并用肥皂和清水洗净。

（16）爱护仪器设备，遵守仪器使用规范，经常清洁，注意防尘和防潮。每天观察培养箱、冰箱、干燥箱的温度，并做好记录。

（17）发出的微生物报告应认真复审，分析报告、评价报告。

无菌室使用规程

一、目的

建立无菌室管理使用规程，保证操作者正确使用。

二、适用范围

适用于无菌室操作。

三、责任者

操作人员、无菌室管理人员。

四、内容

（1）无菌室应严禁放置杂物，无关人员严禁入内。

（2）无菌室应严格保持整洁，防止污染，定期用甲醛熏蒸消毒（每月一次），使用前用 0.1％新洁尔灭控式消毒净化工作台。

（3）实验人员进入无菌室，必须更换无菌衣、帽、鞋等，操作前用 0.1％新洁尔灭或 75％酒精进行手消毒。

（4）使用前开启紫外灯照射 60 分钟，同时打开吹风净化工作台，操作完毕及时清理，再开紫外灯照射 30 分钟。

（5）检验过程严格按照无菌操作规程操作，爱惜室内用具，使用完毕，整理检品及各种用具并清洁工作台面。

（6）接种环在每次使用前后，必须通过火焰灭菌，冷却后方可接种培养物。

（7）所有带菌实验用品，须经有效的消毒灭菌处理后再洗刷。严禁污染下水道。

（8）无菌室定期进行洁净度测试检查沉降菌（在室内打开肉汤琼脂平皿 30 分钟，经 37 ℃培养 48 小时），100 级平均菌落数不得过 1 个/皿，如超过应进行清洁消毒。

传递窗使用规程

一、目的

保证待处理样品的可靠性传递，尽量避免各区间的空气污染。

二、适用范围

每个区的传递窗。

三、职责

所有工作人员在工作中必须严格遵守。

四、步骤

（1）标准操作：实验人员在所在实验区处理好样品后，欲将样品传递到下一区域时，打开传递窗门，放入欲传递的样品，关闭传递窗门。

（2）维护：每次实验结束后用1‰的施康溶液对传递窗内部进行清洁，然后打开传递窗内的紫外灯消毒30分钟，并记录紫外灯照射时间，累计10000小时后报废，更换新的紫外灯。

净化工作台使用规程

一、目的

规范净化工作台操作与维护工作，确保仪器正常运作。

二、适用范围

适用于净化工作台操作与维护管理。

三、操作及维护规程

1. 操作规程

（1）使用工作台时，应提前50分钟开机，同时开启紫外杀菌灯，处理操作区内表面积累的微生物，30分钟后关闭杀菌灯（此时日光灯即开启），启动风机。

（2）对新安装的或长期未使用的工作台，使用前必须对工作台和周围环境先用超静真空吸尘器或用不产生纤维的工具进行清洁工作，再采用药物灭菌法或紫外线灭菌法进行灭菌处理。

（3）操作区内不允许存放不必要的物品，保持工作区的洁净气流流型不受干扰。

（4）操作区内尽量避免做明显扰乱气流流型的动作。

（5）操作区的使用温度不可以超过60 ℃。

2. 维护规程及维护方法

（1）根据环境的洁净程度，可定期（一般2～3个月）将粗滤布（涤纶无纺布）拆下清洗或给予更换。

（2）定期（一般为一周）对周围环境进行灭菌工作，同时经常用纱布沾酒精或丙酮等有机溶剂将紫外线杀菌灯表面擦干净，保持表面清洁，否则会影响杀菌效果。

（3）操作区平均风速保持在 $0.32 \sim 0.48$ m/s 范围内。

手提式高压蒸汽灭菌锅使用规程

一、操作规程

（1）准备：首先将内层灭菌桶取出，再向外层锅内加入适量的去离子水或蒸馏水，使水面与三角搁架相平为宜。

（2）放回灭菌桶，并装入待灭菌物品。注意不要装得太挤，以免防碍蒸汽流通而影响灭菌效果。三角烧瓶与试管口端均不要与桶壁接触，以免冷凝水淋湿包口的纸而透入棉塞。

（3）加盖，并将盖上的排气软管插入内层灭菌桶的排气槽内。再以两两对称的方式同时旋紧相对的两个螺栓，使螺栓松紧一致，勿使漏气。

（4）加热，并同时打开排气阀，使水沸腾以排除锅内的冷空气。待冷空气完全排尽后，关上排气阀，让锅内的温度随蒸汽压力增加而逐渐上升。当锅内压力升到所需压力时，控制热源，维持压力至所需时间，在温度或者压力达到所需时（一般为 121 ℃，0.1 MPa），需要切断电源，停止加热。当温度下降时，再开启电源开始加热，使温度维持在恒定的范围之内。

（5）灭菌所需时间到后，切断电源，让灭菌锅内温度自然下降，当压力表的压力降至 0 时，打开排气阀，旋松螺栓，打开盖子，取出灭菌物品。

二、注意事项

（1）灭菌物品不能堆得太满、太紧，以免影响温度均匀上升。

（2）降温时待温度自然降至 60 ℃ 以下再打开箱门取出物品，以免因温度过高而骤然降温导致玻璃器皿炸裂。

（3）在灭菌过程中，应注意排净锅内冷空气。

（4）由于高压蒸汽灭菌时，要使用温度高达 120 ℃、两个大气压的过热蒸汽，操作时，必须严格按照操作规程操作，否则容易发生意外事故。

（5）不同类型的物品不应放在一起进行灭菌。

（6）在未放气、器内压力尚未降到"0"位以前，绝对不允许打开器盖。

全自动高压蒸汽灭菌器使用规程

一、操作规程

（1）在设备使用中，应对安全阀加以维护和检查，当设备闲置较长时间重新使用时，应扳动安全阀上小扳手，检查阀芯是否灵活，防止因弹簧锈蚀影响安全阀起跳。

（2）设备工作时，当压力表指示超过 0.165 MPa 时，安全阀不开启，应立即关闭电源，打开放气阀旋钮，当压力表指针回零时，稍等 1～2 分钟，再打开容器盖并及时更换安全阀。

二、注意事项

（1）堆放灭菌物品时，严禁堵塞安全阀的出气孔，必须留出空间保证其畅通放气。

（2）每次使用前必须检查外桶内水量是否保持在灭菌桶搁脚处。

（3）当灭菌器持续工作，在进行新的灭菌作业时，应留有 5 分钟的时间，并打开上盖让设备有时间冷却。

（4）灭菌液体时，应将液体罐装在硬质的耐热玻璃瓶中，以不超过 3/4 体积为好，瓶口选用棉花纱塞，切勿使用未开孔的橡胶或软木塞。特别注意：在灭菌液体结束时不准立即释放蒸汽，必须待压力表指针回复到零位后方可排放余汽。

（5）对不同类型、不同灭菌要求的物品，如敷料和液体等，切勿放在一起灭菌，以免顾此失彼，造成损失。

（6）取放物品时注意不要被蒸汽烫伤（可戴上线手套）。

冰箱使用规程

一、操作程序

（1）开机：冰箱按说明书要求放好后，插上电源线，确定其在正常供电状态下。

（2）物品的放置。

（3）将冰箱调节到所需功能。

（4）打开冰箱相应功能的箱门，将所需物品放置或取出。

（5）物品放置好或取出后，将箱门关严，通过屏幕显示确定其在正常供电情况。

二、安全使用注意事项

（1）严禁贮存或靠近易燃、易爆、有腐蚀性物品及易挥发的气体、液体，不得在有可燃气体的环境中存放或使用。

（2）实验室使用冰箱内禁止存放与实验无关的物品。储存在冰箱内的所有容器应当清楚地标明内装物品的科学名称、储存日期和储存者的姓名。未标明的或废旧物品应当高压灭菌并丢弃。

（3）放入冰箱内的所有试剂、样品、质控品等必须密封保存。

（4）箱体表面请勿放置较重或较热的物体，以免变形。

（5）保持冰箱出水口通畅。

（6）在清洁/除霜时，切不可用有机溶剂、开水及洗衣粉等对冰箱有害的物质。

电子天平操作规程

（1）使用天平前应先观察水准器中气泡是否在圆形水准器正中，如偏离中心，应调节地脚螺栓使气泡保持在水准器正中央，单盘天平（机械式）调整前面的地脚螺栓，电子天平调整后面的地脚螺栓。

（2）天平使用前应首先调零，电子天平使用前还应用标准砝码校准。

（3）天平门开关时动作要轻，防止震动影响天平精度和准确读数。

（4）天平称量时要将天平门关好，严禁开着天平门时读数，防止空气流动对称量结果造成影响。

（5）电子天平的去皮键使用要慎重，严禁用去皮键使天平回零。

（6）如发现天平的托盘上有污物要立即擦拭干净。天平要经常擦拭，保持洁净，擦拭天平内部时要用洁净的干布或软毛刷，如干布擦不干净可用 95％乙醇擦拭，严禁用水擦拭天平内部。

（7）同一次分析应用同一台天平，避免系统误差。

（8）天平载重不得超过最大负荷。

（9）被称物应放在干燥清洁的器皿中称量，挥发性、腐蚀性物体必须放在密封加盖的容器中称量。

（10）电子天平接通电源后应预热 2 小时才能使用。

（11）搬动或拆装天平后要检查天平性能。

（12）称量完毕后将所用称量纸带走。

（13）称量完毕，保持天平清洁，物品按原样摆放整齐。

光学显微镜使用规程

1. 取镜和放置

右手紧握镜臂，左手托住镜座取出（特别禁止单手提显微镜，防止目镜从镜筒中滑脱）。放置桌边时动作要轻。一般应在身体的前面，略偏左，镜筒向前，镜臂向后，距桌边 7～10 cm 处，以便观察和防止掉落。然后安放目镜和物镜。

2. 对光

用拇指和中指移动旋转器，使低倍镜对准镜台的通光孔。打开光圈，上升集光器，并将反光镜转向光源，以左眼在目镜上观察（右眼睁开），同时调节反光镜方向，直到视野内的光线均匀明亮为止。

3. 低倍镜的使用方法

（1）放置玻片标本：取一玻片标本放在镜台上，一定使有盖玻片的一面朝上，切不可放反，用推片器弹簧夹夹住，然后旋转推片器螺旋，将所要观察的部位调到通光孔的正中。

（2）调节焦距：以左手按逆时针方向转动粗调节器，使镜台缓慢地上升至物镜距标本片约 5 mm 处，要从右侧看着镜台上升，以免上升过多，造成镜头或标本片的损坏。然后，两眼同时睁开，用左眼在目镜上观察，左手顺时针方向缓慢转动粗调节器，使镜台缓慢下降，直到视野中出现清晰的物象为止。

4. 高倍镜的使用方法

（1）选好目标：一定要先在低倍镜下把需进一步观察的部位调到中心，同时把物象调节到最清晰的程度，才能进行高倍镜的观察。

（2）转动转换器，调换上高倍镜头，转换高倍镜时转动速度要慢，并从侧面进行观察（防止高倍镜头碰撞玻片），如高倍镜头碰到玻片，说明低倍镜的焦距没有调好，应重新操作。

（3）调节焦距：转换好高倍镜后，用左眼在目镜上观察，此时一般能见到一个不太清楚的物象，可将细调节器的螺旋逆时针移动 0.5～1 圈，即可获得清晰的物象（切勿用粗调节器！）

恒温干燥箱使用规程

一、目的

建立恒温干燥箱的操作规程，保证操作人员正确操作。

二、适用范围

适用于样品的干燥、玻璃仪器的烘干。

三、职责

操作人员对本规程的实施负责。

四、操作程序

（1）接通电源，打开电源开关。

（2）设置加热温度。

（3）待温度达到设置温度并无异常情况，稳定后放入样品，开始记时至所需干燥程度。

五、注意事项

（1）设置温度时，通常将温度设置稍低于实验温度，待温度达到设置温度后，再设置到实验温度。

（2）新购电热恒温干燥箱应校检合格方能使用，所有电热恒温干燥箱每年由计量所校检一次。

（3）干燥箱安装在室内干燥和水平处，禁止震动和腐蚀。

（4）使用时注意安全用电，电源刀闸容量和电源导线容量要足够，并要有良好的接地线。

（5）箱内放入试品时不能太密，散热板上不能放试品，以免影响热气向上流动。

恒温培养箱使用规程

一、目的

建立恒温培养箱标准操作及维修保养规程，用以保证实验仪器操作的一致性。

二、操作前准备

对箱体内清洁，消毒合格后，执行如下程序。

三、操作过程

（1）接通电源，开启电源开关。

（2）调节调节器按钮，至调节温度档，并调节至所需温度，点击确认按钮，加热指示灯亮，培养箱进入升温状态。

（3）如温度已超过所需温度时，可将节器按钮调至调节温度档，并调节至所需温度，待温度降至所需温度时，红灯指示灯自动熄灭点，并能自动控制所需温度。

（4）箱内之温度应按照温度表指示为准。

四、维修保养及注意事项

（1）恒温培养箱必须有效接地，以保证使用安全。

（2）在通电使用时忌用手触及箱左侧空间内的电器部分，或用湿布揩抹及用水冲洗。

（3）电源线不可缠绕在金属物上或放置在潮湿的地方。必须防止橡胶老化以及漏电。

（4）实验物放置在箱内不宜过挤，使空气流动畅通，保持箱内平均受热，在实验时，应将顶部适当旋开，使湿空气外逸以利于调节箱内温度。

（5）箱内外应每日保持清洁，每次使用完毕应当进行清洁。

（6）若长时间停用，应将电源切断。

霉菌培养箱使用规程

一、目的

建立霉菌培养箱的操作规程，保证正确使用。

二、操作规程

（1）通电：将本机电源插头插入电源座中，按动面板上电源开关，开关指示灯亮，表示电源已接通。

（2）按动面板上照明开关，开关指示灯亮，同时箱内照明灯点亮。再按一下灯熄灭。

（3）控温仪菜单操作：按照使用说明书调节。

（4）培养箱应经常保持清洁，切忌用酸、汽油、苯之类的化学物品清洗箱内的任何部件。

(5) 在使用过程中，遇到突然停电时，应及时将电源插头拔下，至少待 5 分钟后方可重新通电启用。

(6) 开机正式使用前，清楚操作程序后方可开机使用。

(7) 外壳必须有效接地，以保证使用安全。

(8) 清洁：每月对培养箱内部进行清洁，用消毒液进行擦拭消毒，用干净的微湿的抹布将外表面擦拭干净。

三、注意事项

(1) 仪器必须安放在坚固平整的地面上，以免运转时产生不必要的麻烦。电源应有可靠接地，确保安全。

(2) 培养箱的门不宜经常打开且不宜长时间打开。

(3) 培养箱放置的空间要足够大。

电子恒温水浴锅使用规程

一、操作规程

(1) 将水浴锅放在固定的平台上，电源电压必须与产品要求的电压相符，电源插座应采用三孔安全插座，必须安装地线。

(2) 使用前先将水加入箱内，水位必须高于隔板，切勿无水或水位低于隔板加热，以防损坏加热管。

(3) 插上电源，打开开关，将控温设定旋钮调至所需要的温度刻度。绿灯亮表示升温，红灯亮表示定温。

二、注意事项

注水时不可将水流入控制箱内，以防发生触电，不用时将水及时放掉，并擦干净保持清洁，以利于延长使用寿命。

真空干燥箱使用规程

一、操作过程

(1) 需要干燥处理的物品放入真空干燥箱内，将箱门关上，并关闭放气阀，开启真空阀，再开启真空泵电源开始抽气，使箱内达到真空度 $-0.1\,MPa$，关闭真空阀，再关闭真空泵电源开关。

(2) 把真空干燥箱电源开关拨至开处，选择所需的设定温度，箱内温度开始上升，当箱内温度接近设定温度时，加热指示灯忽亮忽熄，反复多次，一般 120 分钟以内搁板层面进入恒温状态。

(3) 当所需工作温度较低时，可采用二次设定方式，如所需工作温度 60 ℃，第一次可先设定 50 ℃，等温度过冲开始回落后，再第二次设定 60 ℃，这样可降低甚至杜绝温度过冲现象，尽快进入恒温状态。

（4）根据不同物品、不同潮湿程度，选择不同的干燥时间，如干燥时间长，真空度下降，需要再次抽气恢复真空度，应先开启真空泵电机开关，再开启真空阀。

（5）干燥结束后，应先关闭电源，旋动放气阀，解除箱内真空状态，再打开箱门取出物品（解除真空后，因密封圈与玻璃门吸紧变形不易立即打开箱门，应稍等片刻等密封圈恢复原形后，才能方便开启箱门）。

二、注意事项

（1）真空箱外壳必须有效接地，以保证使用安全。

（2）真空箱不连续抽气使用时，应先关闭真空阀，在关闭真空泵电机电源，否则真空泵油要倒灌至箱内。

（3）取出被处理物品时，如处理的是易燃物品，必须带温度冷却至低于燃点后，才能放入空气，以免发生氧化反应引起燃烧。

（4）真空箱无防爆装置，不得放入易爆物品干燥。

（5）非必要时，请勿随意拆开边门，以免损坏电器系统。

三、维护与保养

（1）真空箱应经常保持清洁，箱门玻璃应用松软棉布擦拭，切记用反应的化学试剂擦拭，以免发生化学反应和擦伤玻璃。

（2）如真空箱长期不用，应在电镀件上涂中性油脂或凡士林，以防腐蚀，并套好塑料薄膜防尘罩，放在干燥的室内，以免电器部件受潮而影响使用。

pH 计使用规程

一、使用方法

（1）测 pH 值：功能开关置 pH 档，调节温度补偿旋钮，使旋钮所指值和被测溶液温度一致，接上 pH 复合电极（或 pH 电极、参比电极）。用去离子水（或二次蒸馏水，下同）清洗电极，再用滤纸吸干，将电极插入被测溶液中，仪器显示被测溶液的 pH 值。

（2）测离子浓度：功能开关置 MV 档，接上相应的离子选择电极或参比电极。用去离子水清洗电极，再用滤纸吸干，插入被测溶液中，仪器显示的即该离子浓度时的电极电位（MV 值）。

二、维护和注意事项

（1）电极输入插头保持高度清洁，并保证接触良好（有污迹时可用 99％工业酒精擦净）。

（2）与仪器配套使用的有关电极的使用和维护保养，请务必参考有关电极使用说明书。

（3）仪器不使用时请将选择电极插口保护帽套上。

糖度计使用规程

一、糖度计的原理

利用手持式折光仪测定果蔬中的总可溶性固形物（Total Soluble Solid, TSS）含量，可大致表示果蔬的含糖量。光线从一种介质进入另一种介质时会产生折射现象，且入射角正弦之比恒为定值，此比值称为折光率。果蔬汁液中可溶性固形物含量与折光率在一定条件下（同一温度、压力）成正比例，故测定果蔬汁液的折光率，可求出果蔬汁液的浓度（含糖量的多少）。常用仪器是手持式折光仪，也称糖镜、手持式糖度计，通过测定果蔬可溶性固形物含量（含糖量），可了解果蔬的品质，大约估计果实的成熟度。

二、操作步骤

（1）打开手持式折光仪盖板，用干净的纱布或卷纸小心擦干棱镜玻璃面。

（2）在棱镜玻璃面上滴 2 滴蒸馏水，盖上盖板。于水平状态，从接眼部处观察，检查视野中明暗交界线是否处在刻度的零线上。

（3）若与零线不重合，则旋动刻度调节螺旋，使分界线面刚好落在零线上。

（4）打开盖板，用纱布或卷纸将水擦干，然后如上法在棱镜玻璃面上滴 2 滴果蔬汁，进行观测，读取视野中明暗交界线上的刻度，即为果蔬汁中可溶性固形物含量（％）（糖的大致含量）。

（5）重复三次。

pHS-3C 型酸度计操作规程

一、操作规程

（1）接通电源，打开开关，并将功能开关置 pH 档，接上复合电极，预热 20 分钟。

（2）复合电极用纯化水清洗干净，并用滤纸吸干，将复合电极插入一 pH（接近待测溶液的 pH）的标准缓冲溶液中；调节定位旋钮，使仪器显示的 pH 值与该标准缓冲溶液在此温度下的 pH 值相同。

（3）把电极从此 pH 的标准缓冲溶液中取出，用纯化水清洗干净，并用滤纸吸干，插入另一 pH（两个 pH 包含待测溶液 pH）的标准缓冲溶液中，调节斜率旋钮，使仪器显示 pH 值与该溶液在此温度下的 pH 值相同。

（4）把电极从标准缓冲溶液中取出，用纯化水清洗干净，用滤纸吸干，插入被测溶液中，等仪器显示的 pH 值在 1 分钟内改变不超过 ±0.05 时，此时仪器显示的 pH 值即是被测溶液的 pH 值。

（5）对弱缓冲液（如水）的 pH 值测定，先用邻苯二甲酸氢钾标准缓冲液校正仪器后测定供试液，并重取供试液再测，直至 pH 值的读数在 1 分钟内改变不超过

±0.05 为止，然后再用硼砂标准缓冲液校正仪器，再如上法测定两次 pH 值的读数相差不超过 0.1，取两次读数的平均值为其 pH 值。

（6）测量完毕，用纯化水冲洗电极，再用滤纸吸干；套上电极保护套（套中盛满电极保护液）。

二、注意事项

（1）测定前，按各品种项下的规定，选择两种 pH 值相差 3 个单位的标准缓冲液，使供试液的 pH 值处于两者之间。

（2）取与供试液 pH 值较接近的第一种标准缓冲液对仪器进行校正（定位），使仪器示值与标准缓冲液数值一致。

（3）仪器定位后，再用第二种标准缓冲液核对仪器示值，误差应不大于±0.02 pH 单位。若大于此偏差，则小心调节斜率，使示值与第二种标准缓冲液的表列数值相符。重复上述定位与斜率调节操作，至仪器示值与标准缓冲液的规定数值相差不大于 0.02 pH 单位。否则，须检查仪器或更换电极后，再行校正符合要求。

（4）配制标准缓冲液与溶解供试品的水，应是新滤过的冷蒸馏水，其 pH 值应为 5.5～7.0。

（5）标准缓冲液一般可使用 2～3 个月，如有浑浊、发霉或沉淀等现象时，不能继续使用。

（6）电极玻璃很薄，使用时要小心保护。

（7）电极插入溶液后要充分搅拌均匀（2～3 分钟），待溶液静止后（2～3 分钟）再读数。

（8）复合电极的外参比补充液是 3 M 的氯化钾溶液（55.9 g 分析纯氯化钾溶解于 250 mL 去离子水中）。电极的引出端，必须保持干净和干燥，绝对防止短路。

（9）仪器标定好后，不能再动定位和斜率旋钮，否则必须重新标定。

DDS－307 型实验室电导率仪使用规程

一、仪器正常工作条件

环境湿度：（5～40）℃。

相对湿度：不大于 90%。

供电电源：9 V 直流外接电源（内正外负）300 mA。

除地磁场外，周围无其他电磁场干扰。

二、仪器的使用

1. 仪器的连接

先将电导电极连接到仪器后面板的测量插座上（插头插座上的定位销对准后，按下插头顶部可使插头插入插座。如欲拔出插头，则捏其外套往外拔即可）。将随机所配直流电源连接到仪器后面板的 9 V 插座上，直流电源的另一端连接到交流

220 V 市电上。

2. 仪器的初始化

（1）初次使用本仪器必须根据所配套电导电极的电极常数对仪器进行初始化。

（2）开机，按仪器的"电源"键，使仪器显示屏点亮，按"MOD"键。使仪器"常数"点亮并闪耀，同时显示上一次设定的电导电极常数值，仪器出厂时的设定值为 1.000。

（3）根据所配电导电极的电极常数，再按仪器的常数"▲▼"键，使仪器显示值与电导电极的电极常数值相一致。

（4）按仪器的"ENT"键确认，仪器的电导电极常数设定完成，仪器自动进入温度补偿系数的设定，此时仪器"系数"点亮并且闪耀，同时仪器显示上一次设定的温度补偿系数，仪器出厂时的设定值为 2.0。

（5）根据被测介质不同选择不同的温度系数，常规测量使用 2.0，即温度补偿系数为 2.0%。

（6）按仪器的"ENT"键确认，仪器的温度补偿系数设定完成，仪器回到测量状态。如果不调电导电极，再下一次使用时没有必要对仪器进行初始化。直接开机进入测量即可。

3. 电导率的测量

（1）开机，仪器自动进入测量状态（如果仪器已初始化，就没有必要对仪器进行再一次初始化）。

（2）按仪器的"▲▼"，此时仪器的温度符号"℃"闪耀，表明仪器处于温度调整状态，使仪器的温度显示值与被测介质的温度相一致，按仪器的"ENT"键确认，仪器返回测量状态。

（3）用蒸馏水清洗电导电极，再用被测试样清洗电导电极。

（4）把电导电极插入被测溶液中，用玻璃棒搅拌溶液，使溶液均匀，仪器显示被测介质的电导率值。

附录六　医疗及质检机构国标微生物检查方法概述

一、微生物限度检查法

微生物限度检查法系检查非规定灭菌制剂及其原料、辅料受微生物污染程度的方法。检查项目包括细菌数、霉菌素、酵母菌数及控制菌检查。微生物限度检查应在环境洁净度 10000 级下的局部洁净度 100 级的单向流空气区域内进行。检验全过程必须严格遵守无菌操作，防止再污染。单向流空气区域、工作台面及环境应定期按《医药工业洁净室（区）悬浮粒子、浮游菌和沉降菌的测试方法》的现行国家标准进行洁净度验证。供试品检查时，如果使用了表面活性剂、中和剂或灭活剂，应证明其有效性及对微生物的生长和存活无影响。除另有规定外，本检查法中细菌培养温度为 30～35 ℃，霉菌、酵母菌培养温度为 25～28 ℃，控制菌培养温度为（36±1）℃。检验结果的报告以 1 g、1 mL、10 g、10 mL 或 10 cm² 为单位报告。

1. 检验量

检验量即一次试验所用的供试品（g、mL 或 cm²）。除另有规定外，一般供试品的检验量为 10 g 或 10 mL；中药膜剂为 50 cm²；贵重药品、微量包装药品的检验量可以酌减。要求检查沙门氏菌的供试品，其检验应增加 10 g 或 10 mL。检验时，应从 2 个以上最小包装单位中抽取供试品，大蜜丸还不得少于 4 丸，膜剂还不得少于 4 片。一般应随机抽取不少于检验用量（两个以上最小包装单位）的 3 倍量供试品。

2. 供试液的制备

根据供试品的理化特性与生物学特性，可采取适宜的方法制备供试液。供试液制备若需用水浴加温时，温度不应超过 45 ℃。供试液从制备至加入检验用培养基，不得超过 1 小时。

除另有规定外，常用的供试液制备方法如下。

液体供试品：取供试品 10 mL，加 pH 7.0 无菌氯化钠-蛋白胨缓冲液至 100 mL，混匀，作为 1：10 的供试液。油剂可加入适量的无菌聚山梨酯-80（吐温-80）使供试品分散均匀。水溶性液体制剂也可用混合的供试品原液作为供试液。

固体、半固体或黏稠性供试品：取供试品 10 g，加 pH 7.0 无菌氯化钠-蛋白胨缓冲液至 100 mL，用匀浆仪或其他适宜的方法，混匀，作为 1：10 的供试液。必要时加适量的无菌聚山梨酯-80，并置水浴中适当加温使供试品分散均匀。

需用特殊供试液制备方法的供试品：

（1）非水溶性供试品。方法 1：取供试品 5 g（5 mL），加入含溶化的（温度不超过 45 ℃）5 g 司盘-80、3 g 单硬脂酸甘油酯、10 g 聚山梨酯-80 无菌混合物的烧杯中，用无菌玻棒搅拌成团后，慢慢加入 45 ℃ 左右的 pH 7.0 无菌氯化钠-蛋白胨缓冲液至 100 mL，边加边搅拌，使供试品充分乳化，作为 1：20 的供试液。方法 2：取供试品 10 g，加至含 20 mL 无菌十四烷酸异丙酯和无菌玻璃珠的适宜容器中，必要时可增加十四烷酸异丙酯的用量，充分振摇，使供试品溶解。然后加入 45 ℃ 的 pH 7.0 无菌氯化钠-蛋白胨缓冲液 100 mL，振摇 5～10 分钟，萃取，静置使油水明显分层，取其水层作为 1：10 的供试液。

（2）膜剂供试品：取供试品 100 cm²，剪碎，加 50 mL 或 100 mL 的 pH 7.0 无菌氯化钠-蛋白胨缓冲液（必要时可增加稀释液），浸泡，振摇，作为 1：10 或 1：20 的供试液。

（3）肠溶及结肠溶制剂供试品：取供试品 10 g，加 pH 6.8 无菌磷酸盐缓冲液（用于肠溶制剂）或 pH 7.6 无菌磷酸盐缓冲液（用于结肠溶制剂）至 100 mL，置 45 ℃ 水浴中，振摇，使溶解，作为 1：10 的供试液。

（4）气雾剂、喷雾剂供试品：取规定量供试品，置冰冻室冷冻约 1 小时，取出，迅速消毒供试品开启部位，用无菌钢锥在该部位钻一小孔，放至室温，并轻轻转动容器，使抛射剂缓缓全部释出。用无菌注射器吸出全部药液，加至适量的 pH 7.0 无菌氯化钠-蛋白胨缓冲液（若含非水溶性成分，加适量的无菌聚山梨酯-80）中，混匀，取相当于 10 g 或 10 mL 的供试品，再稀释成 1：10 的供试液。

（5）具抑菌活性的供试品：当供试品有抑菌活性时，应消除供试液的抑菌活性后，再依法检查。常用的方法如下。①培养基稀释法：取规定量的供试液，至较大量的培养基中，使单位体积内的供试品含量减少，至不含抑菌作用。测定细菌、霉菌及酵母菌的菌数时，取同稀释级的供试液 2 mL，每毫升供试液可等量分注多个平皿，倾注琼脂培养基，混匀，凝固，培养，计数。每毫升供试液所注的平皿中生长的菌数之和即为 1 mL 的菌落数，计算每毫升供试液的平均菌落数，按平皿法计数规则报告菌数；控制菌检查时，可加大增菌培养基的用量。②离心沉淀集菌法：取一定量的供试液，3000 r/min，离心 20 分钟（供试液如有沉淀，先以 500 r/min，离心 5 分钟，取全部上清液再离心），弃去上清液，留底部集菌液约 2 mL，加稀释液补至原量。③薄膜过滤法：见细菌、霉菌及酵母菌计数项下的"薄膜过滤法"。④中和法：凡含汞、砷或防腐剂等具有抑菌作用的供试品，可用适宜的中和剂或灭活剂消除其抑菌成分。中和剂或灭活剂可加在所用的稀释液或培养基中。

二、细菌、霉菌及酵母计数

1. 平皿菌落计数法

取均匀供试液，进一步稀释成 1：10^2、1：10^3 等稀释级。分别取连续三级 10 倍的供试液各 1 mL，置直径为 90 mm 的平皿中，再注入约 45 ℃ 的培养基约 15 mL，混匀，待凝固后，倒置培养，每稀释级应做 2～3 个平皿。培养基：细菌计数为营养琼脂培养基（在特殊情况下，同时点计霉菌、酵母菌菌落数）。阴性对照试验：取供试验用的稀释剂 1 mL，置无菌平皿中，按平皿菌落计数法用的培养基制备平板，培养，检查，不得长菌。

培养时间：48 小时。分别在 24 小时及 48 小时点计菌落数，一般以 48 小时菌落数为准。菌落如蔓延生长成片，不宜计数。点计后，计算各稀释级的平均菌落数，按菌数报告规则报告菌数。菌数报告规则：细菌数宜选取平均菌落数在 30～300 之间的稀释级，作为报告菌数计算的依据。

（1）如有 1 个稀释级平均菌落数在 30～300 之间，将该稀释级的菌落数乘以稀释倍数报告。

（2）如同时有 3 个稀释级平均菌落数在 30～300 之间时，以后 2 个稀释级计算级间比值报告。

（3）如各稀释级的平均菌落数均不在 30～300 之间，以最接近 30 或 300 的稀释级平均菌落数乘以稀释倍数报告。

（4）如各稀释级的平均菌落数均在 300 以上，按最高稀释级平均菌落数乘以稀释倍数报告。

（5）如各稀释级的平均菌落数均小于 30 时，一般按最低稀释级平均菌落数乘以稀释倍数报告。

（6）如当 1：10（或 1：10^2）稀释级平均菌落数等于或大于原液（或 1：10）稀释级时，应以培养基稀释法测定。

2. 培养基稀释法

取供试液（原液或 1：10、1：10^2）3 份，每份各 1 mL，分别注入 5 个平皿内（每皿各 0.2 mL）。每 1 个平皿倾注营养琼脂培养基约 15 mL，混匀，凝固后，倒置培养，计数。

每毫升注入的 5 个平皿的菌落数之和，即为每毫升的菌落数，共得 3 组数据，以 3 份供试液菌落数的平均值乘以稀释倍数报告。

如各稀释级平板均无菌落生长，或仅最低稀释级平均菌落数小于 1 时，则报告菌数为小于 10 个。

一般营养琼脂培养基用于细菌计数；玫瑰红钠琼脂培养基用于霉菌及酵母菌计数；酵母浸出粉胨葡萄糖琼脂培养基用于酵母菌计数。在特殊情况下，若营养琼脂培养基上长有霉菌和酵母菌、玫瑰红钠琼脂培养基上长有细菌，则应分别点计霉菌和酵母菌、细菌菌落数。然后将营养琼脂培养基上的霉菌和酵母菌数或玫瑰红钠琼脂培养基上的细菌数，与玫瑰红钠琼脂培养基中的霉菌和酵母菌数或营养琼脂培养基中的细菌数进行比较，以菌落数较高的培养基中的菌数为计数结果。含蜂蜜、王浆的液体制剂，用玫瑰红钠琼脂培养基测定霉菌数，用酵母浸出粉胨葡萄糖琼脂培养基测定酵母菌数，合并计数。菌数报告规则：宜选取细菌平均菌落数在 30～300 之间、霉菌宜平均菌落数在 30～100 之间的稀释级，作为菌数报告（取两位有效数字）的依据。

三、控制菌检查

供试品的控制菌检查应按已验证的方法进行，增菌培养基的实际用量同控制菌检查方法的验证。阳性对照试验：进行供试品控制菌检查时，应做阳性对照试验。阳性对照验的加菌量为 10～100 cfu，方法同供试品的控制菌检查。阳性对照试验应检出相应的控制菌。阴性对照试验：取稀释液 10 mL 照相应控制菌检查法检查，作为阴性对照。阴性对照应无菌生长。

1. 大肠埃希氏菌（*Escherichia coli*）

取供试液 10 mL（相当于供试品 1 g、1 mL、10 cm^2），直接或处理后接种至适量（不少于 100 mL）的胆盐乳糖培养基中，培养 18～24 小时，必要时可延长至 48 小时。取上述培养物 0.2 mL，接种至含 5 mL MUG 培养基的试管内，培养，于 5 小时、24 小时在 366 nm 紫外线下观察，同时用未接种的 MUG 培养基作本底对照。若管内培养物呈现荧光，为 MUG 阳性，不呈现荧光，为 MUG 阴性。观察后，沿培养管的管壁加入数滴靛基质试液，液面呈玫瑰红色，为靛基质阳性；呈试剂本色，为靛基质阴性。本底对照应为 MUG 阴性和靛基质阴性。如 MUG 阳性、靛基质阳性，判供试品检出大肠埃希氏菌；如 MUG 阴性，靛基质阴性，判供试品未检出大肠埃希氏菌；如 MUG 阳性、靛基质阴性，或 MUG 阴性、靛基质阳性，均应取胆盐乳糖培养基的培养物划线于曙红亚甲蓝琼脂培养基或麦康凯琼脂培养基的平板上，培养 18～24 小时。若平板上无菌落生长、或生长的菌落与菌落形态特征不符，判断供试品未检出大肠埃希氏菌。若平板上生长的菌落与菌落形态特征相符或疑似，应进行分离、纯化、染色镜检和适宜的生化试验，确认是否为大肠埃希氏菌。

2. 大肠菌群（*Coliform*）

取含适量（不少于 10 mL）的胆盐乳糖发酵培养基管 3 支，分别加入 1∶10 的供试液 1 mL（含供试品 0.1 g 或 0.1 mL）、1∶100 的供试液 1 mL（含供试品 0.01 g 或 0.01 mL）、1∶1000 的供试液 1 mL（含供试品 0.001 g 或 0.001 mL），另取 1 支胆盐乳糖发酵培养基加入稀释液 1 mL 作为阴性对照管，培养 18～24 小时。胆盐乳糖发酵管若无菌生长、或有菌生长但不产酸产气，判该管未检出大肠菌群；若产酸产气，应将发酵管中的培养物分别划线接种于曙红亚甲蓝培养基或麦康凯琼脂培养基的平板上，培养 18～24 小时。若平板上无菌落生长，或生长的菌落形态特征不符或为非革兰氏阴性无芽孢杆菌，判该管未检出大肠菌群；若平板上生长的菌落形态特征相符或疑似，且为革兰氏阴性无芽孢杆菌，应进行确证试验。

3. 沙门氏菌（*Salmonella*）

取供试品 10 g 或 10 mL，直接或处理后接种至适量（不少于 200 mL）的营养肉汤培养基中，用匀浆仪或其他适宜方法混匀，培养 18～24 小时。取上述培养物 1 mL，接种于 10 mL 四硫酸钠亮绿培养基中，培养 18～24 小时后，分别划线接种于胆盐硫乳琼脂（或沙门氏、志贺氏菌属琼脂）培养基和麦康凯琼脂（或曙红亚甲蓝琼脂）培养基的平板上，培养 18～24 小时（必要时延长至 40～48 小时）。若平板上无菌生长，或生长的菌落不同于常规的特征，判供试品未检出沙门氏菌。若平板上生长的菌落形态特征相符或疑似，用接种针挑选 2～3 个菌落分别于三糖铁琼脂培养基高层斜面上进行斜面和高层穿刺接种，培养 18～24 小时，如斜面未见红色、底层未见黄色；或斜面黄色、底层无黑色，判供试品未检出沙门氏菌。否则，应取三糖铁琼脂培养基斜面的培养物进行适宜的生化试验和血清凝集试验，确认是否为沙门氏菌。

4. 铜绿假单胞菌（*Pseudomonas aeruginosa*）

取供试液 10 mL（相当于供试品 1 g、1 mL、10 cm^2），直接或处理后接种至适量（不少于 100 mL）的胆盐乳糖培养基中，培养 18～24 小时。取上述培养物，划线接种于溴化十六烷基三甲铵琼脂培养基的平板上，培养 18～24 小时。铜绿假单胞菌典型菌落呈扁平、无定形、周边扩散、表面湿润，灰白色，周围时有蓝绿色素扩散。如平板上无菌落生长或生长的菌落与上述菌落形态特征不符，判供试品未检出铜绿假单胞菌。如平板上的菌落与上述菌落形态特征相符或疑似，应挑选 2～3 个菌落，分别接种于营养琼脂培养基斜面上，培养 18～24 小时。取斜面培养物进行革兰氏染色、镜检及氧化酶试验。氧化酶试验：取洁净滤纸片置于平皿内，用无菌玻棒取斜面培养物涂于滤纸片上，滴加新配置的1‰二盐酸二甲基对苯二胺试液，在30秒内培养物呈粉红色并逐渐变为紫红色为氧化酶试验阳性，否则为阴性。若斜面培养物为非革兰氏阴性无芽孢杆菌或氧化酶试验阴性，均判供试品未检出铜绿假单胞菌。否则，应进行绿脓菌素试验。绿脓菌素（Pyocyanin）试验：取斜面培养物接种于PDP琼脂培养基斜面上，培养24小时，加三氯甲烷3～5 mL至培养管中，搅碎培养基并充分振摇。静置片刻，将三氯甲烷相移至另一试管中，加入1 mol/L盐酸试液约1 mL，振摇后，静置片刻，观察。若盐酸溶液呈粉红色，为绿脓菌素试验阳性，否则为阴性。同时用未接种的PDP琼脂培养基斜面同法作阴性对照，阴性对照试验应呈阴性。

若上述疑似菌为革兰氏阴性杆菌、氧化酶试验阳性及绿脓菌素试验阳性，判供试品检出铜绿假单胞菌。若上述疑似菌为革兰氏阴性杆菌、氧化酶试验阳性及绿脓菌素试验阴性，应继续进行适宜的生化试验，确认是否为铜绿假单胞菌。

5. 金黄色葡萄球菌（*Staphylococcus aureus*）

取供试液10 mL（相当于供试品1 g、1 mL、10 cm²），直接或处理后接种至适量（不少于100 mL）亚碲酸钠（钾）肉汤（或营养肉汤）培养基中，培养18～24小时，必要时可延长至48小时。取上述培养物，划线接种于卵黄氯化钠琼脂培养基或甘露醇氯化钠琼脂培养基的平板上，培养24～72小时。若平板上无菌落生长或生长的菌落不同于所列特征，判供试品未检出金黄色葡萄球菌。若平板上生长的菌落与所列的菌落特征相符或疑似，应挑选2～3个菌落，分别接种于营养琼脂培养基斜面上，培养18～24小时。取营养琼脂培养基的培养物进行革兰氏染色，并接种于营养肉汤培养基中，培养18～24小时，做血浆凝固酶试验。

血浆凝固酶试验：取灭菌小试管3支，各加入血浆和无菌水混合液（1∶1）0.5 mL，再分别加入可疑菌株的营养肉汤培养物（或由营养琼脂培养基斜面培养物制备的浓菌悬液）0.5 mL、金黄色葡萄球菌营养肉汤培养物（或由营养琼脂培养基斜面培养物制备的浓菌悬液）0.5 mL、营养肉汤或0.9%无菌氯化钠溶液0.5 mL，即为试验管、阳性对照管和阴性对照管。将3管同时培养，3小时后开始观察直至24小时。阴性对照管的血浆应流动自如，阳性对照管血浆应凝固，若试验管血浆凝固者为血浆凝固酶试验阳性，否则为阴性。如阳性对照管或阴性对照管不符合规定时，应另制备血浆，重新试验。若上述疑似菌为非革兰氏阳性球菌、血浆凝固酶试验阴性，判供试品未检出金黄色葡萄球菌。

三、微生物限度标准

非无菌药品的微生物限度标准是基于药品的给药途径和对患者健康潜在的危害而制订的。药品的生产、贮存、销售过程中的检验，中药提取物及辅料的检验，新药标准制订，进口药品标准复核，考察药品质量及仲裁等，除另有规定外，其微生物限度均以本标准为依据。

1. 制剂通则、品种项下要求无菌的制剂及标示无菌的制剂

应符合无菌检查法规定。

2. 口服给药制剂

（1）不含药材原粉的制剂。细菌数：每 1 g 不得过 1000 个，每 1 mL 不得过 100 个。霉菌和酵母菌数：每 1 g 或 1 mL 不得过 100 个。大肠埃希氏菌：每 1 g 或 1 mL 不得检出。

（2）含药材原粉的制剂。细菌数：每 1 g 不得过 10 000 个（丸剂每 1 g 不得过 30 000 个），每 1 mL 不得过 500 个。霉菌数和酵母菌数：每 1 g 或 1 mL 不得过 100 个。大肠埃希氏菌：每 1 g 或 1 mL 不得检出。大肠菌群：每 1 g 应小于 100 个，每 1 mL 应小于 10 个。

（3）含豆豉、神曲等发酵成分的制剂。细菌数：每 1 g 不得过 100 000 个，每 1 mL 不得过 1000 个。霉菌和酵母菌数：每 1 g 不得过 500 个，每 1 mL 不得过 100 个。大肠埃希氏菌：每 1 g 或 1 mL 不得检出。大肠菌群：每 1 g 应小于 100 个，每 1 mL 应小于 10 个。

3. 局部给药制剂

（1）用于手术、烧伤及严重创伤的局部给药制剂：应符合无菌检查法规定。

（2）用于表皮或黏膜不完整的含药材原粉的局部给药制剂。细菌数：每 1 g 或 10 cm² 不得过 1000 个，每 1 mL 不得过 100 个。霉菌数和酵母菌数：每 1 g、1 mL 或 10 cm² 不得过 100 个。金黄色葡萄球菌、铜绿假单胞菌：每 1 g、1 mL 或 10 cm² 不得检出。

（3）用于表皮或黏膜完整的含药材原粉的局部给药制剂。细菌数：每 1 g 或 10 cm² 不得过 10 000 个，每 1 mL 不得过 100 个。霉菌数和酵母菌数：每 1 g、1 mL 或 10 cm² 不得过 100 个。金黄色葡萄球菌、铜绿假单胞菌：每 1 g、1 mL 或 10 cm² 不得检出。

（4）眼部给药制剂。细菌数：每 1 g 或 1 mL 不得过 10 个。霉菌数和酵母菌数：每 1 g、1 mL 或 10 cm² 不得检出。金黄色葡萄球菌、铜绿假单胞菌、大肠埃希氏菌：每 1 g、1 mL 不得检出。

（5）耳、鼻及呼吸道吸入给药制剂。细菌数：每 1 g、1 mL 或 10 cm² 不得过 100 个。霉菌和酵母菌数：每 1 g、1 mL 或 10 cm² 不得过 10 个。金黄色葡萄球菌、铜绿假单胞菌：每 1 g、1 mL 或 10 cm² 不得检出。大肠埃希氏菌：每 1 g、1 mL 或 10 cm² 不得检出。

（6）阴道、尿道给药制剂。细菌数：每 1 g 或 1 mL 不得过 100 个。霉菌数和酵母菌数：每 1 g 或 1 mL 应小于 10 个。金黄色葡萄球菌、铜绿假单胞菌、梭菌：每 1 g 或 1 mL 不得检出。

（7）直肠给药制剂。细菌数：每 1 g 不得过 1000 个，每 1 mL 不得过 100 个。霉菌和酵母菌数：每 1 g 或 1 mL 不得过 100 个。金黄色葡萄球菌、铜绿假单胞菌、大肠埃希氏菌：每 1 g 或 1 mL 不得检出。

（8）其他局部给药制剂。细菌数：每 1 g、1 mL 或 10 cm² 不得过 100 个。霉菌和酵母菌数：每 1 g、1 mL 或 10 cm² 不得过 100 个。金黄色葡萄球菌、铜绿假单胞菌：每 1 g、1 mL 或 10 cm² 不得检出。

4. 含动物组织（包括提取物）及动物类原药材粉（蜂蜜、王浆、动物角、阿胶除外）的口服给药制剂

每 10 g 或 10 mL 不得检出沙门菌。

5. 有兼用途径的制剂

应符合各给药途径的标准。

6. 霉变、长螨者

以不合格论。

7. 中药提取物及辅料

参照相应制剂的微生物限度标准执行。

四、无菌检查法

无菌检查法系用于检查药典要求无菌的药品、原料、辅料及其他品种是否无菌的一种方法。若供试品符合无菌检查法的规定，仅表明了供试品在该检验条件下未发现微生物污染。无菌检查应在环境洁净度 10000 级下的局部洁净度 100 级的单向流空气区域内或隔离系统中进行，其全过程中必须严格遵守无菌操作，防止微生物污染。单向流空气区、工作台面及环境应定期按《医药工业洁净室（区）悬浮粒子、浮游菌和沉降菌的测试方法》的现行国家标准进行洁净度验证。隔离系统按相关的要求进行验证，其内部环境的洁净度须符合无菌检查的要求。

1. 培养基的制备

培养基可按以下处方制备，也可使用按该处方生产的符合规定的脱水培养基。配制后应采用验证合格的灭菌程序灭菌。制备好的培养基应保存在 2～25 ℃、避光的环境。培养基若保存于非密闭容器中，一般在三周内使用；若保存于密闭容器中，一般可在一年内使用。

（1）硫乙醇酸盐流体培养基（用于培养好氧菌、厌气菌）：除葡萄糖和刃天青溶液外，取上述成分混合，微温溶解后，调节 pH 为弱碱性，煮沸，滤清，加入葡萄糖和刃天青溶液，摇匀，调节 pH 值使灭菌后为 7.1±0.2，分装至适宜的容器中，其装量与容器高度的比例应符合培养结束后培养基氧化层（粉红色）不超过培养基深度的 1/2。灭菌。在供试品接种前，培养基氧化层的高度不得超过培养基深度的 1/5，否则，须经 100 ℃ 水浴加热至粉红色消失（不超过 20 分钟）迅速冷却，只限加热一次，并应防止被污染。硫乙醇酸盐流体培养基置 30～35 ℃ 培养。

（2）改良马丁培养基（用于培养真菌）：除葡萄糖外，取上述成分混合，微温溶解，调节 pH 值约为 6.8，煮沸，加入葡萄糖溶解后，摇匀，滤清，调节 pH 值使灭菌后为 6.4±0.2，分装，灭菌。改良马丁培养基置 23～28 ℃ 培养。

（3）选择性培养基：按上述硫乙醇酸盐流体培养基或改良马丁培养基的配方及制法，在培养基灭菌或使用前加入适量的中和剂或表面活性剂，如聚山梨酯-80（用于非水溶性供试品）等。中和剂或表面活性剂的用量应通过验证。

（4）营养肉汤培养基：取上述成分混合，微温溶解，调节 pH 为弱碱性，煮沸，滤清，调节 pH 值使灭菌后为 7.2±0.2，分装，灭菌。

（5）营养琼脂培养基：按上述营养肉汤培养基的处方及制法，加入 14.0 g 琼脂，调节 pH 值使灭菌后为 7.2±0.2，分装，灭菌。

（6）改良马丁琼脂培养基：按改良马丁培养基的处方及制法，加入 14.0 g 琼脂，调节 pH 值使灭菌后为 6.4±0.2，分装，灭菌。

2. 培养基的适用性检查

无菌检查用的硫乙醇酸盐流体培养基及改良马丁培养基等应符合培养基的无菌性检查及灵敏度检查的要求。本检查可在供试品的无菌检查前或与供试品的无菌检查同时进行。

（1）无菌性检查：每批培养基随机不少于 5 支（瓶），培养 14 天，应无菌生长。

（2）灵敏度检查：培养基灵敏度检查所用的菌株传代次数不得超过 5 代（从菌种保存中心获得的冷冻干燥菌种为第 0 代），并采用适宜的菌种保藏技术，以保证试验菌株的生物学特性。

（3）菌液制备：接种金黄色葡萄球菌、铜绿假单胞菌、枯草芽孢杆菌的新鲜培养物至营养肉汤或营养琼脂培养基中，接种产孢梭菌的新鲜培养物至硫乙醇酸盐流体培养基中，30～35 ℃培养 18～24 小时；接种白色念珠菌的新鲜培养物至改良马丁培养基中，23～28 ℃培养 24～48 小时，上述培养物用 0.9％无菌氯化钠溶液制成每毫升含菌数小于 100 cfu（菌落形成单位）的菌悬液。接种黑曲霉的新鲜培养物至改良马丁琼脂斜面培养基上，23～28 ℃培养 5～7 天，加入 3～5 mL 0.9％无菌氯化钠溶液，将孢子洗脱。然后，吸出孢子悬液（用管口带有薄的无菌棉花或纱布能过滤菌丝的无菌毛细吸管）至无菌试管内，用 0.9％无菌氯化钠溶液制成每毫升含孢子数小于 100 cfu 的孢子悬液。

（4）培养基接种：取每管装量为 12 mL 的硫乙醇酸盐流体培养基 9 支，分别接种小于 100 cfu 的金黄色葡萄球菌、铜绿假单胞菌、枯草芽孢杆菌、产孢梭菌各 2 支，另 1 支不接种作为空白对照，培养 3 天；取每管装量为 9 mL 的改良马丁培养基 5 支，分别接种小于 100 cfu 的白色念株菌、黑曲霉各 2 支，另 1 支不接种作为空白对照，培养 5 天。逐日观察结果。结果判断：空白对照管应无菌生长，若加菌的培养基管菌生长良好，判断该培养基的灵敏度检查符合规定。

3. 稀释液、冲洗液及其制备方法

稀释液、冲洗液配制后应采用验证合格的灭菌程序灭菌。

（1）0.1％蛋白胨水溶液：取蛋白胨 1.0 g，加水 1000 mL，微温溶解，滤清，调节 pH 值至 7.1±0.2，分装，灭菌。

（2）pH 7.0 氯化钠-蛋白胨缓冲液：取磷酸二氢钾 3.56 g、磷酸氢二钠 7.23 g、氯化钠 4.30 g、蛋白胨 1.0 g，加水 1000 mL，微温溶解，滤清，分装，灭菌。

如需要，可在上述稀释液或冲洗液的灭菌前或灭菌后加入表面活性剂或中和剂等。

4. 方法验证试验

当建立药品的无菌检查法时，应进行方法的验证，以证明所采用的方法适合于该药品的无菌检查。若药品的组分或原检验条件发生改变时，检查方法应重新验证。验证时，按"供试品的无菌检查"的规定及下列要求进行操作，对每一对试验菌应逐一进行验证。

（1）菌种及菌液制备：同培养基灵敏度检查。

（2）薄膜过滤法：将规定量的供试品用薄膜过滤法过滤、冲洗，在最后一次的冲洗液中加入小于 100 cfu 的试验菌，过滤。取出滤膜接种至硫乙醇酸盐流体培养基或改良马丁培养基中，或将培养基加至滤筒内。另取一装有同体积培养基的容器，加入等量试验菌，作为对照。按规定温度培养 3～5 天。各试验菌同法操作。

（3）直接接种法：取符合直接接种法培养基用量要求的硫乙醇酸盐流体培养基 8 管，分别接入小于 100 cfu 的金黄色葡萄球菌、铜绿假单胞菌、枯草芽孢杆菌、产孢梭菌各 2 管；取符合直接接种法培养基用量要求的改良马丁培养基 4 管，分别接入小于 100 cfu 的白色念珠菌、黑曲霉各 2 管。其中 1 管接入规定量的供试品，另 1 管作为对照品，按规定的温度培养 3～5 天。

（4）结果判断：与对照管比较，如含供试品各容器中的试验菌均生长良好，则供试品的该检验条件下无抑菌作用或其抑菌作用可以忽略不计，照此检查法和检查条件进行供试品的无菌检查。如含供试品的任一容器中微生物生长微弱、缓慢或不生长，则供试品的该检验量在该检验条件下有抑菌作用，可采用增加冲洗量、增加培养基的用量、使用中和剂或更换滤膜品种等方法，消除供试品的抑菌作用，并重新进行方法验证。方法验证试验也可与供试品的无菌检查同时进行。

五、供试品的无菌检查

检验数量：一次试验所用供试品最小包装容器的数量。一般情况下，供试品无菌检查若采用薄膜过滤法，应增加 1/2 的最小检验数量作阳性对照用；若采用直接接种法，应增加供试品 1 支（或瓶）作阳性对照用。

检验量：一次试验所用的供试品总量（g 或 mL）。采用直接接种法时，若每支（瓶）供试品的装量按规定足够接种两份培养基，则应分别接种硫乙醇酸盐流体培养基和改良马丁培养基。采用薄膜过滤法时，检验量应不少于直接接种法的供试品总接种量，只要供试品特性允许，应将所有容器内的全部内容物过滤。

阳性对照：应根据供试品特性选择阳性对照菌，无抑菌作用及抗细菌的供试品，以金黄色葡萄球菌为对照菌；抗厌氧菌的供试品，以产孢梭菌为对照菌；抗真菌的供试品，以白色念珠菌为对照菌。阳性对照试验的菌液制备同培养基灵敏度检查，加菌量小于 100 cfu，供试品用量与供试品无菌检查每份培养基接种的样品量相同。阳性对照管培养 48～72 小时应生长良好。

阴性对照：供试品无菌检查时，应取相应溶剂和稀释液同法操作，作为阴性对照。阴性对照不得有菌生长。

无菌试验过程中，若需使用表面活性剂、灭活剂、中和剂等试剂，应证明其有效性，且对微生物生长及存活无影响。

无菌检查法包括薄膜过滤法和直接接种法。只要供试品性状允许，应采用薄膜过滤法。进行供试品无菌检查时，所采用的检查方法和检验条件应与验证的方法相同。

操作时，用适宜的消毒液对供试品容器表面进行彻底消毒。如果容器内有一定的真空度，可用适宜的无菌器材（如带有除菌过滤器的针头），向供试品容器内导入无菌空气，再按无菌操作开启容器取出内容物。

1. 薄膜过滤法

薄膜过滤法应优先采用封闭式薄膜过滤器，也可使用一般薄膜过滤器。无菌检查用的滤膜孔径应不大于 0.45 μm，直径约为 50 mm。根据供试品及其溶剂的特性选择滤膜材质。滤器及滤膜使用前应采用适宜的方法灭菌。使用时，应保证滤膜在过滤前后的完整性。

水溶性供试液过滤前先将少量的冲洗液过滤以润湿滤膜。油类供试品，其滤膜和过滤器在使用前应充分干燥。为发挥滤膜的最大过滤效率，应注意保持供试品溶液及冲洗液覆盖整个滤膜表面。供试液经薄膜过滤后，若需要用冲洗液冲洗滤膜，每张滤膜每次冲洗量为 100 mL，且总冲洗量不宜过大，以避免滤膜上的微生物受损伤。

（1）水溶液供试品：取规定量，直接过滤，或混合至含适量稀释液的无菌容器内，混匀，立即过滤。如供试品具有抑菌作用或含防腐剂，须用适量的冲洗液冲洗滤膜，冲洗次数不得少于三次。冲洗后，如用封闭式薄膜过滤器，分别将 100 mL 硫乙醇酸盐流体培养基及改良马丁培养基加入相应的滤筒内。如采用一般薄膜过滤器，取出滤膜，将其剪成 3 等份，分别置于含 50 mL 硫乙醇酸盐流体培养基及改良马丁培养基的容器中，其中一份作阳性对照用。

（2）可溶于水的固体制剂供试品：取规定量，加适宜的稀释液溶解或按标签说明复溶，然后按照水溶液供试品项下的方法操作。

（3）非水溶性制剂供试品：取规定量，直接过滤；或混合溶于含聚山梨酯-80 或其他适宜乳化剂的稀释液中，充分混合，立即过滤。用含 0.1%～1% 聚山梨酯-80 的冲洗液冲洗滤膜至少三次。滤膜于含或不含聚山梨酯-80 的培养基中培养。培养基接种按照水溶液供试品项下的方法操作。

（4）可溶于十四烷酸异丙酯的膏剂和黏性油剂供试品：取规定量，混合至适量的无菌十四烷酸异丙酯中,剧烈振摇,使供试品充分溶解,如果需要可适当加热,但温度不得超过 44 ℃,趁热迅速过滤。若无法过滤,应加入不少于 1000 mL 的稀释液,充分振摇,萃取,静置,取下层水相作为供试液过滤。过滤后滤膜冲洗及培养基接种按照非水溶性制剂供试品项下的方法操作。

(5) 无菌气(喷)雾剂供试品:取规定量,将各容器置冰室冷冻约 1 小时。以无菌操作迅速在容器上端钻一小孔,释放抛射剂后再无菌开启容器,然后照水溶液或非水溶性制剂供试品项下的方法操作。

(6) 装有药物的注射器供试品:取规定量,装上无菌针头(非包装中所佩带的),若需要可吸入稀释液或用标签所示的溶剂溶解,然后照水溶液或非水溶性制剂供试品项下的方法操作。同时应采用直接接种法进行包装中所配带的无菌针头的无菌检查。

2. 直接接种法

直接接种法即每支(或瓶)供试品按规定量分别接种至各含硫乙醇酸盐流体培养基和改良马丁培养基的容器中。除另有规定外,每个容器中的培养基的用量应符合接种的供试品体积不得大于培养基体积的 10%,同时,硫乙醇酸盐流体培养基每管装量不少于 15 mL,改良马丁培养基每管装量不少于 10 mL。培养基的用量和高度同方法验证试验;每种培养基接种的管数与供试品的检验数量相同。

(1) 混悬液等非澄清水溶液供试品:取规定量接种至各管培养基中。

(2) 固体制剂供试品:取规定量直接接种至各管培养基中,或加入适宜的稀释液溶解,或按标签说明复溶后,取规定量接种至各管培养基中。

(3) 非水溶性制剂供试品:取规定量,混合,加入适量的聚山梨酯-80 或其他适宜的乳化剂及稀释剂使其乳化,接种至各管培养基中。或直接接种至聚山梨酯-80 或其他适宜乳化剂的各管培养基中。

(4) 培养及观察:上述含培养基的容器按规定的温度培养 14 天。培养期间应逐日观察并记录是否有菌生长。如在加入供试品后、或在培养过程中,培养基出现浑浊,培养 14 天后,不能从外观上判断有无微生物生长,可取该培养基液适量转种至同种新鲜培养基中或划线接种于斜面培养基上,细菌培养 2 天、真菌培养 3 天,观察接种的同种新鲜培养基是否再出现浑浊或斜面是否有菌生长;或取培养液涂片,染色,镜检,判断是否有菌。

3. 结果判断

若供试品均澄清,或虽显浑浊但经确证无菌生长,判供试品符合规定;若供试品管中任何一管显浑浊并确证有菌生长,判供试品不符合规定,除非能充分证明试验结果无效,即生长的微生物非供试品所含。当符合下列至少一个条件时,方可判试验结果无效。

(1) 无菌检查试验所用的设备及环境的微生物监控结果不符合无菌检查法的要求。

（2）回顾无菌试验过程，发现有可能引起微生物污染的因素。

（3）阴性对照管有菌生长。

（4）供试品管中生长的微生物经鉴定后，确证是因无菌试验中所使用的物品和（或）无菌操作技术不当引起的。试验若经确认无效，应重试。重试时，重新取同量供试品，依法重试，若无菌生长，判供试品符合规定；若有菌生长，判供试品不符合规定。

六、抗生素微生物检定法

抗生素微生物检定法是利用抗生素在琼脂培养基内的扩散作用，采用量反应平行线原理的设计，比较标准品与供试品两者对接种的试验菌产生抑菌圈的大小，以测定供试品效价的一种方法。培养基及其制备方法见附录一、三。

1. 沉降菌数测定

无菌室操作台消毒擦拭处理后，先启动层流净化装置 30 分钟，将备妥的营养琼脂平板 3 个（经 30～35 ℃预培养 48 小时，证明无菌落生长）。以无菌方式（或经传递箱）移入操作间，置净化台左、中、右各 1 个，开盖，暴露 30 分钟后将盖盖上。在 30～35 ℃培养箱内倒置培养 48 小时，取出检查。3 个平板生长的平均菌落数不超过 1 个。无菌操作台或净化工作台要定期检测其洁净度，应达到 100 级。净化工作台的高效及中效过滤器应根据检测情况，必要时予以更换处理。

2. 灭菌缓冲液

（1）磷酸盐缓冲液（pH 6.0）：取磷酸氢二钾 2 g 与磷酸二氢钾 8 g，加水使成 1000 mL，过滤，在 115 ℃灭菌 30 分钟。

（2）磷酸盐缓冲液（pH 7.8）：取磷酸氢二钾 5.59 g 与磷酸二氢钾 0.41 g，加水使成 1000 mL，过滤，在 115 ℃灭菌 30 分钟。

（3）磷酸盐缓冲液（pH 10.5）：取磷酸氢二钾 35 g，加 10 mol/L 氢氧化钾溶液 2 mL，加水使成 1000 mL，过滤，在 115 ℃灭菌 30 分钟。

3. 菌悬液的制备

（1）枯草芽孢杆菌（*Bacillus subtilis*）悬液：取枯草芽孢杆菌［CMCC（B）63501］的营养琼脂斜面培养物，接种于盛有营养琼脂培养基的培养瓶中，在 35～37 ℃培养 7 天，用革兰氏染色法涂片镜检，应有芽孢 85% 以上。用灭菌水将芽孢洗下，在 65 ℃加热 30 分钟，备用。

（2）短小芽孢杆菌（*Bacillus pumilus*）悬液：取短小芽孢杆菌［CMCC（B）63202］的营养琼脂斜面培养物，照上述方法制备。

（3）金黄色葡萄球菌（*Staphylococcus aureus*）悬液：取金黄色葡萄球菌［CMCC（B）26003］的营养琼脂斜面培养物，接种于营养琼脂斜面上，在 35～37 ℃培养 20～22 小时。临用时，用灭菌水或 0.9% 灭菌氯化钠溶液将菌苔洗下，备用。

（4）藤黄微球菌（*Micrococcus luteus*）悬液：取藤黄微球菌［CMCC（B）28001］的营养琼脂斜面培养物，接种于盛有营养琼脂培养基的培养瓶中，在 26～

27 ℃培养 24 小时，或采用适当方法制备的菌斜面，用培养基Ⅲ或 0.9％灭菌氯化钠溶液将菌苔洗下，备用。

（5）大肠杆菌（*Escherichia coli*）悬液：取大肠杆菌〔CMCC（B）44103〕的营养琼脂斜面培养物，接种于营养琼脂斜面上，在 35～37 ℃培养 20～22 小时。临用时，用无菌水将菌苔洗下，备用。

（6）啤酒酵母菌（*Saccharomyces cerevisiae*）悬液：取啤酒酵母菌（9763）的Ⅴ号培养基琼脂斜面培养物，接种于Ⅳ号培养基琼脂斜面上。在 32～35 ℃培养 24 小时，用无菌水将菌苔洗下置含有灭菌玻璃珠的试管中，振摇均匀，备用。

4. 供试品溶液的制备

标准品的使用和保存，应照标准品说明书的规定。临用时按规定进行稀释。供试品溶液的制备：精密称（或量）取供试品适量，用各药品项下规定的溶剂溶解后，再按估计效价或标示量的规定稀释至与标准品相当的浓度。双碟的制备：取直径约 90 mm、高 16～17 mm 的平底双碟，分别注入加热融化的培养基 20 mL，使在碟底内均匀摊布，放置水平台上使凝固，作为底层。另取培养基适量加热融化后，放冷至 48～50 ℃（芽孢可至 60 ℃），加入规定的试验菌悬液适量（能得清晰的抑菌圈为度。二剂量法标准品溶液的高浓度所致的抑菌圈直径在 18～22 mm，三剂量法标准品溶液的中心浓度所致的抑菌圈直径在 15～18 mm），摇匀，在每 1 双碟中分别加入 5 mL，使在底层上均匀摊布，作为菌层。放置水平台上冷却后，在每 1 双碟中以等距离均匀安置不锈钢小管〔内径（6.0±0.1）mm，高（10.0±0.1）mm，外径（7.8±0.1）mm〕4 个（二剂量法）或 6 个（三剂量法），用陶瓦圆盖覆盖备用。

5. 检定法

（1）二剂量法：取照上述方法制备的双碟不得少于 4 个，在每 1 双碟中对角的 2 个不锈钢小管中分别滴装高浓度及低浓度的标准品溶液，其余 2 个小管中分别滴装相应的高低两种浓度的供试品溶液；高、低浓度的剂距为 2∶1 或 4∶1。在规定条件下培养后，测量各个抑菌圈的直径（或面积）。

（2）三剂量法：取照上述方法制备的双碟不得少于 6 个，在每 1 双碟中间隔的 3 个不锈钢小管中分别滴装高浓度、中浓度及低浓度的标准品溶液，其余 3 个小管分别滴装相应的高、中、低三种浓度的供试品溶液；三种浓度的剂距为 1∶0.8。在规定条件下培养后，测量各个抑菌圈的直径（或面积）。

七、洁净区沉降菌检查法

（1）结构要求：无菌室应采光良好、避免潮湿、远离厕所及污染区（面积不超过 10 m²、高度不超过 2.4 m），由缓冲间和操作间组成。操作间与缓冲间之间应有样品传递箱，出入操作间和缓冲间的门不应直对。无菌室内应六面光滑平整，能耐受清洗消毒。墙壁与地面及天花板连接处应呈凹弧形，无缝隙，不留死角。操作间内不应安装下水道。无菌室内的照明灯应嵌装在天花板内，室内光照应分布均匀，光照度不低于 300 lx。缓冲间和操作间均应设置紫外线杀菌灯（2～2.5 W/m²），紫外线杀菌灯距实验台面高度不超过 1 m，并应定期检查辐射强度。不符合要求的紫外杀菌灯应及时更换。

（2）温度、湿度：无菌室内温度和相对湿度直接影响紫外杀菌灯杀菌效果，故温度应控制在 18～26 ℃，相对湿度 40%～60%。操作间和净化工作台的洁净空气应保持对环境形成正压，不低于 4.9 Pa。

（3）操作间：操作间应安装空气除菌过滤层流装置。洁净度不应低于 10 000 级，局部净化度为 100 级，或放置同等级净化工作台，并准备药物天平、酒精灯、火柴、乙醇棉、大小橡皮乳胶手套等。

（4）缓冲间：缓冲间内应有洗手盆、无菌衣、帽、口罩、拖鞋等。缓冲间不应放置培养箱和其他杂物。洁净级别及检查方法：通常采用尘粒数及浮游菌或沉降菌数测定法。

参考文献

[1] 谢晖. 现代工科微生物学教程[M]. 西安:西安电子科技大学出版社,2018.

[2] 刘运德. 微生物学检验[M]. 2版. 北京:人民卫生出版社,2004.

[3] 洪秀华. 临床微生物学和微生物检验实验指导[M]. 2版. 北京:人民卫生出版社,2002.

[4] 沈萍,陈向东. 微生物学实验[M]. 4版. 北京:高等教育出版社,2007.

[5] 沈萍. 微生物学[M]. 北京:高等教育出版社,2000.

[6] 李阜棣,胡正嘉. 微生物学[M]. 5版. 北京:中国农业出版社,2000.

[7] 黄秀梨. 微生物学[M]. 北京:高等教育出版社,1998.

[8] 国家自然科学基金委员会. 微生物学(自然科学学科发展战略调研报告)[M]. 北京:科学出版社,2016.

[9] 翟中和. 生命科学和生物技术[M]. 济南:山东教育出版社,2000.

[10] 祖若夫,胡宝龙,周德庆. 微生物学实验教程[M]. 上海:复旦大学出版社,2003.

[11] 褚志义. 生物合成药物学[M]. 北京:化学工业出版社,2000.

[12] 裘维蕃,余永年. 菌物学大全[M]. 北京:科学出版社,1998.

[13] 卢礼亚. 普通病毒学[M]. 王顺德,周德庆,译. 上海:上海科学技术出版社,1987.

[14] 李颖,关国华. 微生物生理学[M]. 北京:科学出版社,2013.

[15] 卫扬保. 微生物生理学[M]. 北京:高等教育出版社,2009.

[16] 盛祖嘉. 微生物遗传学[M]. 2版. 北京:科学出版社,1993.

[17] 盛祖嘉,沈仁权. 分子遗传学[M]. 上海:复旦大学出版社,1988.

[18] 喻子牛,何绍江,朱火堂. 微生物学——教学研究与改革[M]. 北京:科学出版社,2000.

[19] "生物学类专业教学内容和体系改革研究"课题组. 面向21世纪生物学教学改革研究[M]. 北京:高等教育出版社,2000.

[21] BROCKT D,MADIGAN M T,MARTINKO J M,et al. Biology of Microorganisms[M]. 7th ed. Englewood Cliffs:Prentice Hall,2004.

[22] MADIGAN M T,MARTINKO J M,PARKER J. Brock Biology of Microorganisms[M]. 8th ed. Englewood Cliffs:Prentice Hall,1997.

[23] MADIGAN M T,MARTINKO J M,PARKER J. Brock Biology of Microorganisms[M]. 9th ed. Englewood Cliffs:Prentice Hall,2010.

[24] PELCZAR JR. M. J,CHAN E C S,KRIEG N R,et al. Microbiology:Concepts and Applications[M]. New York:McGraw – Hill,2003.

[25] TORTORA G J,FUNKE B R,CASE C L. Microbiology:An Introduction[M]. 4th ed. New York:Benjemin Cummings,1992.

[26] KETCHUM P A. Microbiology:Concepts and Applications [M]. New York: John Wiley,1998.

[27] MCKANE L,KANDEL J. Microbiology:Essentials and Applications[M]. 2nd ed. New York:McGraw - Hill,1996.

[28] SINGLETON P, SAINSBURY D. Dictionary of Microbiology and Molecular Biology[M]. 2nd ed. New York: John Wiley,2007.

[29] RASIC J LJ,KURMANN J A. Bifidobacteria and Their Role [M]. Verlag,Boston: Birkhauser,2014.

[30] FULLER R. Probiotics——The Scientific Basis[M]. London: Chapman & Hall,1992.

[31] KRIEG N,et al eds. Bergey's Manual of Systematic Bacteriology[M]. Vol. 1 - 4. Baltimore:Williams & Wilkins,1984—1989.

[32] STARR M P,et al. The Procaryotes:A Handbook on Habitats,Isolation and Identification of Bacteria[M]. Vol. Ⅰ. Ⅱ. Berlin:Springer - Verlag,2011.